海洋命运共同体视域下海洋生态环境跨界治理机制创新研究

全永波　叶　芳　郑苗壮　等 著

海洋出版社

2024年·北京

内 容 简 介

海洋领域的跨界治理研究是公共治理的新范式和新领域，“海洋命运共同体”理念为解决海洋生态环境治理的机制困境构建了新的理论起点。本书通过对海洋生态环境跨界治理进行规范化界定和理论建构，提出海洋生态环境跨界治理机制研究的分析框架和理论支撑，并系统梳理了海洋生态环境跨界治理的制度变迁、现有机制，在分析评价国家管辖范围内海域和国家管辖范围外海域海洋生态环境跨界治理的具体实践基础上，系统性提出海洋命运共同体视域下海洋生态环境跨界治理的机制构建和实施路径。

本书可为海洋科研人员、公共管理和法学学者以及涉海政府管理部门的读者提供参考。

图书在版编目（CIP）数据

海洋命运共同体视域下海洋生态环境跨界治理机制创新研究 / 全永波等著 . -- 北京 : 海洋出版社, 2024.4

ISBN 978-7-5210-1254-5

Ⅰ . ①海… Ⅱ . ①全… Ⅲ . ①海洋环境－环境综合整治－研究－中国 Ⅳ . ① X834

中国国家版本馆 CIP 数据核字（2024）第 084626 号

策划编辑：任　玲
责任编辑：林峰竹
责任印制：安　森
海洋出版社　出版发行
http://www.oceanpress.com.cn
北京市海淀区大慧寺路 8 号　邮编：100081
涿州市般润文化传播有限公司印刷　新华书店经销
2024 年 4 月第 1 版　2024 年 4 月第 1 次印刷
开本：787mm × 1092mm　1/16　印张：20.5
字数：325 千字　定价：168.00 元
发行部：010-62100090　总编室：010-62100034

序

海洋是人类的生命之源，是21世纪人类生存和发展的重要空间，人类在海洋的开发与保护过程中产生了十分复杂的政治、社会、法律、经济等问题，这些问题的解决需要遵循相应的原则，建立相应的制度规范和运行机制。2019年4月23日，习近平主席在集体会见应邀出席中国人民解放军海军成立70周年多国海军活动的外方代表团团长时指出，“我们人类居住的这个蓝色星球，不是被海洋分割成了各个孤岛，而是被海洋连结成了命运共同体，各国人民安危与共”。习近平主席关于构建海洋命运共同体理念的一系列重要论述，为各方共同努力实现海洋可持续发展指明了前行方向。

然而，人类文明产生以来，构建在西方理论基础上的海洋秩序具有重博弈、轻合作的倾向，如古罗马思想家西塞罗提出“谁控制海洋，谁就能控制世界”，美国马汉“海权论”同样强调控制海洋的关键性，贯穿此后全球海洋地缘竞争，对海洋安全风险发酵发挥着推波助澜的作用。全球海洋具有连通性，海洋污染和生态损害往往跨越地方行政管辖区域，以及超越一国或国际组织控制的范围，随着人类在海洋利用领域的不断扩大，海洋生态环境的跨界影响仍在不断增加。海洋的流动性、跨界性及公共性等特征启示我们，当今海洋领域，无论在海洋生态环境保护、海洋资源开发，还是科学考察与探索发现，都是一个国家单独无法应对的，从根本上要求世界各国通力合作。

在海洋生态环境治理机制形成过程中，跨界治理概念的引入对治理的模式构建和机制导向是具有积极意义的。跨界治理理论为海洋生态环境治理研究提供了较好的思路和理念，在跨界治理机制构建中，政府成为公共价值的促进者，在多元化组织构成的网络化结构中具有推动协商、协调和合作的作用。海洋自身是一个统一的生态系统。海洋生态环境的跨界治理包括陆海统筹的治理，也包括国家管辖海域跨行政区治理，还包括国家管辖外区域跨界治理，必须充分注意自然界诸多因子之间的关联性。近年来，碳中和进程深刻地影响着蓝色经济的发展变革，2022 年 6 月举行的第二次联合国海洋大会聚焦海洋塑料污染防治，2023 年日本正式将福岛核污染水排放入海，引发了国际社会广泛担忧，这都需要世界各国和国际组织关注新形势下海洋生态环境治理跨界合作，并承担起相应的治理责任。党的二十大报告提出“发展海洋经济，保护海洋生态环境，加快建设海洋强国”，海洋强国的基本条件之一就是海洋经济要高度发达，在经济总量中的比重和对经济增长的贡献率较高，海洋开发、保护能力要强。《中华人民共和国国民经济和社会发展第十四个五年规划和 2035 年远景目标纲要》提出要“打造可持续海洋生态环境”“探索建立沿海、流域、海域协同一体的综合治理体系”，作为海洋经济的质量、效率和动力变革的要求，需要在包括海洋生态环境等多领域进行协同发展。“海洋命运共同体”理念的提出在海洋生态环境治理领域恰恰是回应主体的多元化、跨界的复杂化、治理的碎片化等因素，从全球海洋生态安全、区域合作等视角探索海洋生态环境治理的基本思路，构建海洋生态环境跨界治理的创新性机制。本著作也正是立足于这种理论创新和现实命题进行立论，希冀为中国参与全球海洋生态环境治理提供新方案，为基于陆海统筹的国家海洋事业发展形成新思路。

海洋领域的跨界治理研究是公共治理的新范式和新领域，本著作融合了政治学、管理学、法学和经济学等学科视角，关注整体性治理理论、利益衡量理论、多层级治理理论等的基本理论支撑，立足把海洋命运共同体理念视作海洋生态环境治理的理论起点。本著作秉承学术研究的一般思路，按照问题提出、理论阐述、现状分析、案例验证、对策路径的基本框架设计，通过对跨界治理、海洋治理、全球海洋生态环境治理、海洋命运共同体的规范化研究，归纳海洋生态环境跨界治理的分析框架和理论支撑，系统分析海洋生态环境跨界治理的制度变迁、现有机制，分析评价全球和中国海洋生态环境跨界治理的具体实践，系统性地提出海洋命运共同体视域下海洋生态环境跨界治理的机制构建和制度优化对策。

本著作的撰写成员除了主要撰写人员浙江海洋大学全永波、叶芳，自然资源部海洋发展战略研究所郑苗壮以外，南京审计大学詹国彬、辽宁师范大学孙才志参与了第一、第二和第七章的撰写，鲁东大学刘良忠，浙江海洋大学耿相魁、彭勃、贺义雄、于霄等，以及舟山日报社徐博龙、自然资源部东海局郁志荣、浙江海洋大学研究生金纪岚等均参与了本著作部分章节的撰写、讨论和调研。在研究和写作过程中，作者参考了国内外大量的相关文献，借鉴利用了相关研究数据，因文献数量过多，未能全部列出，在此向所有专家学者表示敬意和致谢。同时，由于水平所限，书中不可避免存在许多不足和疏漏，恳请读者批评指正，不吝赐教。

全永波

2023 年 12 月 21 日于浙江海洋大学揽月湖畔

目　录

第一章 绪　论

海洋是地球上最大的自然生态系统，承载着人类对美好生活的向往，为人类提供着源源不断的资源和财富。海洋生态环境是物理化学过程、生态结构与功能、社会经济系统相互作用形成的复杂系统，随着人类对海洋资源的开发利用强度日益加剧，海洋生态环境发生一定程度的恶化。海洋的系统性和整体性却因行政管辖需要被人为地割裂[①]，就海洋管理而言，海洋生态环境治理具备跨行政区、跨国界的特征。海洋生态环境治理的这种跨界性特征促成治理机制和模式的特殊性。2019 年 4 月，习近平主席在中国人民解放军海军成立 70 周年时提出“海洋命运共同体”理念，对完善全球海洋生态环境治理体系，促进海洋生态环境跨界治理机制创新具有重要的指导意义。

第一节　问题提出

随着人类海洋开发活动的加剧，全球范围内的海洋环境污染和生态损害的行为不断增加。诸多海洋环境污染行为表现为公共水域开发破坏生态环境、原油泄漏、倾倒废弃物等。海洋污染存在跨越地方行政管辖区域，以及超越一国或国际组织控制的范围，致使大规模跨界环境损害成为可能，而且随着

① 全永波、史宸昊、于霄：《海洋生态环境跨界治理合作机制：对东亚海的启示》，《浙江海洋大学学报（人文科学版）》，2020 年第 6 期，第 24–29 页。

人类科技的不断发展和海洋利用领域的不断扩大，海洋生态环境的跨界影响仍在不断增加。然而，在海洋生态环境治理的实际行动中，不同地区、国家的经济发展水平和环境治理能力存在差异，因海洋生态系统的跨界性，单一地方政府或国家无法采取有效的治理行动来处理日益复杂的海洋生态环境问题，需要全球范围的国家或跨区域政府建立可持续性合作去探索有效的治理路径。[①]未来，海洋生态环境跨界治理日益成为全球、国家和区域海洋生态环境治理的常态。

近年来，我国迎来了蓝色经济全面发展的新机遇，为推动海洋事业可持续发展，海洋生态环境治理面临新的挑战。党的二十大报告提出"发展海洋经济，保护海洋生态环境，加快建设海洋强国"。海洋强国的基本条件之一就是海洋经济高度发达，在经济总量中的比重和对经济增长的贡献率较高，海洋开发、保护能力要强，要实现人与自然和谐共生的高质量发展。《中华人民共和国国民经济和社会发展第十四个五年规划和2035年远景目标纲要》（以下简称国家"十四五"规划）提出要"打造可持续海洋生态环境""探索建立沿海、流域、海域协同一体的综合治理体系"，作为海洋经济的质量、效率和动力变革的要求，需要在包括海洋生态环境等多领域进行协同发展。治理意味着合作与协同，海洋生态环境存在着跨行政区、跨国界、跨功能区的自然特性，跨界海洋生态环境治理是海洋生态文明建设的重要环节。随着海洋生态环境治理的国家立法和地方实践稳步推进，尤其是《中华人民共和国海岛保护法》《中华人民共和国海洋环境保护法》等在制度层面确立了海域海岛生态保护制度、海洋环境影响评价制度、海洋功能区制度等[②]，并在海洋治理上明确了跨界合作的具体规定，国家在海洋生态环境治理领域的建设能力逐渐提高，海洋生态环境跨界治理在制度、体制建设进程上逐渐推进。

国家"十四五"规划提出要"深度参与全球海洋治理"，党的二十大报告提出要"坚持山水林田湖草沙一体化保护和系统治理""推动构建人类命运共同体""坚持绿色低碳，推动建设一个清洁美丽的世界"。自1982年《联合国

---

① Klaus Töpfer，Laurence Tubiana，Sebastian Unger. Charting pragmatic courses for global ocean governance. Marine Policy，2014（49）：85–86.

② 全永波：《海洋污染跨区域治理的逻辑基础与制度建构》，浙江大学博士学位论文，2017年。

海洋法公约》开放签字以来，全球海洋国家和组织在海洋生态环境跨界合作上进行了探索，如东亚海环境治理作为联合国区域海项目的重要内容，主要通过东亚海协作体实施“东亚海行动计划”，在环境跨界治理上具有一定的典型性，但总体合作局限性还比较大，在更深层次的跨界治理合作如海洋生物多样性保护、区域海洋规划发展等方面的合作程度较低。近年来，东亚地区在海洋航运污染、南海生态多样性保护方面均存在巨大的合作需求，东亚海协作体也逐渐通过各种途径开展海洋生态环境跨界治理的合作。相比较而言，欧洲地区区域海项目相对成熟，该地区各国以及欧盟就海洋塑料垃圾治理、海洋生物多样性保护、海洋污染监测等领域展开合作。2004 年起，联合国就《〈联合国海洋法公约〉下国家管辖范围以外区域海洋生物多样性的养护和可持续利用协定》(以下简称 BBNJ 协定）开展谈判。与此同时，部分区域海项目逐渐修订战略计划，拓展新的治理内容和方向，如东亚海协作体把治理重点由海洋垃圾污染治理转变为加强海洋区域规划和伙伴关系构建上，并将全球性的“区域海”伙伴关系构建、海洋生物多样性保护和海洋保护区网络建设都纳入了治理范围，这也给参与“东亚海行动计划”的中国提供了开展跨界治理合作的机会。中国作为全球具有影响力的大国，理应肩负起大国责任，通过践行海洋命运共同体理念，积极推动发展蓝色伙伴关系，深度参与国际海洋生态环境治理机制和相关规则制定，协同建设公正合理的国际海洋秩序。

然而，由于全球海洋跨界治理存在以非国家强制力模式构建“柔性”治理机制，跨界污染国家责任体系缺失以及国家利益具有“自利性”等因素，海洋生态环境跨界治理机制重构仍存在必要性和紧迫性。2023 年 8 月，日本启动将福岛核电站核污染水排放太平洋，这对太平洋沿岸国家不可避免地造成了影响，部分生态性影响则随着鱼类洄游、船舶压载水排放等途径造成全球生态的次生灾害。此举遭到了日本国内以及邻近国家的强烈谴责和坚决反对。德国一家海洋科学研究机构的计算结果显示，核放射性物质将自排放之日起的 57 天内扩散至太平洋大半区域，3 年后美国和加拿大将受核污染影响。[①]除了海洋生态环境治理中可预测和可控制的国家或地区的跨界损害性排放外，

① 《日本核污水排海制造“人祸”，全人类将为此买单》，http：//www.china.com.cn/，访问日期：2021 年 5 月 6 日。

区域性的船舶碰撞、海洋油气泄漏等突发性的海洋生态环境事故，对跨界海洋国家的责任要求同样存在。如 2018 年 1 月，发生在长江口的“桑吉”轮与“长峰水晶”轮碰撞事故造成大量凝析油泄漏，事故发生海域属于中国的专属经济区，凝析油泄漏造成的污染扩展海域有部分的专属经济区和大陆架与日本、韩国等国家重叠，在中国派出救援力量后，日本也主动派出了海上力量参加救助，体现出在突发海上环境事故上的国家协作。[①] 又如发生在 1989 年 3 月的美国埃克森公司油轮漏油事故，在“瓦尔迪兹”号油轮发生事故后，周边国家和当事公司没有建立综合性协调机制，美国和加拿大起先均没有介入这一事件中，致使事故发生后应对不及时，污染区域不断扩散，造成了很大的生态破坏和经济损失，教训极为深刻。[②] 综上分析，海洋生态环境跨界治理机制存在国家主权性要求，如果不在治理主体责任规范、相应机制构建上形成一定的创新，海洋生态环境跨界治理的效果必然有限，则全球、区域和国家的生态环境治理目的难以达到。

当前，海洋生态环境治理机制在以《联合国海洋法公约》为代表的国际法中已经初步明确，但仍存在不同海域责任界定不清、跨界治理执行难以落实等问题，由于政治因素、国家参与治理的能力等原因，海洋国家间跨界治理“集体行动”的欠缺导致海洋的“公域悲剧”常常出现恶化的现象。根据《联合国海洋法公约》对海洋权益的划分，海洋已经形成多元化的权益区域；不仅如此，全球化背景下的国际海洋组织以及各种区域性的海洋组织先后成立，其排他性的特点，对海洋的整体性治理有一定分割。现实中，各国政府、国际组织和非政府组织存在着不同的海洋治理观和价值观，也有不同的利益追求，故而在海洋生态环境跨界治理机制形成过程中需要用创新性理念加以引导。

2019 年 4 月，习近平主席在中国人民解放军海军成立 70 周年之际指出，“海洋孕育了生命、联通了世界、促进了发展。我们人类居住的这个蓝色星球，不是被海洋分割成了各个孤岛，而是被海洋连结成了命运共同体，各国人民安危与共”。[③] 海洋命运共同体理念的提出为全球海洋治理指明了发展的

① 朱金善、孔祥生、薛满福：《“桑吉”轮与“长峰水晶”轮碰撞事故原因与责任分析》，《世界海运》，2018 年第 6 期，第 1–8 页。

② 全永波：《海洋环境跨区域治理研究》（修订版），中国社会科学出版社，2020 年版，第 226 页。

③ 《习近平出席庆祝人民海军成立 70 周年海上阅兵活动》，《人民日报》，2019 年 4 月 24 日，第 11 版。

道路与方向，为完善国际海洋生态环境治理体系提供了重要指导。构建海洋命运共同体有利于推动人类对海洋有更进一步的认知，构建和谐共生的关系有利于稳步实现海洋可持续发展的目标，实现人与自然的和谐共生，共同发展。因此，以海洋命运共同体理念为研究视角，形成海洋跨界治理的基本价值逻辑，对进一步完善全球海洋生态环境治理体系，构建海洋生态环境跨界治理机制具有积极意义。

第二节 文献计量梳理

一、方法介绍

本研究选取 Web of Science（WoS）核心合集数据库作为数据来源，并采用了 SCI-EXPANDED 和 SSCI 两种索引，运用 TS =((Ocean OR sea OR marine)AND ecological environment AND(governance OR manage*)) 的检索策略，涵盖 1990 年 1 月至 2023 年 5 月期间的期刊论文，文献类型为“Articles”。经过去重、筛选等步骤，最终选取了涉及海洋生态环境治理研究的 2193 篇文献，有效率达 85.17%（表 1–1，图 1–1）。

使用计量可视化工具 VOSviewer 和 CiteSpace 绘制了作者合作共现网络、关键词聚类及主题演化等可视化图谱，展示了海洋生态环境治理领域的发展脉络、研究热点以及未来发展趋势，为国内外研究工作提供了借鉴与参考。

表 1–1 数据来源与综述

范围	具体标准要求
数据库	Web of Science core collection
引文索引	SSCI，SCI
检索时段	1990.01.01—2023.05.01

续表

范围	具体标准要求
语种	English
检索式	TS =((Ocean OR sea OR marine)AND ecological environment AND (governance OR manage*))
主要学科	海洋学、生态学、管理学
文献类型	期刊论文、综述论文、会议论文、在线发表、社论材料、数据论文
数据提取	以纯文本格式导出具有完整记录和引用的参考文献
样本数量	2575篇

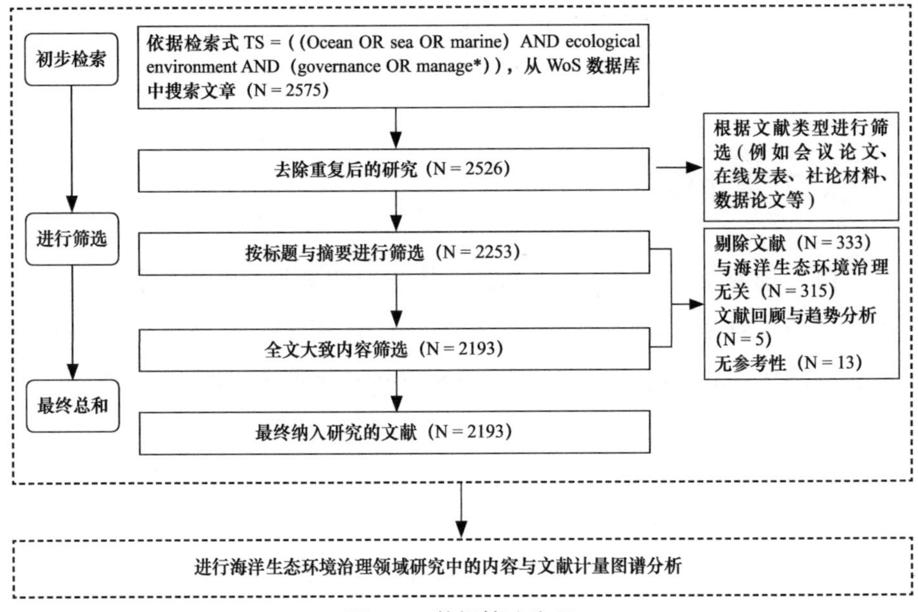

图 1-1 数据筛选流程

文献计量学是一种基于统计学和数据分析的定量研究方法，其主要用于描绘和分析某一学科或研究领域的发展动态和进展情况。这一分析方式并不仅局限于描述性统计，还包括对关键词、作者、机构以及其相关网络的分析，为学者提供了一种可视化、客观的方式，有效地梳理相关学术研究领域的发展脉络。[①]鉴于此，文献计量学在各学科领域中都得到了广泛应用，特别在生

① 周隽如、姚淼中、蒋含明，等:《海洋生态系统服务价值研究热点及主题演化——基于文献计量研究》,《生态学报》，2022 年第 9 期，第 3878–3887 页。

态学、环境学、管理学等研究领域，已被视为一种总结历史研究进展和探寻未来研究热点的重要工具。[①]

二、结果与分析

文献数量及其增长趋势是反映研究领域发展阶段的重要指标，有助于分析与预测其发展状况。[②]从海洋生态环境治理研究的年度文献分布（图 1–2）来看，1991—2001 年可视为该领域的初步发展阶段，WoS 数据库文献共有 84 篇，主要关注海洋污染和海洋生态环境的基础研究，包括污染物对海洋生态环境的影响及生态恢复的策略。2002—2013 年为其稳步发展阶段，WoS 数据库文献共有 529 篇，其间的主要研究集中于海洋管理和政策制定，着重探讨如何有效管理海洋生态环境，包括划定海洋保护区、监管海洋渔业、减少海洋污染等方面。截至 2023 年 5 月，WoS 数据库中海洋生态环境治理研究领域共发文 2193 篇，2014—2023 年作为快速发展阶段，这一时期共发文 1580 篇，占总数的 72.05%。

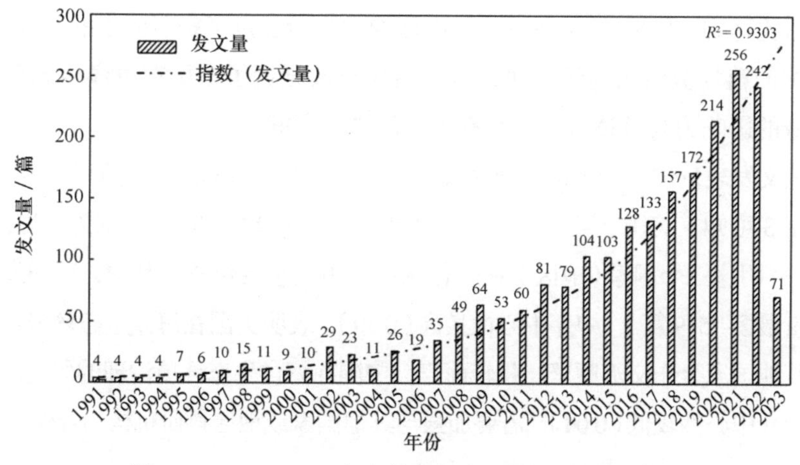

图 1–2　1990—2023 年文献的年度发文量及预测曲线

① 肖春艳、胡倩倩、陈晓舒，等:《基于文献计量的大气氮沉降研究进展》,《生态学报》, 2023 年第 3 期，第 1294–1307 页。

② 安敏、王琲、何伟军，等:《可持续发展视角下水环境规制研究进展及其关键问题》,《环境工程技术学报》, 2023 年第 2 期，第 839–848 页。

一个国家或地区在某领域的研究活跃程度可通过其发表论文的数量衡量。在网络分析中，节点的中介中心性揭示了其在网络中的地位和重要性。当节点的中介中心性大于 0.1 时，该节点会被视为网络的关键节点。通过 CiteSpace 计算得到的中介中心性显示了一个国家或地区在某领域的科研实力和对该领域的关注度。[①] 在 CiteSpace 中，外环用于标记重点，其厚度代表中介中心性的大小。节点的体积反映了国家或地区的中心度，体积越大则表明其影响力和重要程度越高。节点间连线的粗细程度反映了它们之间的合作强度。[②] 1990 年以来，发表文章数排在前十的国家或地区详见表 1–2。其中，美国发文量最多，发文量为 549 篇，占总量的 25.03%，其后是澳大利亚（335 篇，占 15.28%）和中国（331 篇，占 15.09%），美国的发文量分别是澳大利亚和中国的 1.64 倍和 1.66 倍，表明长期以来，美国在该领域投入了较多的科研力量，产出了极为丰富的科研成果。其他排名前十的国家或地区依次为英格兰（13.09%）、加拿大（9.53%）、西班牙（7.89%）、意大利（7.80%）、法国（6.89%）、德国（5.52%）和巴西（3.92%）。中国在该领域研究起步较晚，但近年来的持续投入取得了显著的成果。近 5 年中国在该领域发展迅速，论文发表量占比达到 68.88%。虽然近 5 年中国的发文量超过了排名前十的所有国家，但中国的篇均被引仅高于巴西，这一结果再次强调了中国在海洋生态环境治理领域的影响力与整体科研水平有很大的进步空间。

论文发表量位列前十位的国家或地区合作关系图谱如图 1–3 所示。由表 1–2 和图 1–3 可知，美国、英格兰、德国的中介中心性超过 0.1，分别为 0.30、0.30、0.17，表明这三个国家（地区）在合作网络中占据重要位置。其中，美国发表文献数量最多（549 篇），中介中心性最高（0.30），表明美国在海洋生态环境治理领域与其他国家合作交流频繁。相较而言，中国在海洋生态环境治理的研究起步较晚，中介中心性较低（0.04），需要加强与其他国家或地区科研机构的合作。

---

① 管英杰、刘俊国、崔文惠，等：《基于文献计量的中国生态修复研究进展》，《生态学报》，2022 年第 12 期，第 5125–5135 页。

② Li Y，Du Q，Zhang J，et al. Visualizing the intellectual landscape and evolution of transportation system resilience：A bibliometric analysis in CiteSpace. Developments in the Built Environment，2023，14：100149.

表 1–2 1990—2023 年海洋生态环境治理领域发文量前 10 的国家或地区

序号	国家/地区	数量	近 5 年发文量所占比例	中介中心性
1	美国 USA	549	39.89	0.30
2	澳大利亚 Australia	335	44.18	0.07
3	中国 China	331	68.88	0.04
4	英格兰 England	287	46.34	0.30
5	加拿大 Canada	209	40.19	0.08
6	西班牙 Spain	173	54.91	0.07
7	意大利 Italy	171	50.29	0.05
8	法国 France	151	49.01	0.08
9	德国 Germany	121	48.76	0.17
10	巴西 Brazil	86	68.60	0.02

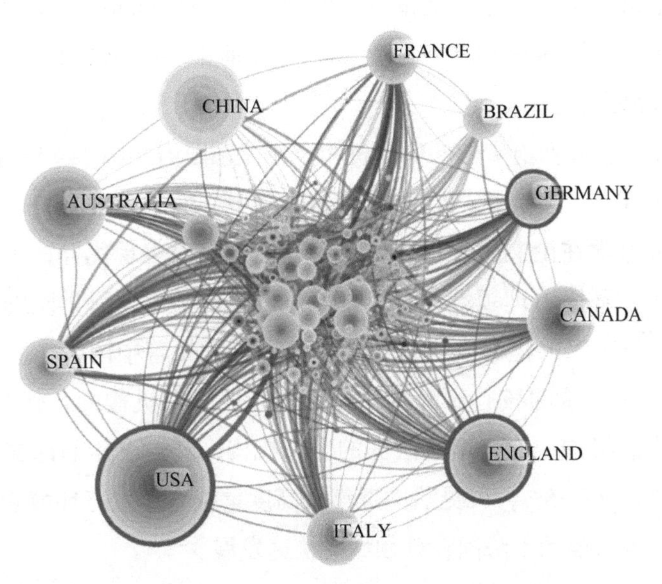

图 1–3 发文量排名前十的国家或地区合作关系图

分析研究机构的分布有助于深入理解学术界对该领域的支持和认同，从而促进机构间的合作。通过对文献作者所属机构进行统计分析，发现 2193 篇文献共来自 508 个不同机构。对发文量前十的机构进行统计，见表 1–3。美国海洋和大气管理局的论文发表量最多，达到 101 篇，法国国家科学研究中心和美国加利福尼亚大学紧随其后，论文发表量分别为 97 篇和 95 篇。加利福尼亚大学的中介中心性为 0.11，表明其在海洋生态环境治理领域具有较大的学术影响力。排名前十的机构来自 5 个国家，其中有 7 所研究机构属于欧美国家，论文发表量总计 503 篇，占比达到 22.94%，可见欧美国家在海洋生态环境治理研究领域具有领先地位。中国对此领域的关注度也在逐步提升，中国科学院作为中国科研实力卓越的研究机构，在此领域的论文发表量最多，30 年间共发表了 71 篇，为我国的海洋生态环境治理做出了显著贡献。除中国科学院外，论文发表量较多的中国机构还包括中国海洋大学（Ocean University of China）和中华人民共和国生态环境部（Ministry of Ecology and Environment of the People's Republic of China）。

此外，中国排名靠前的研究机构中国科学院、中国海洋大学和中华人民共和国生态环境部近 5 年发文量所占比例分别高达 60.56%、81.08% 和 100%，表明近年来中国研究机构在海洋生态环境治理研究方面做出了主要贡献并呈现出快速发展态势。

论文发表量位列前十位的研究机构合作关系图谱如图 1–4 所示。由表 1–3 与图 1–4 可知，从研究机构合作关系和中介中心性的角度看，中国科学院和加利福尼亚大学在论文发表量和中介中心性方面均表现优异，表明这两个机构在海洋生态环境治理领域具有重要地位。特别是中国科学院的中介中心性高达 0.11，近 5 年的论文发表量位列前茅，这意味着中国科学院是全球海洋生态环境治理领域的核心研究机构，且与其他研究机构的合作和交流频繁。此外，前十名机构中有 4 个是法国的研究机构，其近 5 年的论文发表量占比介于 45.00% ~ 62.75%，可见法国近年来高度重视海洋生态环境治理，其科研力量的持续投入推动了法国在该领域的快速发展。

表 1–3　发文量排名前十的研究机构

序号	机构	数量	近 5 年发文量所占比例	中介中心性
1	美国海洋和大气管理局 National Oceanic and Atmospheric Administration	101	32.67	0.10
2	法国国家科学研究中心 Centre National de la Recherche Scientifique	97	53.61	0.02

续表

序号	机构	数量	近5年发文量所占比例	中介中心性
3	加利福尼亚大学 University of California System	95	48.42	0.11
4	中国科学院 Chinese Academy of Sciences	71	60.56	0.11
5	詹姆斯·库克大学 James Cook University	61	42.62	0.02
6	法国海洋开发研究院 IFREMER	60	45.00	0.08
7	联邦科学与工业研究组织 Commonwealth Scientific & Industrial Research Organisation	58	50.00	0.07
8	法国研究型大学联盟协会 UDICE-French Research Universities	51	62.75	0.01
9	法国发展研究所 Institut de Recherche pour le Developpement	50	52.00	0.05
10	西班牙高等科学委员会 Consejo Superior de Investigaciones Cientificas	49	48.98	0.06

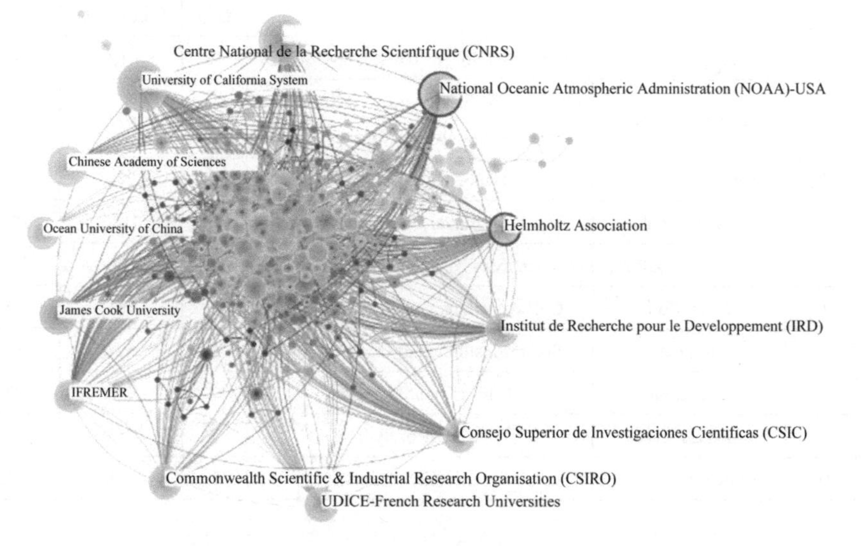

图 1–4　发文量排名前十的研究机构合作关系图

学术研究的作者往往代表一个研究领域的杰出贡献者。在海洋生态环境治理研究领域，共有 9757 位作者发表过其学术研究成果。发文量排名前十的学者见表 1–4。其中，发表文章最多的是阿卜杜勒阿齐兹国王大学的 Angel Borja，其发表文章数为 12 篇，平均每篇文章被引用 63.58 次。他在 2000 年发表的论文“A marine Biotic Index to establish the ecological quality of soft-bottom benthos within European estuarine and coastal environments”被引用频次达 1080 次，该论文提出了一个基于多变量统计分析的海洋生物指数，能够依据底栖生物群落的组成与数量评估环境的生态质量并评估沿海和河口环境的生态质量。该论文还进一步探讨了该指数的应用前景和局限性，提出了未来研究的方向和建议，对沿海和河口环境的生态管理和保护具有重要的实践意义和科学价值。①由此可见，Angel Borja 在海洋生态环境治理领域拥有较高的学术影响力。此外，卡尔顿大学的 Steven J Cooke 在该领域发表了 9 篇文章，其总被引频次和篇均被引排名均位于首位。他曾在 Nature、Science 和 Proceedings of the National Academy of Sciences 等国际一流期刊上发表了多篇文章，其研究成果对加强全球生态系统保护和可持续利用具有重要意义。

表 1–4 发文量排名前十的发文作者

序号	作者	机构	数量	总被引频次	篇均被引
1	Angel Borja	Basque Research & Technology Alliance	12	763	63.58
2	Alistair J Hobday	Commonwealth Scientific & Industrial Research Organization	9	677	75.22
3	Jean-Claude Dauvin	Universite de Rouen Normandie	9	276	30.67
4	Steven J Cooke	Carleton University	9	1100	122.22
5	Katherine A Dafforn	University of New South Wales Sydney	8	810	101.25
6	Marta Coll	CSIC - Instituto de Ciencias del Mar	8	661	82.63
7	Lisa A Levin	Scripps Institution of Oceanography	8	691	86.38
8	Louise B Firth	University of Plymouth	7	644	92.00
9	Emma L Johnston	University of Sydney	7	754	107.71
10	Michael Elliott	University of Hull	7	571	81.57

① Borja A，Franco J，Pérez V. A marine biotic index to establish the ecological quality of soft-bottom benthos within european estuarine and coastal environments. Marine Pollution Bulletin，2000，40（12）：1100–1114.

图 1–5 展示了学者间的合作关系，作者间的合作主要以团队内部合作为主，发文量居前的 Angel Borja、Alistair J Hodday、Jean-Claude Dauvin 和 Katherine A Dafforn 等学者在该领域已形成各自的研究团队并在发文方面取得了显著成果。此外，团队间的合作也存在，例如由 Angel Borja 等学者构成的作者合作群和以 Alistair J Hodday 为代表的研究团队，这两个研究团队都在合作关系网络中占据中心地位。

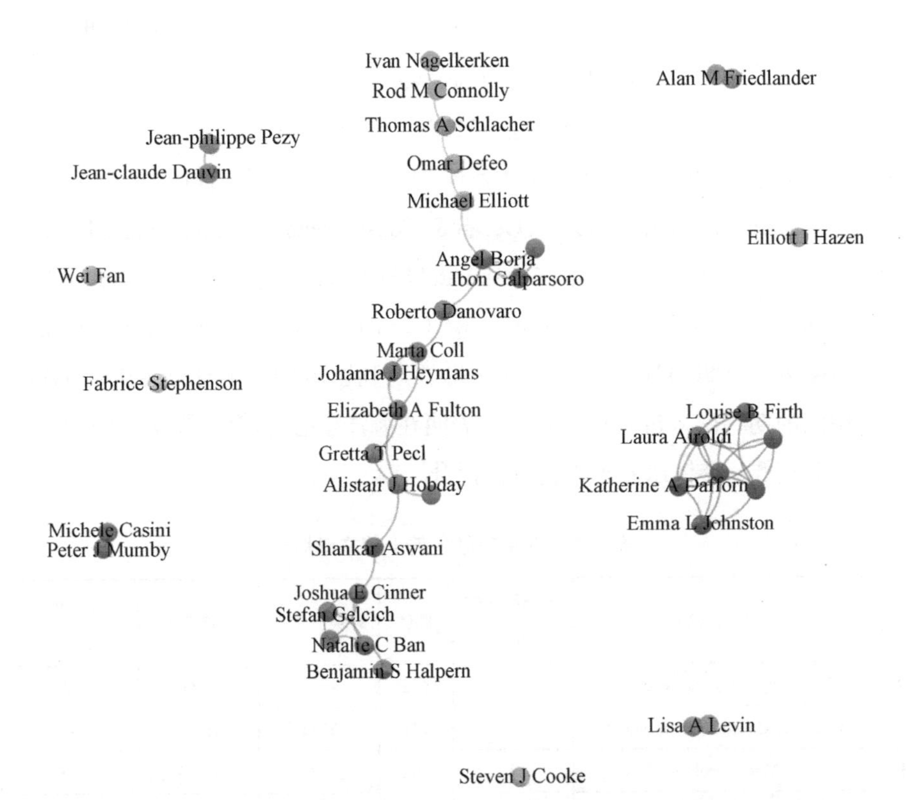

图 1–5　1990—2023 年海洋生态环境治理领域作者合作关系图谱

对某一研究领域发文量的文献期刊进行分析，能够帮助研究者更准确地了解该领域的核心期刊，从而为其文献查询、论文撰写与投稿提供支持。[①]通过对 1990—2023 年在海洋生态环境治理领域期刊发文量进行分析，结果显示

① 易行、白彩全、梁龙武，等:《国土生态修复研究的演进脉络与前沿进展》,《自然资源学报》, 2020 年第 1 期，第 37–52 页。

排名前十的期刊总论文发表量为 713 篇，占英文期刊论文总发表量的 32.51%（表 1–5）。由表 1–5 可知，Science of the Total Environment 是刊物级别最高的期刊，其 2022 年影响因子为 10.753，是该领域的顶尖期刊。论文发表量最多的期刊是 Frontiers in marine science，发表了 122 篇论文，占总发文量的 5.56%，2022 年影响因子为 5.247。发文量排在第二位和第三位的期刊分别是 Ocean & Coastal Management 和 Marine Policy，发文量分别为 121 篇和 104 篇，占总发文量的 5.51% 和 4.74%，2022 年影响因子分别为 4.295 和 4.315。这 10 种期刊中，总被引频次与篇均被引最高的期刊均为 Science of the Total Environment，发文量 65 篇，位居第五，但总被引频次高达 3716 次，篇均被引达 57.17 次，显示出其在海洋生态环境治理领域的强大学术影响力。在 2022 年中国科学院 SCI 期刊分区中，Frontiers in marine science、Ocean & Coastal Management、Marine Policy、Marine pollution Bulletin、Estuarine Coastal and Shelf Science、Ecological Indicators、Ices Journal of Marine Science 和 Aquatic Conservation-Marine and Freshwater Ecosystems 这 8 个期刊都属于二区和三区，期刊影响因子介于 3.229 ~ 7.001。此外，中国的期刊尚未进入排名前十，表明在海洋生态环境治理领域中国期刊影响力相对较低，整体研究水平仍有待提升。

表 1–5 发文量排名前十的文献期刊

序号	来源出版物	中国科学院分区	数量	总被引频次	篇均被引	2022年影响因子
1	Frontiers in Marine Science	2	122	1667	13.66	5.247
2	Ocean & Coastal Management	2	121	2031	16.79	4.295
3	Marine Policy	2	104	3185	30.63	4.315
4	Marine Pollution Bulletin	3	70	3565	50.93	7.001
5	Science of the Total Environment	1	65	3716	57.17	10.753
6	Estuarine Coastal and Shelf Science	3	57	2511	44.05	3.229
7	Ecological Indicators	2	51	1122	22.00	6.263
8	Ices Journal of Marine Science	2	45	681	15.13	3.906
9	Aquatic Conservation-Marine and Freshwater Ecosystems	3	39	788	20.21	3.254
10	Journal of Coastal Research	4	39	291	7.46	1.110

从表 1–6 中可知，1990—2023 年海洋生态环境治理领域高被引论文均在高水平期刊上发表，Nature 发表了 2 篇文章，Science 和 Annual Review of Marine Science 各发表了 1 篇文章。单篇被引最高的文献是 2009 年 Cowen 等美国学者在 Annual Review of Marine Science 发表的海洋生物种群连通性的研究（被引 1314 次），该研究聚焦于复杂的海洋底栖生物，运用地球化学与遗传学技术分析种群从完全开放到封闭的过程，借助高分辨率的生物物理建模与经验数据方法，揭示种群扩散的生物物理过程。研究发现，海洋生物种群连通性在海洋生态环境的管理与保护中具有关键应用。[①]排在第二位的是来自斯坦福大学的 Block 等美国学者于 2011 年发表在 Nature 上的文章（被引 878 次），通过利用”太平洋捕食者标签”（ Tagging of Pacific Predators ）项目与电子标签技术收集的2000—2009年的追踪数据，探研了海洋生物迁移路径、海洋特征、多物种热点等问题，为大型海洋生态系统的空间管理研究提供了基础。[②]此外，Hussey 等于 2015 年在 Science 上发表的论文（被引 802 次），深入讨论了海洋动物遥测技术的发展与未来展望，该技术能够迅速提高人们观察海洋动物行为与分布的能力，进而从根本上改变对全球海洋生态系统结构和功能的理解，为全球海洋治理提供了有效保障。[③]年均被引频次最高的文献是 2017 年 Avio 等意大利学者在 Marine Environmental Research 上发表的关于塑料与微塑料（Microplastics）对海洋生态环境所产生的影响与威胁的论文，认为当下较为迫切地需要一种标准化测量和能够量化海水和沉积物中塑料的通用方法，并提出如何对这类塑料材料进行更综合的生态风险评估已经成为目前的研究重点，研究得出的微塑料对海洋环境的长期影响引起了国内外学者广泛的关注。[④]

综上，这些高被引论文主要聚焦于海洋生态环境治理领域的现实问题和

---

① Cowen R K，Sponaugle S. Larval dispersal and marine population connectivity. Annual Review of Marine Science，2009，1（1）：443–466.

② Block B A，Jonsen I D，Jorgensen S J，et al. Tracking apex marine predator movements in a dynamic ocean. Nature，2011，475（7354）：86–90.

③ Hussey N E，Kessel S T，Aarestrup K，et al. Aquatic animal telemetry：a panoramic window into the underwater world. Science，2015，348（6240）：1255642.

④ Avio C G，Gorbi S，Regoli F. Plastics and microplastics in the oceans：from emerging pollutants to emerged threat. Marine Environmental Research，2017，128：2–11.

前沿热点，体现了较强的应用性、指导性和创新性。通过主题分析显示，海洋生物多样性、海洋技术应用及应对海洋环境变化一直是该领域研究的关注焦点，近年来微塑料对海洋生态环境的影响和威胁也越来越受到重视。

表 1–6　1990—2023 年海洋生态环境治理领域总被引频次前十的论文

年份	作者	来源	标题	总被引频次	年均被引频次
2009	Cowen R K	Annual Review of Marine Science	Larval dispersal and marine population connectivity 幼体扩散与海洋种群连通性	1314	101
2011	Block B A	Nature	Tracking apex marine predator movements in a dynamic ocean 在动态海洋中追踪顶端海洋捕食者的运动	878	80
2015	Hussey N E	Science	Aquatic animal telemetry：A panoramic window into the underwater world 水生动物遥测：进入水下世界的全景窗口	802	115
2010	Bulleri F	Journal of Applied Ecology	The introduction of coastal infrastructure as a driver of change in marine environments 引入沿海基础设施作为海洋环境变化的驱动力	646	54①
2017	Avio C G	Marine Environmental Research	Plastics and microplastics in the oceans：From emerging pollutants to emerged threat 海洋中的塑料和微塑料：从新兴污染物到新兴威胁	610	122
2001	Roy P S	Estuarine Coastal and Shelf Science	Structure and function of south-east Australian estuaries 澳大利亚东南部河口的结构和功能	552	26②
2012	Tyberghein L	Global Ecology and Biogeography	Bio-ORACLE：a global environmental dataset for marine species distribution modelling 用于海洋物种分布建模的全球环境数据集	538	54③

① Bulleri F，Chapman M G. The introduction of coastal infrastructure as a driver of change in marine environments. Journal of Applied Ecology，2010，47（1）：26–35.

② Roy P S，Williams R J，Jones A R，et al. Structure and function of south-east Australian estuaries. Estuarine，Coastal and Shelf Science，2001，53（3）：351–384.

③ Tyberghein L，Verbruggen H，Pauly K，et al. Bio-ORACLE：a global environmental dataset for marine species distribution modelling. Global Ecology and Biogeography，2012，21（2）：272–281.

续表

年份	作者	来源	标题	总被引频次	年均被引频次
2016	Valentin A	Molecular Ecology	Next-generation monitoring of aquatic biodiversity using environmental DNA metabarcoding 使用环境DNA元条形码监测水生生物多样性的下一代	506	84[①]
2006	Lewin W C	Reviews in Fisheries Science	Documented and potential biological impacts of recreational fishing: Insights for management and conservation 休闲渔业的记录和潜在生物影响：管理和保护的见解	457	29[②]
2006	Hsieh C H	Nature	Fishing elevates variability in the abundance of exploited species 捕鱼加剧了被开发物种丰度的变异性	446	28[③]

关键词的出现频率反映了一个领域的研究趋势和内容。[④]通过关键词共现分析，能够厘清某领域发展趋势，把握该领域的研究现状。CiteSpace将节点选择为“Keyword”，共生成511个关键词，综合前30个出现频率最高的关键词（表1-7），发现海洋生态环境治理研究主要集中在海洋环境治理（management、conservation、environment、ecosystem services、coastal、protected areas、ecosystems、fisheries management等关键词）、海洋生物多样性保护（biodiversity、community、fishery、marine protected areas、fish、impact、abundance、diversity、assemblages、coral reefs、community structure等关键词）以及关于海洋生态环境变化动因的研究（climate change、impacts、patterns、framework、indicators、model、variability等关键词）。

① Valentini A, Taberlet P, Miaud C, et al. Next-generation monitoring of aquatic biodiversity using environmental dna metabarcoding. Molecular Ecology, 2016, 25 (4) : 929–942.

② Lewin W C, Arlinghaus R, Mehner T. Documented and potential biological impacts of recreational fishing: insights for management and conservation. Reviews in Fisheries Science, 2006, 14 (4) : 305–367.

③ Hsieh C H, Reiss C S, Hunter J R, et al. Fishing elevates variability in the abundance of exploited species. Nature, 2006, 443 (7113) : 859–862.

④ 谢伶、王金伟、吕杰华：《国际黑色旅游研究的知识图谱——基于CiteSpace的计量分析》，《资源科学》，2019年第3期，第454–466页。

表 1–7 排名前 30 关键词频次

序号	年份	数量	关键词	序号	年份	数量	关键词
1	1993	449	Management 治理	16	2007	85	Impact 冲击
2	1996	269	Climate change 气候变化	17	2007	83	Framework 框架
3	1993	231	Conservation 保护	18	2003	81	Protected areas 保护区
4	2004	184	Impacts 影响	19	1999	80	Abundance 丰度
5	1998	165	Biodiversity 生物多样性	20	1993	71	Diversity 多样性
6	1993	138	Community 群落	21	2001	65	Indicators 指标
7	1993	124	Sea 海洋	22	2001	65	Assemblages 群落
8	1992	119	Fishery 渔业	23	2007	64	Resilience 弹性
9	1992	111	Environment 环境	24	2007	63	Ecosystems 生态系统
10	2002	105	Marine 海洋	25	1995	62	Model 模型
11	2007	100	Marine protected areas 海洋保护区	26	2009	61	Fisheries management 渔业管理
12	2009	97	Ecosystem services 生态系统服务	27	2005	61	Variability 变异性
13	2003	97	Patterns 模式	28	1993	61	Coral reefs 珊瑚礁
14	1997	96	Fish 鱼类	29	2007	60	Science 科学
15	2007	94	Coastal 沿海	30	2000	59	Community structure 群落结构

（1）全球海洋环境的治理

2022 年，生态环境部等六部门联合印发《“十四五”海洋生态环境保护规划》，以海洋生态环境突出问题为导向，强调提升我国在全球海洋生态环境治理中的作用。我国在陆海统筹的近岸海域污染防治方面已有显著成效，但海洋环境污染和生态退化等重点问题仍然突出。当前全球海洋环境治理呈现区域化演进的态势，各国和区域组织在考虑生态环境和经济等多种因素后，选择通过区域合作来应对海洋生态环境问题。[①] 2022 年 6 月，欧盟委员会发布了《欧盟国际海洋治理新议程》，致力于推动海洋环境的可持续管理；波罗的海沿岸六国达成了《保护波罗的海区域海洋环境公约》，并通过合作方式共同

① 全永波：《全球海洋生态环境治理的区域化演进与对策》，《太平洋学报》，2020 年第 5 期，第 81–91 页。

参与波罗的海区域海洋环境的保护。近年来，海洋保护区在全球范围内被广泛地用于海洋环境治理和海洋资源保护，但由于各地治理能力不同，其生态治理效能存在巨大差异。[①]因此，即使在海洋保护区的全球性扩张背景下，如果没有足够的人力与资金支持，也可能无法达到理想的治理效果。

（2）保护海洋生物多样性

海洋环境变化会从多个角度影响海洋生态系统的状态和稳定性，例如群落结构和生物多样性，还可能导致海洋生态系统的结构失衡，破坏生态系统的服务。[②]基于此，海洋空间规划者与管理者有必要充分了解相关生物群落及其关键组成部分的异质性，以及维持这些关键过程（例如种群连通性、相互作用网络等）。首先，海洋生物多样性的丧失已经对海洋生态系统提供食物、维持水质和自我调节的能力造成了严重破坏。学者们通过长期观测与区域时间序列数据分析，发现海洋生物多样性的恢复可以提高近四倍的生产力，并且海洋生物多样性的丧失具有一定的可逆性。[③]其次，海洋生物多样性和海洋生态系统受到各种人类活动的不利影响，像红树林、海草床、珊瑚礁等重要生态系统都遭到了严重威胁。Hoegh-Guldberg（2007）指出，过度捕捞、水质下降、全球变暖与海洋酸化会破坏碳酸盐的积累，导致珊瑚在珊瑚礁系统中变得愈加罕见，而其后果是无法有效地维护珊瑚礁群落的稳定性和碳酸盐礁结构的多样性降低。[④]此外，由于海洋生物种群和生态系统表现出复杂的系统行为，相关管理人员不能完全假设压力源减少时它们会自然地恢复，因此预防是一种比修复海洋生态系统更有效的管理策略。[⑤]

---

① Gill D A，Mascia M B，Ahmadia G N，et al. Capacity shortfalls hinder the performance of marine protected areas globally. Nature，2017，543（7647）：665–669.

② 周隽如、姚焱中、蒋含明，等：《海洋生态系统服务价值研究热点及主题演化——基于文献计量研究》，《生态学报》，2022 年第 9 期，第 3878–3887 页。

③ Worm B，Barbier E B，Beaumont N，et al. Impacts of biodiversity loss on ocean ecosystem services. Science，2006，314（5800）：787–790.

④ Hoegh-Guldberg O，Mumby P J，Hooten A J，et al. Coral reefs under rapid climate change and ocean acidification. Science，2007，318（5857）：1737–1742.

⑤ Crowder L，Norse E. Essential ecological insights for marine ecosystem-based management and marine spatial planning. Marine Policy，2008，32（5）：772–778.

（3）研究海洋生态环境变化的动因

海洋生态环境变化的主要因素包括过度捕捞、海洋污染和海洋气候变化等。有研究表明，海洋生态系统中有许多物种容易受到过度捕捞的影响。[①]过度捕捞不仅会影响物种的多样性和丰度，甚至会导致大量被过度捕捞的海洋鱼类种群面临种群适应性和持久性的降低。海洋污染一直是各国和地区关注并致力解决的重点难题。除了常见的陆海污染，近年来学者们还开始将目光聚焦于海洋噪声污染、微塑料污染以及"幽灵渔具"（Abandoned, lost and otherwise discarded fishing gear, ALDFG）等新型海洋污染。首先，海洋噪声污染是由城市化进程的加快和海洋产业的发展引起的新型污染，通过掩盖海洋动物听到猎物或捕食者或识别群落成员的声音，对其施加了越来越大的生存压力。[②]其次，"幽灵渔具"作为一个复杂的全球性问题，不仅对海洋环境、生物与渔业产生不同的威胁，还可能造成严重的生态和社会经济问题。[③]国外学者逐渐认识到"幽灵渔具"的危害性，但对于"幽灵渔具"的研究还处于初级阶段；而国内学者并未过多关注此问题[④]，对于"幽灵渔具"的研究、立法与相关处理制度仍存在较大空缺。此外，气候变化成为海洋生态环境变化的关键驱动因素，海洋温度的变化导致了前所未有的级联效应，包括冰雪融化、海平面上升、海洋热浪和海洋酸化。[⑤]第一，气候变化增加了海洋和沿海生态系统不可逆转地丧失的风险，包括支持海洋生物的珊瑚礁和红树林受到破坏，以及海洋物种向水温较低的高纬度和高海拔地区迁移。[⑥]第二，气候变化对海岸带系统最重要的影响是风暴和降雨引起的海岸线改变，同时极端天气事件

---

① Worm B，Davis B，Kettemer L，et al. Global catches，exploitation rates，and rebuilding options for sharks. Marine Policy，2013，40：194–204.

② Chahouri A，Elouahmani N，Ouchene H. Recent progress in marine noise pollution：A thorough review. Chemosphere，2022，291：132983.

③ Gilman E，Humberstone J，Wilson J R，et al. Matching fishery-specific drivers of abandoned，lost and discarded fishing gear to relevant interventions. Marine Policy，2022，141：105097.

④ 宋利明、陈明锐：《"丢弃渔具"研究进展》，《水产学报》，2020年第10期，第1762–1772页。

⑤ Gissi E，Manea E，Mazaris A D，et al. A review of the combined effects of climate change and other local human stressors on the marine environment. Science of The Total Environment，2021，755（pt.1）：142564.

⑥ Pinsky M L，Selden R L，Kitchel Z J. Climate-driven shifts in marine species ranges：scaling from organisms to communities. Annual Review of Marine Science，2020，12（1）：153–179.

发生频率变化会改变海岸带的生态类群。[①]第三，近几十年来，气温的不断上升导致海平面上升速度加快，而海平面上升和热带气旋的加强严重加剧了极端事件（如致命的风暴潮以及洪水、侵蚀和滑坡等沿海灾害）的发生概率。同时，海平面上升加速了沿海陆地面积的缩小，并加剧了海水入侵和土壤盐渍化程度，最终导致了海岸防护能力的减弱和调节服务功能的退化。[②]

关键词共现分析的时区图反映了研究内容的演变过程，图中节点和线条的颜色代表不同的时间切片。节点所在位置表示关键词最早出现的时间，而节点间的连线代表两个关键词同时出现在同一篇文献中，节点大小和连线粗细代表了关键词的频次及其共现次数的多少。[③]运用 CiteSpace 软件将关键词共现知识图谱投射到时间轴上，并设定 3 年为一个时间切片，绘制海洋生态环境治理研究领域的关键词时区图（图 1–6）。结合图 1–6，全面归纳出海洋生态环境治理研究领域的主要发展脉络。

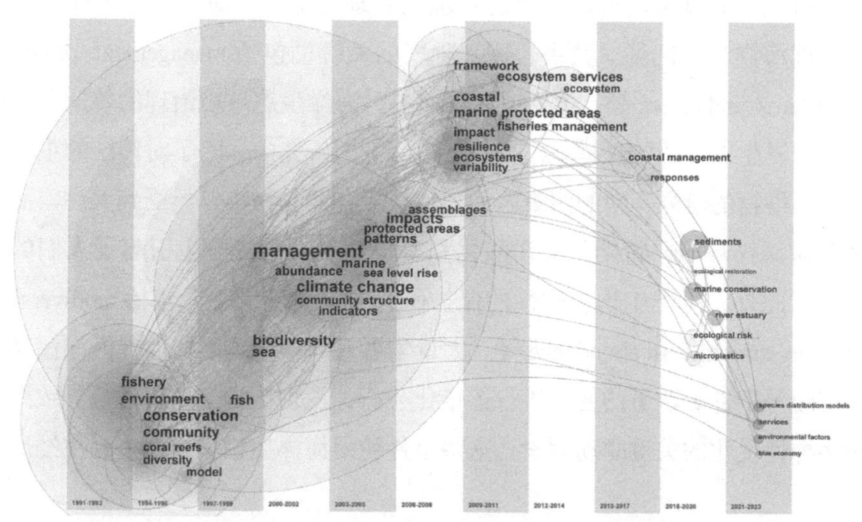

图 1–6　海洋生态环境治理研究领域关键词共现时区视图

---

① Zhou Q，Wang S，Liu J，et al. Geological evolution of offshore pollution and its long-term potential impacts on marine ecosystems. Geoscience Frontiers，2022，13（5）：101427.

② Zittis G，Almazroui M，Alpert P，et al. Climate change and weather extremes in the eastern mediterranean and middle east. Reviews of Geophysics，2022，60（3）.

③ 肖春艳、胡情情、陈晓舒，等：《基于文献计量的大气氮沉降研究进展》，《生态学报》，2023 年第 3 期，第 1294–1307 页。

（1）1990—1999 年：早期研究的关注焦点

主要关键词包括 conservation、environment、community、fishery、diversity、coral reefs、model 等，主要关注的主题有海洋环境保护和渔业发展与管理。[①]在这一阶段，对海洋环境的认识开始从单一的物理和化学污染，扩展到生物污染和全球生态问题。学者们开始认识到人类活动对海洋环境的影响，如过度捕捞、海底矿物开采和海洋污染等问题。对于生物多样性的保护，学者们开始尝试建立和管理海洋保护区，以减缓人类活动对海洋生态的破坏。由于海洋的全球性和跨区域性以及其与公众生活的紧密关系，全球海洋环境保护得到了多学科多领域专家学者的持续关注。[②]

（2）2000—2007 年：深入研究与方法创新

21 世纪初期，随着环境科学和生态学的发展，人们对海洋生态环境治理的理解和研究方法都有了重大进步。学者们开始将理论研究应用于实际问题的解决，研究方向逐渐转向海洋生态环境的管理与保护、海洋生物多样性的保护及全球海洋环境问题。其中，这一阶段的关键词包括 management、protected area、patterns、indicators 等，主要关注如何提高海洋生态环境治理的效能以及探索新型海洋生态环境治理模式。[③]在海洋污染的研究中，除了对传统的重金属和有机污染物的研究，新的污染源如塑料垃圾和药物污染开始受到关注。而气候变化对海洋环境，特别是海洋酸化和海平面上升的影响也引起了人们的广泛关注。此外，海洋生物多样性的保护研究中，关键词主要包括 biodiversity、community structure 和 abundance 等。大量学者对海洋生物多样性在海洋污染和气候变暖等事件影响下的变化进行了量化分析，发现极端气候事件是导致海洋生物多样性变化的关键驱动因素。这些事件使得海洋生物多样性格局在经历变

① Ren W，Ji J. How do environmental regulation and technological innovation affect the sustainable development of marine economy：New evidence from China's coastal provinces and cities. Marine Policy，2021，128：104468.

② Doney S C，Busch D S，Cooley S R，et al. The impacts of ocean acidification on marine ecosystems and reliant human communities. Annual Review of Environment and Resources，2020，45（1）：83–112.

③ Di Lorenzo M，Guidetti P，Di Franco A，et al. Assessing spillover from marine protected areas and its drivers：A meta - analytical approach. Fish and Fisheries，2020，21（5）：906–915.

暖事件后出现显著差异，并使得栖息地中物种丰度减少。[①]针对全球性海洋环境问题，关键词主要包括 climate change、sea level rise、impacts 等。由于气候变化与海平面上升可能会影响许多海洋物种的分布与栖息地选择，关于气候变化对海洋生态环境影响的研究更加具体，如综合了所有关于海洋生态观测与气候变化预期一致性的现有研究，发现在应对气候变化的物种中，分布变化率与跟踪海洋表面温度变化所需的分布变化率一致。[②]

（3）2008—2016 年：全球视野下的研究

研究关键词主要分为三个方面：marine protected areas、ecosystem services 和 coastal management。海洋自然保护区作为保护海洋生态功能和景观的重要手段，经历多年的发展与演化后变得较为稳定，有助于实现渔业管理、生物多样性养护以及适应气候和海洋化学变化方面的多重目标。[③]学者更多地关注海洋生态系统服务、管理与价值评估，利用多学科交叉的方法来构建海洋生态系统服务经济权衡分析框架，并为海洋空间规划和基于海洋生态系统的管理提供了全面的分析方法，协助利益相关者制定海洋生态系统保护政策。[④]此外，沿海地区，即近海—海岸带区域，虽然只占全球海洋面积的 7% ~ 10%，但却是生物多样性及生态系统多样性的主要储库（物种占比 97%），在海洋初级生产力占比 25%，渔获量占比更是高达 86%。[⑤]近年来，沿海区域土地的过度开发利用导致全球沿海生态系统逐渐退化，使得社会各界开始重视海岸带管理。也是在这一时期，研究视角从局部问题开始向全球问题转移。海洋生态问题不再只是某个区域或某个国家的问题，而是全球性的问题。在全球变暖和气候变化的背景下，海洋酸化、极端气候事件的影响、海平面上升等

① Wernberg T，Smale D A，Tuya F，et al. An extreme climatic event alters marine ecosystem structure in a global biodiversity hotspot. Nature Climate Change，2013，3（1）：78–82.

② Poloczanska E S，Brown C J，Sydeman W J，et al. Global imprint of climate change on marine life. Nature Climate Change，2013，3（10）：919–925.

③ Green A L，Fernandes L，Almany G，et al. Designing marine reserves for fisheries management，biodiversity conservation，and climate change adaptation. Coastal Management，2014，42（2）：143–159.

④ Lester S E，Costello C，Halpern B S，et al. Evaluating tradeoffs among ecosystem services to inform marine spatial planning. Marine Policy，2013，38：80–89.

⑤ 吴立新、荆钊、陈显尧，等：《我国海洋科学发展现状与未来展望》，《地学前缘》，2022 年第 5 期，第 1–12 页。

问题引起了广泛的关注。罗西瑙（James N Rosenau）在1992年提出全球治理的定义后，全球与区域合作成为各界学者的研究热点，区域海洋环境管理也逐渐成为海洋环境保护的主要路径。[①]以联合国等国际组织为中心，推动各个国家或地区共同参与海洋环境治理的相关行动，如1972年《伦敦倾废公约》及其1996年议定书、1995年《保护海洋环境免受陆源污染全球行动计划》等，旨在防止陆源污染进一步破坏海洋环境。[②]在这一背景下，全球合作的重要性开始受到重视，全球性的海洋保护网络和协议如海洋生物多样性保护公约等开始形成。此外，学者们也开始研究如何利用新的科学工具和技术，如遥感、GIS和生态模型等，来研究和解决全球海洋生态问题。

（4）2017年至今：面向未来的探索

海洋生态环境治理的研究日益复杂和多元化，出现了sediments、ecological restoration、river estuary、ecological risk、microplastics、blue economy等新兴关键词。海岸带土地利用变化导致了全球范围内海洋海岸生态系统的退化及其提供的商品和服务的损失。生态修复作为协助已退化、受损或被破坏的生态系统恢复的过程，对于自然恢复受阻的生境至关重要。而目前大多数海洋海岸修复项目在澳大利亚、欧洲和美国进行，但这些项目的总修复成本显著高于发展中国家的修复成本。[③]传统的污染物研究已经扩展到微塑料、药物残留、无机纳米颗粒等新型污染物，尽管微塑料污染已引起国际关注，但其在海洋环境中的作用路径仍在探究当中。微塑料在海洋环境中无处不在，威胁到海洋生态系统的健康与完整性，也削弱了海洋生态系统提供人类所依赖的商品或服务的能力。[④]蓝色经济在现代海洋与海洋治理中得到了越来越多的重视，其强调海洋经济的可持续发展，旨在将海洋发展机会与环境管理和保护相结

① Maxwell S L，Cazalis V，Dudley N，et al. Area-based conservation in the twenty-first century. Nature，2020，586（7828）：217–227.

② 全永波：《全球海洋生态环境治理的区域化演进与对策》，《太平洋学报》，2020年第5期，第81–91页。

③ Bayraktarov E，Saunders M I，Abdullah S，et al. The cost and feasibility of marine coastal restoration. Ecological Applications，2016，26（4）：1055–1074.

④ Pauna V H，Buonocore E，Renzi M，et al. The issue of microplastics in marine ecosystems：A bibliometric network analysis. Marine Pollution Bulletin，2019，149：110612.

合，突出不同国家地区间通过协同治理来促进海洋资源开发与海洋生态环境保护。[①]此外，科学家们也开始探索如何利用新的科学和技术工具，如人工智能和大数据，来研究和管理海洋生态环境。同时，随着对海洋生态系统的深入理解，人们开始认识到保护海洋生态系统不仅需要科学的方法，也需要经济、社会、政治等多领域的综合考虑和协同行动。因此，面向未来的海洋生态环境治理研究，需要在科学研究的基础上，更多地考虑社会经济因素和全球治理机制，以实现海洋生态环境的可持续管理。

突现性较高的关键词常指某个研究领域中那些频次变化率高的词，这些词能够揭示该领域的研究热点，从而体现该领域的研究前沿和趋势。[②]通过CiteSpace的突现性分析得到115个关键词及名词性短语，合并相近意思的关键词及短语后，筛选了突现性排前20位的关键词及名词性短语，如表1–8所示。

由表1–8可见，Sediments（沉积物）是当前海洋生态环境治理研究领域出现的具有最高突现性的关键词（突现性为9.43，持续时间3年），相关的关键词还包括Surface sediments（表层沉积物，突现性为6.12，持续时间3年）、Pollution（污染，突现性为8，持续时间3年）等。从塑料垃圾到油污污染，如何有效管理海洋污染源是一个长期受到关注的问题。微塑料（Microplastics，塑料颗粒，尺寸为0.1um至5 mm）是目前被广泛关注的海洋污染物，已在全球范围内的底栖沉积物（Benthic sediments）与海岸带积累。准确测量海洋沉积物中微塑料的丰度，系统评估微塑料来源、大小与空间分布（Spatial distribution，突现性为6.37，持续时间为3年），对于理解微塑料对底栖生物群落的健康、粮食安全所构成的风险至关重要。[③]此外，量化海洋沉积物中有机物降解的速率对全球元素循环、气候变化以及确定地球系统的演化都具有重要价值。[④]

① Voyer M，Quirk G，McIlgorm A，et al. Shades of blue：what do competing interpretations of the blue economy mean for oceans governance? . Journal of Environmental Policy & Planning，2018，20（5）：595–616.

② 肖春艳、胡情情、陈晓舒，等.《基于文献计量的大气氮沉降研究进展》，《生态学报》，2023年第43卷第3期，第1294–1307页.

③ Coppock R L，Cole M，Lindeque P K，et al. A small-scale，portable method for extracting microplastics from marine sediments. Environmental Pollution，2017，230：829–837.

④ Arndt S，Jørgensen B B，LaRowe D E，et al. Quantifying the degradation of organic matter in marine sediments：a review and synthesis. Earth-Science Reviews，2013，123：53–86.

表 1–8 高突现性关键词

序号	关键词	发表年	强度	开始年	结束年	1991—2023年
1	Sediments 沉积物	2021	9.43	2021	2023	
2	Risk assessment 风险评估	2006	8.87	2021	2023	
3	Resilience 弹性	2007	8.81	2007	2017	
4	Vulnerability 脆弱性	2015	8.46	2015	2020	
5	Ocean acidification 海洋酸化	2012	8.23	2012	2017	
6	Fisheries management 渔业管理	2000	8.07	2009	2017	
7	Pollution 污染	1998	8	2021	2023	
8	Challenges 挑战	2018	7.9	2018	2023	
9	Ecosystem 生态系统	1997	7.4	2012	2020	
10	Performance 绩效	2018	7.18	2018	2020	

续表

序号	关键词	发表年	强度	开始年	结束年	1991—2023年
11	Marine protected area 海洋保护区	1996	6.73	2009	2014	
12	Scale 尺度	2002	6.6	2009	2014	
13	China 中国	2021	6.59	2021	2023	
14	Mediterranean sea 地中海	2007	6.49	2018	2023	
15	Spatial distribution 空间分布	2000	6.37	2021	2023	
16	Policy 政策	2018	6.22	2018	2020	
17	Surface sediments 表层沉积物	2021	6.12	2021	2023	
18	Ecosystem-based management 生态系统管理	2008	6.06	2008	2017	
19	Habitat 生境	1998	6.01	2006	2014	
20	Reserves 储量	1999	6	1999	2011	

注：全部线段代表数据时间段 1991—2023 年，其中黑色加粗线段显示对应关键词突现的年度区间，强度表示关键词的影响力。

海洋污染对海洋生态环境的影响一直是全球学者关注的科学问题，同样，海洋生态环境变化所引发的一系列问题也日渐凸显。[①]海洋吸收二氧化碳的过程导致海洋酸化（Ocean acidification，突现性为 8.23，持续时间 6 年），对海洋生态系统产生影响，进而威胁到粮食安全、沿海保护等。风险评估（Risk assessment，突现性为 8.87，持续时间 3 年）作为众多学科选择的管理方法或框架，专家学者们更倾向于应用定量风险评估来解决实际研究中的困难与挑战（Challenges，突现性为 7.9，持续时间 6 年）。[②]由于生态系统、人类活动及其相互作用、多层次治理的复杂性，实施基于海洋生态系统的管理（Ecosystem-based management，突现性为 6.06，持续时间 10 年）在区域和小空间尺度上面临巨大挑战，而海洋生物多样性的生态风险评估（ERA）经常被应用于解决这类问题。[③]类似地，海洋生境（Habitat，突现性为 6.01，持续时间 9 年）测绘作为早期沿海科学研究中不可避免的过程，同样也是渔业、水产养殖、林业和旅游业等海洋相关产业不可或缺的一部分，加深了人们对海洋生态系统（Ecosystem，突现性为 7.4 ，持续时间 9 年）的了解，为早期海洋生态环境治理做出了较大贡献。[④]

自党的十八大报告提出了“建设海洋强国”的战略目标以来，中国（China，突现性为 6.59，持续时间 3 年）在参与全球海洋治理等方面不断取得突破性进展。伴随“海洋强国”“海洋命运共同体”等概念的提出，以海洋生态环境突出问题为导向，以海洋生态环境持续改善为核心，中国更加注重深度参与全球海洋生态环境治理和制定有效的海洋保护政策法规。[⑤]地中海（Mediterranean sea，突现性为 6.49，持续时间 6 年）被公认为国外的研究

---

① Adam V，Von Wyl A，Nowack B. Probabilistic environmental risk assessment of microplastics in marine habitats. Aquatic Toxicology，2021，230：105689.

② Andersen L B，Grefsrud E S，Svåsand T，et al. Risk understanding and risk acknowledgement：a new approach to environmental risk assessment in marine aquaculture. ICES Journal of Marine Science，2022，79（4）：987–996.

③ Astles K L. Linking risk factors to risk treatment in ecological risk assessment of marine biodiversity. ICES Journal of Marine Science，2015，72（3）：1116–1132.

④ Perry A L，Blanco J，García S，et al. Extensive use of habitat-damaging fishing gears inside habitat-protecting marine protected areas. Frontiers in Marine Science，2022，9：811926.

⑤ 全永波：《全球海洋生态环境治理的区域化演进与对策》，《太平洋学报》，2020年第5期，第81–91页。

热点，因为该地区的微塑料浓度大约是北太平洋的四倍，且因其独特的半封闭特性以及来自周边不同国家或地区的塑料废物排放，极易受到微塑料污染的影响。[①]大量实证研究表明，海洋保护区（Marine protected area，突现性为6.73，持续时间6年）是保护生物多样性、促进海洋生态系统的修复与渔业管理（Fisheries management，突现性为8.07，持续时间9年）的重要保护工具，但其对渔业发展所带来的效益目前仍处于探究阶段。[②]不可否认的是，海洋保护区的数量在全球范围内迅速增加，由于其庞大的规模和复杂的社会、政治、经济因素，以及地区人文特征所引起的不同需求，为实施与管理海洋保护区带来了许多方面的挑战。[③]

突现性距今最近（2021—2023年）的前3个关键词Sediments、Risk assessment、Pollution，表明海洋沉积物中的微塑料污染研究是当前海洋生态环境治理领域的热点。[④]随着人类活动对海洋环境影响的加剧，如何保护和修复海洋生态系统已成为学者们的主要研究热点，包括研究海洋生态服务如何影响人类社会和经济发展、研究海洋生态系统的碳汇能力、研究如何可持续利用海洋生态系统资源等。为了更有效地保护海洋生态环境，识别治理过程中的关键风险因素并了解相应的风险信息，进行生态、环境、综合污染等风险评估，也是当前海洋生态环境治理研究领域的热点。[⑤]

---

① Sharma S，Sharma V，Chatterjee S. Microplastics in the mediterranean sea：sources，pollution intensity，sea health，and regulatory policies. Frontiers in Marine Science，2021，8：634934.

② Di Lorenzo M，Guidetti P，Di Franco A，et al. Assessing spillover from marine protected areas and its drivers：a meta - analytical approach. Fish and Fisheries，2020，21（5）：906–915.

③ Grorud-Colvert K，Sullivan-Stack J，Roberts C，et al. The mpa guide：a framework to achieve global goals for the ocean. Science，2021，373（6560）：eabf0861.

④ Perumal K，Muthuramalingam S. Global sources，abundance，size，and distribution of microplastics in marine sediments – a critical review. Estuarine，Coastal and Shelf Science，2022，264：107702.

⑤ Andersen L B，Grefsrud E S，Svåsand T，et al. Risk understanding and risk acknowledgement：a new approach to environmental risk assessment in marine aquaculture. ICES Journal of Marine Science，2022，79（4）：987–996.

第三节 文献综述

在本研究的破题与初步探索过程中，作者查阅并参考了大量与海洋生态环境跨界治理相关的文献资料，从研究领域来看，相关研究成果主要分布在政治学、法学、公共管理学、经济学和海洋科学等领域。通过进一步聚焦，按照研究内容进行分类，拟对现有研究文献从“海洋生态环境治理基础理论研究”“全球海洋生态环境跨界治理研究”“区域海洋生态环境跨界治理的案例和模式研究”“发达国家海洋生态环境治理的经验研究”“国内海洋生态环境跨界治理现状、制度和机制研究”五个方面进行综述分析。这五个部分的文献在内容和结构上息息相关，在内在逻辑上具有自洽性。随着全球海洋生态环境治理成为全球治理的重点研究领域，对研究背景、理论基础、现状分析和机制构建的研究也日益成为学术界和实务届关注的重点，并展现出创新性的理论视角和制度意蕴。

一、海洋生态环境治理基础理论研究

（一）生态环境治理的理论基础研究

20 世纪 70 年代以来，在新制度主义、新公共管理以及治理理论的影响下，国内外相关学者主要将奥斯特罗姆（Elinor Ostrom）的多中心治理理论、奥尔森（Mancur Olson）的集体行动理论以及希克斯（Perri Six）和邓利维（Patrick Dunleavy）的整体政府理论与生态环境治理的具体场域问题、案例相结合，为生态环境治理研究奠定了理论基础。例如，国外学者中，Outi Luova（2020）基于新制度主义，为生态环境治理提出“制度配置”的分析框架；[①] Patricia Kanashiro（2020）则认为，生态环境委员会运行机制和生态环境补偿机制有助

① Luova O. Local environmental governance and policy implementation：Variegated environmental education in three districts in Tianjin，China. Urban Studies，2020，57（3）：490–507.

于降低高污染行业的有毒排放。[1]国内学者中，黄莉培（2012）、吕建华和高娜（2012）等学者借鉴“整体政府理论”，倡导在生态环境治理中注重整体性的政府管理、横向纵向协作的管理和多方主体的协作与参与[2]，对我国现行海洋环境管理体制现状及存在的问题进行了客观的梳理和分析，对今后我国海洋生态环境治理模式进行了初步构想[3]；唐任伍、李澄（2014）认为要强调与政府权力相对应的责任，即政府运用手中的权力，承担起有效选择和协调各种治理模式“共振”的责任，防止治理模式之间的互相倾轧，并提出元治理理论，要强化自治理，通过保持必要的多样性增加治理的弹性以应对环境治理这个复杂系统的责任；[4]李荣娟（2014）等借鉴“多中心治理理论”，梳理了政府与市场在治理生态环境中存在的“失灵”，提出政府、企业、非政府组织、民众等主体协同合作的区域生态环境治理模式；[5]谢慧明、沈满洪（2016）认为多元环境治理结构是中国环境治理的必然选择，政府引领、企业自觉、公众参与的制衡机制是关键，提出中国环境治理最主要的短板在于社会治理；[6]赵红梅、李梦莹（2018）认为中国环境治理从粗糙的技术开始，走向经济学、政治学、行政学、环境社会学、法学、景观规划学、环境伦理学、环境哲学、环境美学和公共管理学等多学科、多角度的交叉汇集，提出了“环境优先”的环境治理新理念；[7]赵英民（2019）、竺效（2021）强调生态文明法治建设是生态环境治理体系和治理能力现代化的核心要义，提出加快推进生态环境治理体系和治理能力现代化建

① Kanashiro P. Can environmental governance lower toxic emissions?. A panel study of U.S.high - polluting industries. Business Strategy and the Environment，2020，29（4）：1634–1646.

② 黄莉培：《整体政府理论对我国环境治理的启示——基于英美德三国环境治理模式》，《中国青年政治学院学报》，2012 年第 5 期，第 93–97 页。

③ 吕建华、高娜：《整体性治理对我国海洋环境管理体制改革的启示》，《中国行政管理》，2012 年第 5 期，第 19–22 页。

④ 唐任伍、李澄：《元治理视阈下中国环境治理的策略选择》，《中国人口 · 资源与环境》，2014 年第 2 期，第 18–22 页。

⑤ 李荣娟：《当代中国跨省区域联合与公共治理研究》，中国社会科学出版社，2014年版，第23–28页。

⑥ 谢慧明、沈满洪：《PACE2016 中国环境治理国际研讨会综述》，《中国环境管理》，2016 年第 6 期，第 104–106 页。

⑦ 赵红梅、李梦莹：《中国环境治理研究述评及前景展望》，《管理研究》，2018 年第 1 期，第 77–86 页。

设。[①②]学术界同时关注跨域生态环境治理，刘智勇等（2022）提出强化跨域生态环境治理的合作决策与执行效能，认为需要构筑跨域生态环境协同治理“四全”机制，提升跨域生态环境协同治理能力。[③]

（二）海洋生态文明建设研究

海洋生态环境治理机制构建的研究源于两个维度：一是基于海洋生态文明建设；二是基于“海洋命运共同体”理念。

海洋生态文明建设首先需要关注政府、市场、社会的多主体关系，但更要关注国内海洋生态环境治理机制问题。顾湘（2014）研究了海洋环境污染治理的核心主体，由于海洋环境污染具有流动性的特点，一旦发生海洋环境污染问题往往涉及多个沿海地方政府。[④]龚虹波（2018）通过对海洋环境治理的主体关系研究，认为海洋生态环境治理需要综合运用各种有效手段，依法对影响海洋生态环境的各种行为进行调节和控制，以政府为核心、涉海组织参与协调海洋环境关系，保持海洋生态环境的自然平衡和持续利用。[⑤]沈满洪（2018）认为，海洋生态环境是一个复杂的生态系统，要共同发挥政府、企业、公众（非政府）的作用，在海洋生态环境保护中采取“政府办社会”的做法是行不通的。[⑥]

海洋生态环境治理体系和治理能力现代化是生态文明战略融合国家治理的需要逐渐形成的。杨振姣等（2017）研究认为，目前我国海洋生态环境已经不容乐观，国内海洋生态治理起步较晚，治理体系和治理能力方面都有待完善和

① 赵英民：《加快推进生态环境治理体系和治理能力现代化》，《中国人大》，2019年第24期，第21页。

② 竺效：《把握四个维度，推进生态环境治理现代化》，《中国环境监察》，2021年第11期，第60–62页。

③ 刘智勇、贾先文、潘梦启：《省际跨域生态环境协同治理实践及路径研究》，《东岳论丛》，2022年第11期，第184–190页。

④ 顾湘：《海洋环境污染治理府际协调研究：困境、逻辑、出路》，《上海行政学院学报》，2014年第2期，第105–111页。

⑤ 龚虹波：《海洋生态环境治理研究综述》，《浙江社会科学》，2018年第1期，第102–111页。

⑥ 沈满洪：《海洋环境保护的公共治理创新》，《中国地质大学学报（社会科学版）》，2018年第2期，第84–91页。

提高。[1]郑苗壮等（2017）研究提出，我国现有的海洋生态治理体系是在传统计划经济体制下开始萌发的，从政府、企业和社会协调治理的角度来看，现代意义上的海洋生态环境治理体系初步形成。[2]之后，沈满洪、毛狄（2020）进一步关注海洋生态文明建设研究，提出良好的海洋生态环境是人与自然和谐发展的基本要求，也是经济社会可持续发展的重要保障。[3]张志峰等（2022）认为，我国海洋生态文明建设“将通过深化理论与实践创新研究，促进陆海统筹的生态环境治理效能提升，进一步推动以海洋生态环境高水平保护促进经济高质量发展、助力沿海民生福祉达到新水平”。[4]

（三）“海洋命运共同体”理念视域下海洋生态环境治理机制研究

“海洋命运共同体”理念的提出给海洋生态环境治理的政策实践引申出一个全新的命题，海洋命运共同体视域下如何构建新型的海洋生态环境跨界治理机制，推进全球海洋生态环境治理，成为这一研究的重要内容。“海洋命运共同体”的指导原则与人类命运共同体一脉相承，是在追求本国利益的时候，要兼顾他国和其他区域的关切。学界讨论主要从三个方面展开。第一，聚焦海洋命运共同体概念、内涵研究。陈曙光（2017）认为，命运共同体理念创建了共同的目标和责任，而且这种共同体的组织可以是区域的，也可以是全球的。[5]姚莹（2019）认为“海洋命运共同体”理念内涵包括“海洋生态共同体”“海洋安全共同体”“海洋利益共同体”以及“海洋和平与和

---

① 杨振姣、闫海楠、王斌：《中国海洋生态环境治理现代化的国际经验与启示》，《太平洋学报》，2017年第4期，第81–93页。

② 郑苗壮、刘岩、裘婉飞：《论我国海洋生态环境治理体系现代化》，《环境与可持续发展》，2017年第1期，第37–40页。

③ 沈满洪、毛狄：《习近平海洋生态文明建设重要论述及实践研究》，《社会科学辑刊》，2020年第2期，第109–115页。

④ 张志峰、贺蓉、吴大千，等：《我国海洋生态文明建设和生态环境保护进展、形势与思考》，《环境与可持续发展》，2022年第3期，第3–6页。

⑤ 陈曙光：《超国家政治共同体：何谓与何为》，《政治学研究》，2017年第5期，第68–78页。

谐共同体”等，提出“海洋命运共同体”是“人类命运共同体”的重要组成部分。[①]白佳玉（2019）认为，海洋生态环境治理可以成为人类命运共同体理念促进国际海洋法治发展的重要领域。[②]王茹俊、王丹（2022）认为，海洋命运共同体理念科学回答了新时代海洋发展的重大问题，成为指导人类建设美丽海洋的科学指南和行动纲领。海洋命运共同体理念具备时代气息、科学精神、实践本色、人民情怀和国际视野五个方面的理论品格，其内容包括海洋政治、海洋经济、海洋文化、海洋生态和海洋安全五个维度的思想意涵。[③]第二，聚焦海洋命运共同体理念实现机制的研究。范恒山（2019）提出，构建海洋命运共同体，需要形成新型治理体系，必须打破霸权主义和以自我利益为中心的治理模式。张景全（2019）、范恒山（2019）认为，海洋命运共同体建设是一个系统性和协同性的工程。[④⑤]段克、余静（2021）认为，要以“海洋命运共同体”理念助推参与联合国框架下的全球海洋治理，构建海洋强国建设法制保障体系。[⑥]第三，聚焦海洋生态共同体建设研究。李林杰（2016）指出，通过生态安全格局下的政治上互信、经济上互补、文化上互融的三位一体的联合，构筑尊崇自然、绿色发展的生态体系。[⑦]张晏瑲、石彩阳（2019）研究认为，践行“海洋命运共同体”的伟大构想，实现人类与海洋的真正和谐，可以将系统思维应用于全球海洋生态环境治理。[⑧]施余兵（2022）认为，运用海洋命运共同体理念引导 BBNJ 协定谈判，具有重要

---

① 姚莹：《“海洋命运共同体”的国际法意涵：理念创新与制度构建》，《当代法学》，2019 年第 5 期，第 138–147 页。

② 白佳玉、隋佳欣：《人类命运共同体理念视域中的国际海洋法治演进与发展》，《广西大学学报（哲学社会科学版）》，2019 年第 4 期，第 82–95 页。

③ 王茹俊、王丹：《海洋命运共同体理念：生成逻辑、思想意涵与理论品格》，《大连海事大学学报（社会科学版）》，2022 年第 1 期，第 11–19 页。

④ 张景全：《“海洋命运共同体”视域下的海洋政治研究》，《人民论坛》，2019 年第 8 期，第 110–113 页。

⑤ 范恒山：《积极推动构建海洋命运共同体》，《人民日报》，2019 年 12 月 24 日，第 9 版。

⑥ 段克、余静：《“海洋命运共同体”理念助推中国参与全球海洋治理》，《中国海洋大学学报（社会科学版）》，2021 年第 6 期，第 15–23 页。

⑦ 李林杰：《南海问题化解与生态命运共同体建设》，《求索》，2016 年第 10 期，第 22–27 页。

⑧ 张晏瑲、石彩阳：《中国参与全球海洋生态环境治理的路径——以系统论为视角》，《南海学刊》，2019 年第 3 期，第 63–72 页。

的时代意义，而海洋命运共同体理念的内涵及其海洋法法理基础，可以从被认为是“海洋宪章”的《联合国海洋法公约》中找到依据。[①]

二、全球海洋生态环境跨界治理研究

海洋生态环境治理因其自然属性和治理的主体属性，在实践层面上有全球、区域、国家、地方、基层等多个层次，因海洋生态系统与海域管辖的不统一性，跨界治理是全球海洋各层级治理的基本状态。本部分文献综述将在对国际海洋生态环境治理制度分析的基础上，对全球性、区域性和国别的海洋生态环境跨界治理机制开展文献梳理。

（一）全球环境治理模式和政策选择研究

现代环境污染治理的逻辑基础是主体间的协作或合作，支撑理论主要分为整体性环境治理、多中心环境治理、区域协同环境治理、网络环境治理等四类。在环境治理机制构建中需要完善相应模式，通过全球国家的政策安排推进治理机制的优化。另外，治理还需要引入非政府权威和非政府组织，创新社会公众的参与制度以及优化非政府主体的激励机制。Jepson P（2005）认为，环境非政府组织的治理和责任问题在学术和公共讨论中日益突出，环境非政府组织和整个非政府组织部门需要制定一个独特和可信的问责制，以加强和界定其在社会中的作用。[②] Newig J 和 Fritsch O（2010）开展了多层次治理、公众参与和政策实施以及复杂系统的研究，指出当前的政治趋势和学术研究日益促进多层次系统中的合作和参与性治理，以此作为更可持续和有效的环境政策的途径。[③] Kostka G（2016）等强调指挥和控制工具与基

① 施余兵：《国家管辖外区域海洋生物多样性谈判的挑战与中国方案——以海洋命运共同体为研究视角》，《亚太安全与海洋研究》，2022 年第 1 期，第 35–50 页。

② Jepson P. Governance and accountability of environmental NGOs. Environmental Science & Policy，2005，8（5）：515–524.

③ Newig J，Fritsch O. Environmental governance：Participatory，multi-level-and effective?. Environmental Policy and Governance，2010，19（3）：197–214.

于市场的工具相比，其有效性和效率具有高度的针对性。一个国家特定的监管环境和国家能力，以及特定环境问题的特点，在确定环境管理的“正确”政策工具方面发挥着重要作用。[①]Ajibade F O 等（2021）关注被广泛认为是国际公共卫生问题的主要污染类型，即土地 / 土壤、水、空气、噪声和塑料 / 微塑料污染，认为通过对资源和环境施加巨大压力，阻碍了社会和经济进步，并提出了确保环境质量和可持续性的可能途径。[②]

作为全球海洋生态环境治理的重要组成内容，区域跨界治理模式和政策选择的研究方兴未艾。Jordan A（1999）分析指出，欧盟成员国自 20 世纪 70 年代以来，通过参与欧盟环境政策制定，其原有的环境政策也发生了进步，成员国创建了一个执行某些任务的机构实体，深刻影响了这些国家对环境问题的认知和应对方式。[③] Carpenter A（2019）以北海地区石油污染为研究对象，认为石油污染对海洋环境的影响问题一直备受关注，相关认识日益提高，几十年来，通过国际协议、区域合作和国家措施等治理措施，北海环境保护框架已经形成。[④] Wu L H 等（2020）认为，区域环境质量的改善不仅需要地方政府采取环境投资、立法和执法，还需要政府环境治理和公众参与的协调。[⑤]

（二）海洋跨界污染防治研究

全球性海洋生态环境跨界治理的最直接源头是陆源污染排放和海上污染两种路径，学术界和实务界对近海海洋生态环境治理均以陆地和海洋的跨界

---

① Kostka G. Command without control：The case of China's environmental target system. Regulation & Governance，2016，10（1）：58–74.

② Ajibade F O，Adelodun B，Lasisi K H，et al. Environmental pollution and their socioeconomic impacts. Microbe Mediated Remediation of Environmental Contaminants，2020：321–354.

③ Jordan A. The construction of a multilevel environmental governance system. Environment & Planning C Government & Policy，1999，17（1）：1–17.

④ Carpenter A. Oil Pollution in the North Sea：The impact of governance measures on oil pollution over several decades. Springer International publishing，2019.

⑤ Wu L H，Ma T S，Bian Y C，et al. Improvement of regional environmental quality：Government environmental governance and public participation. Science of The Total Environment，2020，717（5）：137265.

治理研究为对象。在海洋污染控制领域，全球海洋治理的发展举措主要集中在加强和扩大现有框架，以期可以实现应对新旧挑战的目的。Jayakumar S 等（2015）认为，与人类和工业活动产生的其他废物一样，放射性废物已作为陆地处置的替代品排入海洋。根据第一次联合国海洋法会议的建议，国际原子能机构自 1956 年以来协助各国控制向海洋排放或释放放射性物质。① Tony R walker 等（2015）讨论了加拿大调整了国家海洋政策，剥离了数百个港口的管理权，移交给新的港口管理人，港口污染的环境责任同时会被转移，但剥离应考虑受污染港口的未来管理。② Alam J（2018）审查了一些地中海国家的做法，一般通过一系列立法措施以保护该区域的海洋环境，根据《国际防止船舶造成污染公约》及其议定书，地中海及其各区域在防止船舶油污方面具有特殊地位。除此以外，放射性污染也备受关注。③ 近年来，海洋环境污染控制的智慧化技术得到应用，Hui J（2021）为船舶和港口的远程监控提供技术支持和信息支持，研究设计了一种基于北斗卫星导航系统的环保船舶和港口综合污染防治监测系统，有效防止了船舶污染海洋的发生，开创了海洋环境保护的新模式。④

（三）海洋生态系统及生物多样性治理研究

海洋生态系统和生物保护一直是海洋生态环境治理的核心。Fulton E A 等（2003）认为生态系统而非物种管理已成为国际条约和国家立法中明确的政策组成部分，但满足这些政策要求所需的许多工具仍处于早期发展阶

① Jayakumar S，Koh T，Beckman R，et al. State responsibility and transboundary marine pollution. 2015，10. 4337/9781784715793：137–161.

② Tony R Walker，Meagan Bernier，Brenden Blotnicky，et al. Harbour divestiture in Canada：Implications of changing governance. Marine Policy，2015，62（c）：1–8.

③ Alam J. Problems and Prospects of Tourism Industry in Bangladesh：A Case of Cox's bazar Tourist Spots. International Journal of Science and Business，2018，2（4）：568–579.

④ Hui J. Research on Port Ship Pollution Prevention and Control System Based on the Background of Marine Environmental Protection. IOP Conference Series：Earth and Environmental Science，2021，781（3）：032059（6pp）.

段。[①]Lindegren M 等（2009）指出，由于过度捕捞和气候引起的生态系统变化，全球范围内有许多鱼类种群已经崩溃，通过发展基于生态系统的渔业管理（EBFM）以防止未来发生这些灾难性事件，需要建立结合内部食物网动态和外部驱动因素（如渔业和气候）的生态模型，这对于未来的可持续资源管理非常重要。[②] Campbell L M（2018）指出，全球范围内海洋保护区（MPA）的创建不断增加，其目标随着地点、设计、管理和合规性的执行而变化。海洋保护区是海洋保护的"特权解决方案"，部分原因是其扩张相对容易衡量。[③]近海海洋生态系统的研究已成为当前的热点，He Y X 等（2021）关注到长江三角洲的一体化战略不仅涉及土地的一体化管理，还涉及海域的一体化管理，他分析了人类活动对长江三角洲海洋生态系统服务价值的影响，以确定影响海洋资源和环境的主要因素以及综合治理的关键领域。[④]

与海洋生态系统治理相伴随的海洋生物多样性研究在学术界也成为热点。Gray J S（1997）指出，沿海地区的海洋生物多样性损失最大，这主要是沿海生境的使用冲突造成的，保护海洋生物多样性的最佳方式是保护沿海地区的生境和景观多样性。[⑤]针对影响海洋生物多样性的原因，Wernberg T 等（2011）分析了澳大利亚南部的气候变化对海洋生物多样性的影响，认为影响具有高度区域性，需要提高应对气候变化影响的能力。[⑥] Vivekanandan E 等（2016）

---

① Fulton E A，Smith A，Johnson C R. Effect of complexity on marine ecosystem models. Marine Ecology Progress Series，2003，253（5）：1–16.

② Lindegren M，Moellmann C，Nielsen A，et al. Preventing the collapse of the Baltic cod stock through an ecosystem-based management approach. Proceedings of the National Academy of Sciences of the United States of America，2009，106（34）：14722–14727.

③ Campbell L M，Gray N J. Area expansion versus effective and equitable management in international marine protected areas goals and targets. Marine Policy，2018，100（2）：192–199.

④ He Y X，Song W M，Yang F. Key areas for integrated governance of marine resources and environment in the Changjiang River Delta–Results from the impact analysis of the value of marine ecosystem service. Marine Sciences，2021，45（6）：63–78.

⑤ Gray J S. Marine biodiversity：patterns，threats and conservation needs. Biodiversity & Conservation，1997，6（1）：153–175.

⑥ Wernberg T，Russell B D，Moore P J，et al. Impacts of climate change in a global hotspot for temperate marine biodiversity and ocean warming. Journal of Experimental Marine Biology and Ecology，2011，400（1–2）：7–16.

研究了气候变化对孟加拉湾大型海洋生态系统的海洋生产力、栖息地和生物过程的影响，他提出通过开展大型海洋生态系统项目加强渔业管理和改善渔业评估。[①]郑苗壮等（2017）通过分析与海洋遗传资源获取和惠益分享相关的《生物多样性公约》等国际公约，重点关注了国家管辖范围以外区域海洋生物多样性焦点问题，基于主要国家和利益集团的立场和主张，提出我国应做好相关各项工作，积极参与国际协定谈判，切实维护国家海洋利益。[②]刘金立和陈新军（2021）系统性地开展了海洋生物多样性的研究，他们总结了当前全球海洋生物多样性 5 个方向的研究热点：一是人类活动和气候变化对海洋生物多样性的影响；二是海洋生物多样性保护及其可持续利用；三是国家管辖范围外海洋保护区及具有重要生态或生物学意义的海域生物多样性研究；四是海洋生物多样性和生态系统变化的观测及其评价；五是海洋遗传多样性和海洋生物多样性的地理变异研究。[③] Walker T R（2021）认为，海洋环境中的微塑料污染所带来的威胁受到了全球的广泛关注，大多数研究记录了微塑料的普遍存在及其对环境的影响，由于社区缺乏对微塑料监测或生态系统保护的参与，迫切需要一个标准化的管理战略来缓解沿海地区的微塑料污染。[④]

三、区域海洋生态环境跨界治理的案例和模式研究

区域海洋生态环境跨界治理的案例研究总体比较成熟。全球海洋生态环境治理在实践中存在一定的区域化倾向，如基于区域海洋生态系统划定海洋空间并以此形成环境治理机制，已经成为全球海洋生态环境治理的重要内

---

① Vivekanandan E，Hermes R，O'Brien C. Climate change effects in the Bay of Bengal Large Marine Ecosystem. Environmental Development，2016，17（Pt.1）：46–56.

② 郑苗壮、刘岩、裘婉飞：《国家管辖范围以外区域海洋生物多样性焦点问题研究》，《中国海洋大学学报（社会科学版）》，2017 年第 1 期，第 62–69 页。

③ 刘金立、陈新军：《海洋生物多样性研究进展及其热点分析》，《渔业科学进展》，2021 年第 1 期，第 201–213 页。

④ Walker T R. Governance Strategies for Mitigating Microplastic Pollution in the Marine Environment：A Review. Microplastics，2021，1（1）：15–46.

容。[①]从海洋的特性来看，区域海洋生态环境跨界治理类别主要包括海洋保护区、区域海、国际海洋公共区域（国家管辖外海域）。通过对区域海洋生态环境跨界治理的案例和模式的相关研究回顾，比较其中的成功模式及案例，有助于对海洋生态环境跨界治理机制的全面性剖析。

（一）海洋保护区模式与治理机制

Hind E J（2010）以海洋保护区管理模式为研究对象，认为海洋保护区由于将利益相关者排除在管理主体之外，造成保护区机构绩效不佳，提出需要恢复地方利益相关者参与，并加强本土成员和参与海洋保护区治理的国家部门之间建立合作。[②]Raakjaer J（2014）研究了 4 个欧洲海域（波罗的海、黑海、地中海以及东北大西洋）目前的治理结构，提出基于生态系统的海洋管理嵌套治理体系，协调机制需要嵌入各个部门的治理安排。[③]我国学者对海洋保护区跨界治理的研究成果也很丰硕。张希栋、周冯琦（2021）研究了国际海洋保护区研究的新进展，并提出对中国建设海洋保护区的相关启示，即要重视建设海洋保护区管理机构、科学布局海洋保护区、注重部门规划的衔接、增加海洋保护区覆盖面积、设立军事化海洋保护区、加强公海保护区研究、完善保护区利益协调机制、完善海洋保护区法律法规。[④]王晓莉等（2022）认为，大型海洋保护区建设已成为世界各国应对全球气候变化、加强海洋自然遗产和文化遗产资源保护、抢占海洋战略要地的重要手段，中国应从积极参与相关国际事务、增强深远海区域生态基础数据储备、试点实施保护区分区管控

---

① 全永波：《全球海洋生态环境治理的区域化演进与对策》，《太平洋学报》，2020 年第 5 期，第 81–91 页。

② Hind E J，Hiponia M C，Gray T S. From community-based to centralised national management—A wrong turning for the governance of the marine protected area in Apo Island，Philippines?. Marine Policy，2010，34（1）：54–62.

③ Raakjaer J，Leeuwen J V，Tatenhove J V，et al. Ecosystem-based marine management in European regional seas calls for nested governance structures and coordination–A policy brief. Marine Policy，2014，50（pt. B）：373–381.

④ 张希栋、周冯琦：《国际海洋保护区研究新进展及对中国的启示》，《国外社会科学前沿》，2021 年第 7 期，第 88–99 页。

制度等方面开展工作。①

（二）区域海案例及机制研究

美国学者 P. C. 特纳和 J. M. 阿姆斯特朗在 20 世纪 80 年代就提出把整个海洋或其某一重要部分作为一个需要进行关注，并提出海洋综合管理概念，这种方法可以视为是特殊区域管理的一次发展，之后区域海洋管理的理论和实践有了较快的发展。全永波（2017）研究认为，近十几年来对海洋治理的研究十分注重海洋生态环境合作治理机制研究，在实践中，各主权国家或区域组织通过立法或协议等方式展开海洋合作，逐渐形成了一系列切实可行的制度模式和国际经验。②基于“区域海”的案例及机制研究成为区域海洋生态环境跨界治理机制构建研究的重要内容。

区域海洋方案自 1974 年提出以来经过近 50 年的发展，区域海项目在当今海洋治理中占据重要地位。Jouanneau C 和 Raakjær J（2014）认为，国际上区域海跨界治理做得比较典型的案例主要有波罗的海、地中海治理等。通常，波罗的海被描绘成一个积极主动的区域，有着悠久的合作传统，并被“最绿色”的欧盟国家所倡导。③事实却没有这么乐观，Tynickynen N（2017）认为欧盟的扩大将波罗的海纳入了欧盟环境政策制定的范围，然而，波罗的海环境正在以惊人的速度恶化。④ Grönholm S 和 Jetoo S（2019）研究认为，波罗的海生态系统显示出来自多个来源的极端压力症状，这些复杂而“邪恶”的问题需要行为体合作，从而制定适当的政策战略。欧洲联盟波罗的海地区战略（EUSBSR）的设计中固有的承诺是促进关键的网络治理行为

① 王晓莉、许艳、刘倡，等：《大型海洋保护区建设国际实践及启示》，《中国国土资源经济》，2022 年第 6 期，第 4–9 页。

② 全永波：《海洋环境跨区域治理的逻辑基础与制度供给》，《中国行政管理》，2017 年第 1 期，第 19–23 页。

③ Jouanneau C，Raakjær J. ‘The Hare and the Tortoise’：Lessons from Baltic Sea and Mediterranean Sea governance. Marine Policy，2014，50（pt.B）：331–338.

④ Tynickynen N. The Baltic Sea environment and the European Union：Analysis of governance barriers. Marine Policy，2017，81（7）：124–131.

体的合作，通过治理波罗的海形成所需的联合政策安排，将各治理主体联系起来。[①]张晏瑲和初亚男（2020）以地中海区域海洋生态环境治理模式为例，提出“公约－议定书”模式的典型性，认为该区域适用这种模式，能够使各沿岸国根据本国国情和具体问题，在综合的区域机构指导下，有步骤地实现整个海洋环境的治理。[②] Chakour C 和 Chaker A（2014）通过研究地中海地区的渔业活动，强调和说明海洋保护区（MPA）的治理方法及其在保护生物多样性方面的作用，以阐明其对人类活动（如渔业）的经济、社会和环境影响，他提出从长远来看，保护可以减少冲突，有助于渔业的可持续管理，并改善渔民社区的福利。[③]戈华清等（2016）认为仍然存在一些因素阻碍区域海项目在跨界治理中发挥作用，主要体现在项目执行缺乏系统性，陆源排放与海洋治理之间政策不匹配，渔业部门与其他社会经济部门缺少互动等，另外区域海项目还面临严重的资金短缺，部分区域海项目花销远大于各成员国缴纳的会费。[④]

国家管辖外海域跨界治理的研究相对海洋保护区、区域海项目研究则稍显不足。Houghton K（2014）认为，海洋治理是国际法框架内的一个动态过程，改善国家管辖外海洋生物多样性治理需要海洋法的系统演变，并激活各种机制来应对新的挑战。[⑤]随着 BBNJ 协定谈判的推进，相关研究逐渐增多。李洁（2021）认为，在发挥 BBNJ 全球性协定主导作用的前提下，区域性海洋机制还需要进一步加强相互合作，中国不仅需要深度参与 BBNJ 协定谈判，同

---

① Grönholm S，Jetoo S. The potential to foster governance learning in the Baltic Sea Region：Network governance of the European Union Strategy for the Baltic Sea Region. Environmental Policy and Governance，2019，29（6）：435–445.

② 张晏瑲、初亚男：《地中海区域海洋生态环境治理模式及对我国的启示》，《浙江海洋大学学报（人文科学版）》，2020 年第 6 期，第 30–35 页。

③ Chakour C，Chaker A. Contribution of Marine Protected Areas in Fisheries Governance in South Mediterranean. Issues in Social and Environmental Accounting，2014，8（3）：157–171.

④ 戈华清、宋晓丹、史军：《东亚海陆源污染防治区域合作机制探讨及启示》，《中国软科学》，2016 年第 8 期，第 62–74 页 .

⑤ Houghton K. Identifying new pathways for ocean governance：The role of legal principles in areas beyond national jurisdiction. Marine Policy，2014，49（11）：118–126.

时也要注重研判区域性海洋制度的未来趋势。[①]Abegón-Novella M（2022）认为，BBNJ 协定本质上是一项保护一般利益的条约，可以为海洋治理带来若干好处。[②]

四、发达国家海洋生态环境治理的经验研究

多年来，国内外不少学者在研究海洋生态环境跨界治理模式、制度和经验过程中，开始关注海洋发达国家和地区的相关做法，重点包括美国、日本、欧盟，以及其他在海洋治理方面拥有创新经验的国家和地区。通过文献分析可知，国际社会越来越重视海洋生态环境的保护性立法，不断推进科技创新，着力发挥社会组织的作用，加强社会多元主体合作，在海洋生态环境治理方面取得了一定的成效。

（一）美国海洋生态环境治理

美国自 20 世纪 60 年代起，就通过立法与规划加强海洋资源开发与生态保护工作，对其海洋活动进行约束与引导。Fowler C 和 Treml E（2001）讨论了在开发海洋地籍数据以及在美国海洋信息系统中使用这些数据时必须考虑的一些框架问题，认为沿海和海洋数据具有独特特征，可以围绕这些数据形成海洋治理的政策框架。[③] Nash H L（2013）研究了墨西哥湾作为一个半封闭的国际海洋区域，美国、墨西哥和古巴三个国家共享跨越政治边界自由流动的海洋生物资源，每个国家在保护海洋生物资源的可持续性和大型海洋生态系统的状态方面都有既得利益，需要制定区域海洋政

① 李洁：《BBNJ 全球治理下区域性海洋机制的功用与动向》，《中国海商法研究》，2021 年第 4 期，第 80–87 页。

② Abegón-Novella M. Negotiating an International Legal Instrument on Biodiversity Beyond National Jurisdiction：A Look Ahead. Environmental Policy and Law，2022，52（1）：21–37.

③ Fowler C，Treml E. Building a marine cadastral information system for the United States – a case study. Computers，Environment and Urban Systems，2001，25（4–5）：493–507.

策，以保护跨界连通性并确保共享海洋生物资源的可持续性。[①]在国内学界，陈莉莉和王怀汉（2017）研究了美国的相关环境法案，认为美国超级基金法案在实施的过程中取得了较大的成效，法案从责任机制、场地修复、基金管理与公众参与等方面构建了一整套的制度，既提升了环境污染治理的效率，又保证了环境污染治理的效果。[②]杨振姣等（2017）研究认为，美国把海洋高科技发展提升到国家战略的高度，在海洋环境治理领域十分强调科技创新。[③]

（二）日本海洋生态环境治理

20 世纪 70 年代至今，日本政府从海洋生态环境管理机构设置、治理详细计划制订以及海洋立法、相关制度完善等方面做了很多努力。马彩华等（2008）通过分析濑户内海环境变迁、环境政策立法与管理模式，认为濑户内海环境治理取得了较好的效果，主要经验在于其合理的治理理念与现实可行的政策导向，具体主要通过实施系统的环境管理方式、严格的环境立法等。[④]同时，杨振姣等（2017）研究指出，日本政府主张环境保护的社会参与，努力听取居民的反映意见；提高企事业单位的责任意识，对环保志愿者尽量给予支援；在实施环境保护政策的时候，十分重视海洋环境保护教育、宣传等。[⑤]近年来，日本福岛核污染水的排放问题引起了世界各国的关注，尤其在《联合国海洋法公约》规定的海洋环境保护合作义务上进行了关注和

---

① Nash H L. Trinational governance to protect ecological connectivity：support for establishing an international Gulf of Mexico marine protected area network. Dissertations Theses – Gradworks，2013.

② 陈莉莉、王怀汉：《美国超级基金制度对我国海洋环境污染治理的启示》，《中国海洋大学学报（社会科学版）》，2017 年第 1 期，第 30–35 页。

③ 杨振姣、闫海楠、王斌：《中国海洋生态环境治理现代化的国际经验与启示》，《太平洋学报》，2017 年第 4 期，第 81–93 页。

④ 马彩华、游奎、高金田：《濑户内海环境治理对中国的启迪》，《中国海洋大学学报（社会科学版）》，2008 年第 4 期，第 12–14 页。

⑤ 同③。

讨论。[①] Zhang X 等（2022）的研究利用进化博弈理论构建了日本政府、利益相关者国家和国内公众在拟议核污染水排放中的最优战略行为的博弈模型，并通过分析三个决策者的利益，探讨了战略组合的稳定平衡点，提出了相关对策和建议，以促进利益攸关方国家和国内人民的有效监测，促进日本政府遵守海洋环境政策。[②]

（三）欧盟海洋生态环境治理

Maier N 和 Markus T（2013）认为欧盟的海洋政策越来越多地纳入了区域措施，根据长期的共同渔业政策，这些措施旨在改进和改革现有政策，要么考虑到区域特定的社会或生态要求，要么建立程序和机构，以实现区域匹配。相比之下，欧盟正在形成的综合海洋环境政策从一开始就大量借鉴区域程序和体制机制。[③]郑凡（2016）研究了欧洲的北海、波罗的海、地中海的治理状况，其中地中海行动计划是“区域海洋项目”中最早实施的一个，地中海区域的实践对在同样是半闭海的中国周边海域开展环境保护合作有一定启示。[④]Rouillard J 等（2017）对欧盟政策如何影响水生生物多样性进行了综合评估，以确定欧盟政策和法律如何有助于实现或阻碍欧盟和国际生物多样性目标，他还研究了欧盟政策是否具有协同或冲突的工具组合，以解决水生生物多样性面临的主要问题，以及现有政策框架中是否存在差距。[⑤]程遥等（2019）从空间和功能两个维度切入，分析了海洋复合开发方面的思路与实践经验，认为欧盟在陆海统筹、跨界

---

① Kim M. A Critical Review on the Obligations to Cooperate for Marine Environmental Protection under UNCLOS：Implications for Japan’s Contaminated Water Release. The Justice，2021，185：285–338.

② Zhang X，Qu T，Wang Y. Optimal strategies for stakeholders of Fukushima nuclear waste water discharge in Japan. Marine Policy，2022，135：104881.

③ Maier N，Markus T. Dividing the common pond：Regionalizing EU ocean governance. Marine Pollution Bulletin，2013，67（1–2）：66–74.

④ 郑凡：《地中海的环境保护区域合作：发展与经验》，《中国地质大学学报（社会科学版）》，2016年第1期，第81–90页。

⑤ Rouillard J，Lago M，Abhold K，et al. Protecting and Restoring Biodiversity across the Freshwater，Coastal and Marine Realms：Is the existing EU policy framework fit for purpose?. Environmental Policy & Governance：Incorporating European Environment，2017，28（2）：114–128.

协调、海洋保护与开发利用、国家与地方利益关系等方面有借鉴之处。[①]近年来，国外学者环境治理的研究集中于社会系统和生态系统的相互联系，即所谓的社会生态系统（SES）。Langlet D 和 Westholm A（2021）认为，支撑当前欧盟水和海洋管理的法律框架并不一定反映与 SES 相关的当代科学的进步，需要推进欧盟海洋治理中社会和生态视角的整合。[②]

（四）其他国家海洋生态环境治理

除美国、日本和欧盟之外的其他发达国家的海洋生态环境治理，也受到了学者们的关注。Rose G（2009）认为澳大利亚在海洋综合管理方面的努力为可持续性治理提供了一个案例研究，可持续发展需要跨越国界、部门和时间的管理。1998 年，澳大利亚政府通过了全面的海洋政策，该政策的一个目标是确保澳大利亚对海洋领域实施基于生态系统的管理，开展对海洋区域多种用途的综合规划。[③]林宗浩（2011）研究提出，韩国在海洋生态环境治理方面也经历了政策和模式的不断演化过程，从 2008 年开始，韩国的海洋环境法制度从“事后控制治理模式”演变为“事前预防管理模式”，修改和完善了《海洋污染防治法》，在实施海域使用协议制度以外，还新规定了海域利用环境影响评价制度。[④]黄海燕等（2018）总结了加拿大海洋环境监测状况，梳理了该国海洋管理部门、海洋环境监测机构及主要工作，从监测主体、监测内容、监测工作和监测成果等方面对加拿大和我国的海洋环境监测情况进行了对比分析。[⑤]Yin 和 Techera（2020）认为，澳大利

① 程遥、李渊文、赵民：《陆海统筹视角下的海洋空间规划：欧盟的经验与启示》，《城市规划学刊》，2019 年第 5 期，第 59–67 页。

② Langlet D，Westholm A. Realizing the Social Dimension of EU Coastal Water Management. Sustainability，2021，13（4）：1–17.

③ Rose G. Australia’s Efforts to Achieve Integrated Marine Governance. Iucn Environmental Policy & Law Paper，2009，（70）：217–225.

④ 林宗浩：《韩国的海洋环境影响评价制度及启示》，《河北法学》，2011 年第 2 期，第 173–179 页。

⑤ 黄海燕、杨璐、许艳，等：《加拿大海洋环境监测状况及对我国的启示》，《海洋开发与管理》，2018 年第 3 期，第 76–80 页。

亚拥有先进的海洋保护区立法框架，但其法律格局分散，造成了复杂的法律环境，给州内参与者和活动监管者增加了监管负担。通过对澳大利亚海洋保护区法律进行分析，相关制度明确了要增强可持续的海洋保护、管理和利用，为其他相似国家提供帮助。[①]一些发展中国家在海洋环境保护上比较关注经济效益的相关因素，Gurney G G 等（2021）的研究关注了环境治理中分配公平的问题，特别是在共同资源的保护和管理方面，他研究了当地利益相关者对斐济共同管理的海洋保护区生态系统服务货币利益的分配公平性，认为不公平会助长冲突并破坏合作。[②]

五、国内海洋生态环境跨界治理现状、制度和机制研究

国内学者对于海洋生态环境跨界治理的研究主要从跨界治理的基本理论、陆海统筹、跨行政区等层面展开。近海海域是人类开发利用海洋资源的重要区域，也是受人类活动影响最为明显的区域，相关的生态环境问题较多。随着人类在海岸带和近海海域的活动加剧，海域生态环境退化和环境污染等问题越来越严重，成为各界关注的重点。

（一）跨界环境治理的基本理论与实践研究

范永茂和殷玉敏（2016）在总结了科层、契约和网络三种治理机制特点的基础上，从跨界环境问题本身的属性出发，探究合作模式的选择与合作成效之间的因果关系，提出了海洋环境跨界治理的各类型的合作治理模式。[③]李倩（2020）以京津冀大气治理为例，认为跨界情境具有高度复杂性且涉及多元主体，这给更擅长解决非跨界问题的传统目标责任制带来了新的挑战，

① Yin M，Techera E J. A critical analysis of marine protected area legislation across state and territory jurisdictions in Australia. Marine Policy，2020，118：104019.

② Gurney G G，Mangubhai S，Fox M，et al. Equity in environmental governance：perceived fairness of distributional justice principles in marine co-management. Environmental Science & Policy，2021，124：23–32.

③ 范永茂、殷玉敏：《跨界环境问题的合作治理模式选择——理论讨论和三个案例》，《公共管理学报》，2016 年第 2 期，第 63–75 页。

提出应在分析目标责任制基础上，为实现跨界治理目标而适当调整和改进对策。[①]李智超和于翔（2021）通过政策文本视角分析，认为我国跨界环境保护政策发文数量总体呈上升趋势，范围以管理、污染防治、计划规划编制、制度机制建立等主题为主，政策工具主要以管制型为主，政策内容主要集中在跨界水污染和大气污染防治两个方面，在政策工具上市场型和自愿型政策工具应用相对不足。[②]针对海洋生态环境跨界治理机制的研究方兴未艾，Chung S Y（2010）以东北亚海洋环境跨界治理为例，认为东北亚保护其区域海洋免受不可逆转的生态破坏和污染的努力在走向失败，因此主张为了在东北亚开展更有效的海洋合作，建立海洋环境共同体。[③]全永波（2022）研究认为由于国家责任规制及制度支持不平衡、机制不完善等问题，海洋生态环境跨界治理依然存在机制上的缺失，需要基于整体性治理视角按照国际法规则完善跨界治理责任的支持机制，构建海洋生态环境跨界治理的国家责任承担模式，并为海洋环境跨界损害的预防尽到国家合作的义务。[④]

（二）基于陆海统筹的跨界环境治理机制研究

实施“陆海统筹”即跨陆域海域一体化治理思路是国家环境治理主要思路，彰显党的二十大报告“坚持山水林田湖草沙一体化保护和系统治理”的基本要求。Chung S Y（2010）认为跨系统威胁（如气候变化）加剧了跨陆海界面的社会生态相互作用（如富营养化、沉积）的倾向和强度，通过对 151 篇关于治理和陆海关系的论文进行系统回顾，认为基于生态系统的管理是文献中

① 李倩：《跨界环境治理目标责任制的运行逻辑与治理绩效——以京津冀大气治理为例》，《北京行政学院学报》，2020 年第 4 期，第 17–27 页。

② 李智超、于翔：《中国跨界环境保护政策变迁研究——基于相关政策文本（1982—2020）的计量分析》，《上海行政学院学报》，2021 年第 6 期，第 15–26 页。

③ Chung S Y. Strengthening regional governance to protect the marine environment in Northeast Asia：From a fragmented to an integrated approach. Marine Policy，2010，34（3）：549–556.

④ 全永波：《海洋环境跨界治理的国家责任》，《中国高校社会科学》，2022 年第 4 期，第 133–141 页。

发现的最主要的方法，是解决海陆互动的一种手段。[①] Leyshon C（2018）认为在陆地和海洋的环境治理中，对生态系统服务需要进行综合管理，陆海跨界治理需要将文化和自然景观特征评估纳入海洋环境规划和治理机制构建中。[②]姚瑞华等（2021）通过对海洋生态环境管理体系的研究，提出构建以生物多样性保护为核心的海洋生态环境管理分区、完善以监测评估为核心的海洋生态监管制度、建立以氮磷污染物为重点的陆海协同排放管控制度，以及建立区域联防联控机制、完善以海洋生态补偿和赔偿为核心的财政政策等，为建立陆海统筹的生态环境治理制度提供参考。[③]李挚萍（2021）认为要从整体上解决我国陆海生态环境保护缺乏统筹协调的问题，提出建立以《中华人民共和国环境保护法》为统领陆海生态环境保护的基本法，以单行法包括海洋环境保护立法为重要组成部分，以行政法规为支撑的生态环境保护法律体系。[④]潘静云等（2022）研究提出构建我国海洋生态修复制度，主要内容包括建立陆海统筹生态修复协调制度、构建修复技术标准化制度，并研究和完善海洋生态修复项目实施管理办法、资金投入模式、后评估办法等，为推进我国海洋生态保护修复工作提供一些借鉴。[⑤]全永波（2022）指出，区域海洋生态环境治理具有跨行政区域的特点，该现实特性问题可以通过区域内外治理主体的协同得到有效解决，在近年海洋环境污染的各类事件和冲突中，海洋环境跨区域治理的司法协同和司法救济是实现治理效能的重要路径。[⑥]

---

① Chung S Y. Strengthening regional governance to protect the marine environment in Northeast Asia: From a fragmented to an integrated approach. Marine Policy，2010，34（3）：549–556.

② Leyshon C. Finding the coast：environmental governance and the characterisation of land and sea. Area，2018，50（2）：150–158.

③ 姚瑞华、张晓丽、严冬，等：《基于陆海统筹的海洋生态环境管理体系研究》，《中国环境管理》，2021 年第 5 期，第 79–84 页。

④ 李挚萍：《陆海统筹视域下我国生态环境保护法律体系重构》，《中州学刊》，2021 年第 6 期，第 46–53 页。

⑤ 潘静云、章柳立、李挚萍，等：《陆海统筹背景下我国海洋生态修复制度构建对策研究》，《海洋湖沼通报》，2022 年第 1 期，第 152–159 页。

⑥ 全永波：《海洋环境跨区域治理的司法协同与救济》，《中国社会科学院大学学报》，2022 年第 4 期，第 102–116 页。

（三）跨行政区海洋生态环境治理机制

跨行政区海洋生态环境治理的研究在近年来日益增多。崔野（2019）的研究以浒苔问题为例，提出跨域海洋生态环境治理面临着认知冲突、责任模糊、行动孤立等府际协调方面的困境，应当对府际协调的几个深层次问题进行更进一步的思考与审视，并在机构承载、制度保障和技术支撑等方面加以完善。①SI L B 等（2019）研究认为京津冀地区环境污染具有典型的跨行政区域特征，根据国际环境治理 PSR 模型，建立了适用于京津冀地区环境治理的绩效评价体系，应用主成分分析方法对京津冀地区 13 个主要城市 2014—2016 年的环境治理面板数据进行了实证分析，分析证明环境治理压力得到持续缓解。②顾湘和李志强（2021）研究认为海洋环境污染跨域治理是基于流域海域环境污染的流动性与外部性做出的制度安排，提出构建强调组织效能提升的利益协调体系、健全跨域生态补偿等相关利益协调机制、构建流域海域区域多元主体共同参与的利益协调模式、完善跨域治理的机构功能设置，以及创新跨域治理强制执行中的利益协调约束制度等，其中协调各方利益关系成为实现跨域海洋环境污染有效治理的关键任务。③ He Y X 等（2021）研究认为长江三角洲的一体化战略不仅涉及土地的一体化管理，还涉及海域的一体化管理，研究提出从废水排放、污水直排、工业废气排放、海洋捕捞、填海造地等影响区域海洋资源和环境的主要因素入手，在部门和地区的配合下，精准做好整体治理，不同城市应实施差异化治理措施。④

---

① 崔野：《海洋环境跨域治理中的府际协调研究——以浒苔问题为例》，《华北电力大学学报（社会科学版）》，2019 年第 5 期，第 9–17 页。

② SI L B，LI X T. Assessing performance of cross-administrative environment governance based on PSR model：An empirical analysis of the Beijing-Tianjin-Hebei region. Ecological Economy，2019（4）：15.

③ 顾湘、李志强：《中国海洋环境污染跨域治理利益协调的困境及路径》，《国土资源情报》，2021 年第 2 期，第 39–42 页。

④ He Y X，Song W M，Yang F. Key areas for integrated governance of marine resources and environment in the Changjiang River Delta–Results from the impact analysis of the value of marine ecosystem service. Marine Sciences，2021，45（6）：63–78.

六、现有研究评价及下一步探讨的方向

综上所述，从海洋生态环境跨界治理的全球、区域、国别和中国国内四个空间角度来看，国内外学者取得了较丰富的研究成果，已有研究关注了全球跨界治理、区域合作、国际法规制，论述了我国和全球海洋生态环境治理的现状、问题和发展前景。此外，已有研究体现出了鲜明的学科特色，涵盖了政治学、管理学、法学、经济学、环境学、海洋科学等多个领域。当前研究在某种程度上具有一定领先性，例如海洋公共危机对环境跨界治理的影响、海洋塑料垃圾和塑料微粒对海洋环境的影响及治理、海洋区域跨界治理模式研究等已得到学者关注，相关研究存在学科的交叉性需求。因研究的角度、关切度不同，国外的研究涉及我国如何参与全球海洋生态环境跨界治理的很少。

然而，现有研究对于海洋生态环境跨界治理的价值、目的及方式的理解缺乏统一性。国内学术领域对全球海洋生态环境跨界治理的研究往往过分关注宏观政治理论的探讨，而忽略该领域具体细分领域研究的现实需求，对海洋生态环境跨界治理研究中与现实需求挂钩的微观研究甚少①，在微观领域的个案研究乏善可陈。现有成果对海洋跨界治理机制的内涵和理论基础缺少权威的研究，部分成果通过定量方法或案例分析进行相应的影响因素、主体关系等方面的研究，但对于全局性的海洋生态环境跨界治理机制创新的研究支持仍然有待加强，更鲜有从理论视角进行研究的学术成果和课题报告，这折射出当前对于基于海洋生态环境跨界治理的机制研究仍是零散的，基于“海洋命运共同体”视角研究海洋生态环境跨界治理机制的成果仍存欠缺，因此，本研究仍存在进一步探讨、发展或突破的空间。

（一）海洋生态环境跨界治理的相关理论研究

关于海洋生态环境跨界治理的理论性研究比较分散，国内外只有少数学

① 韩瑞波、叶娟丽：《国内全球治理的研究现状解读——基于 CNKI 的文献计量分析》，《理论与改革》，2017 年第 3 期，第 62–73 页。

者系统地总结过海洋生态环境跨界治理的现实基础及理论依据。海洋生态环境跨界治理研究首先要服务于国家战略层面，尤其是构建“海洋命运共同体”、建设海洋强国、海洋生态文明建设等，除了要继续加强现有基础理论的研究之外，还应深刻理解海洋生态环境跨界治理的新内涵、新态势，更多地汲取我国国家治理和环境保护的新思想和新理念，如合作共赢、共商、共建、共享、构建人类命运共同体理念等，需要学界对海洋生态环境跨界治理体系和机制进行深入系统的研究。本研究将在学界已有的海洋生态环境跨界治理基本概念和已达成共识的论点基础上，提出海洋生态环境跨界治理的基本范畴，构建海洋命运共同体视域下的海洋生态环境跨界治理机制。

（二）海洋生态环境跨界治理的研究视角和研究方法

现阶段的各项研究侧重于海洋生态环境治理或海洋治理本身，对海洋生态环境跨界治理机制的系统研究不足。本研究将进一步拓展研究视角，弥补系统研究缺陷，一方面体现在海洋生态环境跨界治理体系和机制的全覆盖、多层次、多视角研究上。例如，海洋生态环境治理包括全球、区域、国家、地方、基层等多个层级，但由于事物之间的普遍联系，决定了我们不能割裂地、封闭地单独研究一个层面的海洋治理，也不能把全球海洋生态环境治理与国内的国家、地方层面海洋生态环境治理割裂研究，必须将多层级体系化的海洋生态环境跨界治理机制的研究结合起来，并充分体现国家战略选择的协调一致，才能最大限度地体现海洋生态环境跨界治理机制构建的科学性。另一方面，体现在研究方法的综合运用上。海洋生态环境跨界治理的研究还需要方法论上的跨学科研究，从政治学、法学、社会学、管理学等社会科学中借鉴有益的视角和方法来充实对海洋生态环境跨界治理的研究。统筹系统研究和跨学科研究的方法也是对系统哲学和复杂科学的体现，并充分关注“海洋命运共同体”理念在系统性、全局性、互通性、共享性等方面的要求。海洋是一个整体性生态系统，海洋生态环境跨界治理也是一个复杂性问题，面对造成海洋生态环境破坏的复杂性因素，更适宜用系统性理论和多学科方法去认知和分析。因此，海洋生态环境跨界治理在研究方法上，可以将

20 世纪 90 年代兴起的整体性治理理论、多层级治理理论，结合法学的利益衡量方法，将政治学、法学、管理学、经济学、海洋科学等多学科知识引入海洋生态环境跨界治理机制创新研究，以便契合此问题本身所具有的鲜明的复杂性、多维度性、不平衡性、整体性特征。

（三）海洋生态环境跨界治理在研究内容上的发展空间

目前研究不仅较分散，而且内容较原则、宏观。可能受论文篇幅限制，现有研究成果多为海洋生态环境治理的困境、治理手段、治理主体、治理机制、治理价值的单方面论述和海洋生态环境治理的原则性对策建议。在未来的研究中，第一，应立足中国，加强对海洋生态环境跨界治理的本土化，海洋生态环境治理遇到的问题、争论的焦点，以及海洋生态环境跨界治理的战略定位、路径等方面的研究，以使海洋生态环境跨界治理更加符合我国的国家利益。第二，要立足实际，深化对海洋生态环境跨界治理的制约因素和国家间、区域间及其他主体间协调合作的方式、方法的研究，尤其基于“海洋命运共同体”理念，促进海洋生态环境跨界治理朝着公平、有效、健康的方向发展。第三，须加强实例研究，全面关注国家管辖范围内和国家管辖范围外两个领域，研究全球、区域、发达国家，以及国内沿海不同层面海洋生态环境跨界治理的成功范例，分析可兹推进海洋生态环境跨界治理机制之借鉴之处。第四，要有忧患意识，坚持未雨绸缪，推进“海洋命运共同体”建设。海洋生态环境跨界治理问题绝不是简单的海洋生态环境保护问题，而往往与政治、经济、军事、文化等交织在一起。例如，2020 年以来的国际形势变化、地区冲突严重影响着全球治理合作和国内政策的变化。另外，对于我国而言，东海海区和南海海区的海洋生态环境保护工作，就是在与周边国家有海洋争端的地缘政治大背景下进行的，而在南北极或其他海域的海洋生态环境保护国际合作，同样受到各种政治、经济、军事等因素的深刻影响。因此，未来的研究可以更加注重如何应对此类困难和挑战，将构建“海洋命运共同体”、建设海洋强国、海洋生态文明建设的宏伟使命更好地落到实处，体现中国和平、合作、和谐的海洋发展目标，为维护海上安全稳定、推进全球海洋治理提供中国智慧和中国方案。[①]

第四节 研究内容、研究方法与研究创新

通过梳理海洋生态环境跨界治理的研究背景和现有研究基础，本研究提出把海洋生态环境治理视作建设海洋强国的全局性、战略性、关键性构成，系统开展基于海洋命运共同体理念的海洋生态环境跨界治理机制的理论建构和实践应用，开展国家管辖海域范围内和国家管辖海域范围外海洋生态环境跨界治理现状、机制的研究和评价，着力探索海洋命运共同体视域下海洋生态环境跨界治理的机制创新，从理论基础、机制建构和实施路径等方面进行系统性的研究。

一、研究内容

作为海洋生态文明建设研究领域的重要内容，本项研究的基本内容可以概括为：通过对跨界治理、海洋治理、全球海洋生态环境治理、海洋命运共同体的概念和内涵的规范化研究，归纳海洋生态环境跨界治理机制构建的理论支撑和分析框架，在此基础上分析研究海洋生态环境跨界治理的制度变迁、现有机制，分析评价全球和中国海洋生态环境跨界治理的具体实践及治理困境。在此基础上，进一步对典型案例和典型区域做实证分析，系统性地提出海洋生态环境跨界治理的机制创新和实施路径。其中包括以下几个方面。

第一，对海洋生态环境跨界治理相关概念和范畴进行规范化界定和理论建构。主要包括分析跨界治理、海洋治理、全球海洋生态环境治理、海洋命运共同体理念的国内外理论和实践，得出在中国发展语境下海洋生态环境跨

---

① 傅梦孜、王力：《海洋命运共同体：理念、实践与未来》，《当代中国与世界》，2022年第2期，第37–47页。

界治理的基本概念和内涵；通过挖掘公共治理相关理论，剖析海洋生态环境跨界治理的多元主体及主体间的基本逻辑关系；分析整体性治理理论、利益衡量理论、多层级治理理论等理论支撑，梳理海洋生态环境跨界治理的历史政策，按照国家管辖海域范围内和国家管辖海域范围外两个领域，研究全球、区域、发达国家以及国内沿海不同层面海洋生态环境跨界治理的相关范例，开展案例分析和经验总结，为理论建构提供经验借鉴。本研究拟分析当前全球范围内海洋生态环境跨界治理机制构建所面临的困境，包括海洋环境突发事件、陆源排污、生物多样性破坏等原因带来的跨界海洋生态环境问题，技术、资金、人力资源短缺等原因带来的治理能力不足，机制、制度和治理工具欠缺等原因带来的治理困境，运用利益衡量法学方法分析治理机制创新的可能性。在此基础上，分析海洋命运共同体理念给全球海洋生态环境跨界治理带来的机遇和挑战，形成海洋命运共同体视域下海洋生态环境跨界治理的理论逻辑与方向。

第二，开展国家管辖海域和国家管辖外海域海洋生态环境跨界治理的机制研究。从全球和国内两重视角，开展对海洋生态环境跨界治理发展史和政策脉络的梳理，总结和归纳当前国内外海洋生态环境跨界治理的既有模式，评价海洋生态环境跨界治理的现有实践，探索海洋生态环境跨界治理的机制和制度逻辑。海洋生态环境跨界治理与全球治理、国家和区域政策存在一定的关联，也与外部的其他要素、各利益主体的利益诉求存在关联，海洋生态环境跨界治理的每一阶段的发展进程代表海洋事业发展的政策导向和实践诉求，在全球层面则代表海洋权益主张的持续升温，必然需要分析海洋生态环境跨界治理的政策演进和机制构建。因此，本研究需要考察海洋生态环境跨界治理机制在不同国家、国内不同行政区治理因素基础上的实际效用和政策的可能性，得出效用最佳的海洋生态环境跨界治理机制和制度逻辑。重点关注我国海洋生态环境治理体制沿革和制度变迁、国家管辖海域海洋生态环境跨界治理的现有机制、发达国家海洋生态环境跨界治理的政策实践，分析国家管辖海域海洋生态环境跨界治理的基本模式与机制构想。对国家管辖范围外海洋生态环境跨界治理的研究则关注全球海洋生态环境跨界治理机制的发展、国家管辖范围外海洋生态环境跨界治理的现有制度(《联合国海洋法公约》《〈联合国海洋法公约〉下国家管辖范围以外区域海洋生物多样性（BBNJ）养护和可持续利用协定》等），进而分析国家管辖范围外海洋生态环境跨界治理的模式和机制创新。

第三，开展对海洋生态环境跨界治理的实践分析和经验归纳。海洋生态环境跨界治理在现实中对于研究框架的理论验证是本研究的理论创新的突破点，通过实践案例验证突出海洋生态环境跨界治理相关理论在海洋治理领域的特殊性，同时也为下一步完善海洋生态环境跨界治理理论以及出台全球海洋治理、国家管辖海域、区域海、海洋环境突发事件等海洋治理的政策、制度提供参考。本研究将着重开展国家管辖范围外和国家管辖范围内的海洋生态环境跨界治理的案例和事件分析，还专门通过一章的内容对作为典型海洋生态环境跨界治理的海洋保护区（MPA）进行案例和政策分析，从中获得经验归纳，展现海洋生态环境跨界治理理论发展的现实之维、实践之光，为完善理论基础、优化政策体系、夯实机制和制度提供现实保障。

第四，开展海洋命运共同体视域下的海洋生态环境跨界治理创新性机制研究。海洋生态环境跨界治理机制研究最终要切实解决全球区域海洋国家间、政府组织间、国内行政区之间的发展与协同，探索国内区域政府间以怎样的模式参与海洋治理，国际间主体以怎样的模式形成海洋生态环境跨界治理机制。本研究拟在分析海洋命运共同体理念的理论逻辑基础上，提出海洋命运共同体视域下海洋生态环境跨界治理的基本原则，结合国外文献和数据，跟踪聚焦全球、区域和国家管辖海域跨界环境治理的制度和机制现状，形成海洋生态环境跨界治理机制建构的价值逻辑，提出完善全球海洋生态环境跨界治理的政府间合作支持机制、提升区域海洋生态环境跨界治理的功能性合作机制、构建基于大海洋生态系统的海洋生态环境跨界损害预防机制、探索构建海洋生态环境治理的跨界司法协作机制、构建海洋保护区跨界网络治理机制、构建中国深度参与全球和区域海洋生态环境跨界治理机制等。海洋命运共同体视域下的海洋生态环境跨界治理机制的创新设想是建立在现有的全球、区域和国家治理机制基础上的思考，同时需要提出相应的实施路径以推进机制的构建和完善。本研究拟进一步提出海洋命运共同体视域下海洋生态环境跨界治理机制创新实施路径，以全球海洋生态环境治理体系的重构为导向，优化以区域性海洋治理为重点的治理体系，构建中国国家管辖海域海洋生态环境法治体系，推进中国深度参与多层级海洋生态环境治理体系建设等。

二、研究方法

本研究以构建与完善海洋生态环境跨界治理机制为主线，在前期选择理论视角与研究范式的时候，考虑到以下三个方面：第一，影响海洋生态环境跨界治理的因素是多种多样的，既包括国内因素，也包括国际因素，为此本研究在理论分析、比较研究的基础上，强调政治学、公共管理学、环境资源法学、区域经济学、计量经济学、海洋科学等多学科交叉研究；第二，海洋生态环境跨界治理机制和制度构建涉及国际、国家层面以及地方层面，关注不同方向海洋生态环境跨界治理的类型化研究，因此研究必须综合运用管理学内部不同学科的理论与范式，包括公共管理学、公共政策学、治理理论等学科及方向；第三，构建与完善海洋生态环境跨界治理机制和制度涉及理论基础研究、具体经验调查、新型模式探索、机制路径创新以及法律保障变革等问题，应当综合运用政治学、公共管理学、法学理论与方法。由于研究内容与研究对象广泛，整体结构性较强，针对不同的对象应采取不同的研究方法与之对应，具体拟采用以下研究方法。

（一）文献演绎法

文献演绎法的主要途径是通过对国内外相关文献进行搜集与整理，确定与本研究相关的文献资料；根据筛选的研究内容和观点提炼出目前与研究内容相关的理论基础与最新研究成果，确定相关的研究范式与研究方法，从而明确研究的起点与大致的研究方向；基于总结出来的理论基础、研究成果、研究方法等选择本研究的研究焦点、研究思路、研究框架以及研究方法等。

具体来说，本研究拟运用文献演绎法重点研究以下内容：①归纳总结海洋生态环境跨界治理理论，包括整体性治理理论、利益衡量理论、多层级治理理论等，以及海洋命运共同体理念的理论内涵、理论导向分析；②回顾国内外海洋生态环境跨界治理的相关文献，总结进展与不足，为研究构建与设计奠定基础；③国内外海洋生态环境跨界治理相关法律法规和政策的文献总结。

（二）案例分析法

本研究基于海洋生态环境跨界治理的理论基础，重点比较研究全球、区域和发达国家的海洋治理机制，剖析国家管辖海域生态环境治理的经验、新型模式探索以及国内典型海洋公共治理事件等问题，开展案例分析，从前期的发现问题、选择研究视角与理论，到后期的案例研究总结均贯穿着案例分析方法的重要作用。

本研究拟从以下几个步骤运用案例研究方法：①研究问题和方向的确定，针对研究方向和研究基本框架需要，根据研究设计的技术路线，确定需要通过案例分析验证的相关问题；②相关案例的选取，跟踪聚焦国家管辖海域跨界治理案例，全球区域海如波罗的海、黑海、加勒比海以及公海海洋保护区等典型海洋生态环境跨界治理的案例，进行典型经验归纳，结合《联合国海洋法公约》、BBNJ 协定等国际制度规则，总结全球治理框架下国际跨界环境治理的制度和机制现状、现实挑战；③案例资料的分析，对所有收集到的案例进行分类，并就其中的案例内容进行模式、机制、制度和对策措施等方面的总结与比较，以期对海洋生态环境跨界治理机制创新的提出有相应的借鉴，对本研究的分析框架起到案例验证的效果；④研究结果的汇总，对案例分析得出的所有结果进行汇总，通过对前后案例所总结的经验和借鉴进行归纳和比较分析，实现案例研究方法在本研究中对研究理论、基本逻辑和研究对策的支撑和融合。

（三）利益衡量法

本研究是在海洋生态环境跨界治理相关理论支撑下，研究全球和国内海洋生态环境跨界治理的经验，分析类型化的海洋跨界治理机制、模式及其冲突，寻求解决问题的现实路径。因海洋生态环境跨界治理机制构建涉及的重点是不同利益主体的权利平衡，所有的政策和法律规范均围绕主体利益的安排、责任的承担、参与的模式等展开，海洋命运共同体视域下的海洋生态环境跨界治理机制创新也是基于主体关系背景下利益衡量后的机制和制度安排。本研究将在文献研究与案例研究的基础上，选择法学利益衡量方法和理论去解释治理主体间的利益关系，为机制构建和实现路径明确相应的逻辑导向。

本研究拟运用利益衡量方法分析以下具体问题：①通过研究海洋生态环境跨界治理的多层级主体，分析海洋生态环境跨界治理的现实实践和价值导向，评价和剖析影响海洋生态环境跨界治理的关键要素，揭示各种关键要素间的关系机理及内在逻辑；②综合运用利益衡量理论揭示多层级治理主体对海洋生态环境跨界治理的利益价值，关注联合国、国家、国际组织、地方政府、涉海企业等多主体代表的利益，并基于整体性治理的视角，寻求海洋生态环境跨界治理的利益关系；③在"海洋命运共同体"理念研究的基础上，得出其基本的价值逻辑，选择合适的理论去解释海洋生态环境跨界治理的特殊性，并试图构建基于"命运共同体"视角的全球海洋生态环境跨界治理机制，提出中国深度参与全球和区域海洋生态环境跨界治理的实施路径。

三、研究创新

（一）开创性地研究海洋生态环境跨界治理的系统性相关理论

如前所述，关于海洋生态环境跨界治理的理论基础，现有研究比较分散，鲜有学者系统地总结过海洋生态环境跨界治理的现实基础、规范基础及理论依据。党的二十大报告提出"加快建设海洋强国""推动构建人类命运共同体"，国家"十四五"规划提出深度参与全球海洋治理，本研究关注海洋命运共同体视域下海洋生态环境跨界治理，是开创性地将整体性治理理论、利益衡量理论、府际关系理论、多层级治理理论等政治学、公共管理学及法学的理论和研究方法融合，从治理机制创新，全球、区域和国家制度创设，中国深度参与全球海洋治理方案设计等方面进行系统性研究，为海洋强国建设、新型海洋国际关系构建、打造全球海洋治理的新格局、推进"一带一路"建设提供建设性的思路。

（二）开创性地统筹系统研究海洋生态环境跨界治理的体制、机制等问题

如前所述，目前国内外对于海洋生态环境跨界治理体制、机制等方面的统筹系统研究较少。尽管我国国内的海洋生态环境治理属于国家治理体系的一部分，但鉴于海洋的一体性、流动性，国家管辖范围内的海洋治理，连同双边、区域性和多边海洋治理都属于全球海洋治理的有机组成部分。近年来，由于对国家治理与全球治理内在联系的认识不足，目前在推进两种治理的制度与政策时也就忽视了二者间的相关性，不能形成一体统筹考虑。海洋命运共同体理念的提出，蕴含了开放包容、和平安宁、合作共赢、人海和谐等一系列深刻内涵，本研究关注海洋命运共同体视域下的海洋生态环境跨界治理，将自觉地确立整体治理观，更好地为党的二十大报告提出的“中国积极参与全球治理体系改革和建设，践行共商共建共享的全球治理观”的目标提供研究支持。系统开展海洋生态环境跨界治理研究，对于国家深度参与全球海洋治理，促进全球治理和国内治理在结构上的相互支持，实现“对话协商、共建共享、合作共赢、交流互鉴、绿色低碳”的全球治理，推进陆海统筹、系统治理的国内环境治理机制和制度完善，具有战略性意义。

（三）促进和夯实相关学科的融合，推动协同创新

本研究内容广泛，涉及全球、区域、我国中央和地方的海洋生态环境治理，以及中国参与全球海洋生态环境治理体系等多个层次、多个方面的内容，一些基础理论和现实状况的研究工作需要许多人付出辛勤的劳动，深入研究则需要团队专家学者的互相配合、通力协作。因此，通过研究，可以培养和锻炼一批从事现代海洋治理研究的优秀学术人才，构建良好的学术交流平台。此外，本研究不仅涉及法学、经济学、公共管理学、政治学等社会科学学科，而且与环境科学、海洋科学等自然科学学科关系密切，有利于促进学科交叉

与融合。从一定程度上看，本研究成果对于相关学科也有一定的参考价值，有助于推动相关学科的协同研究及跨学科的拓展。本研究过程中形成一些学术成果通过论文发表方式供学术界讨论交流，部分研究报告提交有关部门作为立法或政策决策参考，体现较大的实践应用价值。

第二章
海洋生态环境跨界治理的理论基础

21世纪以来，工业化发展所导致的海洋生态环境问题逐渐席卷全球各个地区，成为影响人类生存和可持续发展的最大制约。海洋生态环境是生态结构与功能、物理化学过程和社会经济系统相互作用形成的复杂系统[①]，海洋因其特有的物理形态，在跨国家和跨行政管辖区域的特征上尤其明显，单一地区或国家无法采取有效的治理行动来处理变化多端的海洋生态环境危机，因此只有在国内和国际范围内建立有效的跨界治理机制才是有效的治理路径。[②]海洋生态环境跨界治理的理论基础、运行模式和机制有一定的特殊性，如何在海洋命运共同体理念视域下将各方治理力量整合并形成系统性机制值得进一步研究。

第一节　海洋生态环境跨界治理的内涵、特征与类型

伴随着全球和海洋国家对海洋治理的重视，加之海洋治理的跨界特征逐渐显现，海洋生态环境跨界治理有了理论延展和实践探索的背景支撑。作为机制

① 全永波、史宸昊、于霄：《海洋生态环境跨界治理合作机制：对东亚海的启示》，《浙江海洋大学学报（人文科学版）》，2020年第6期，第24–29页。

② Klaus Töpfer，Laurence Tubiana，Sebastian Unger. Charting pragmatic courses for global ocean governance. Marine Policy，2014（49）：85–86.

构建的研究基础，首先需要明确海洋生态环境跨界治理的基本内涵、特征、类型等相关的背景要素。本研究重点关注海洋治理、跨界治理、海洋生态环境治理、海洋生态环境跨界治理的概念内涵，研究海洋生态环境治理的跨界性、公共性、层次性等方面的特征，以及海洋生态环境跨界治理的类型等。

一、海洋生态环境跨界治理的相关概念与内涵

海洋生态环境跨界治理的研究在当前学术界尚在探索阶段，全球海洋环境治理的实践已经在跨界治理机制构建上获得了一些成果，但机制仍需要进一步完善。就此，首先需要对相关概念和内涵开展界定。

（一）海洋治理与海洋生态环境治理

海洋生态环境跨界治理从理论和实践上均属于海洋治理的范畴。一般认为，海洋治理是指涉海国际组织及国家、政府部门、企业、私营部门和公民个人等一切海洋管理主体为了维护海洋生态平衡、实现海洋可持续开发，通过协作共同管理海洋及其实践活动的过程。[①]海洋治理是全球、区域和国家治理体系的重要组成部分，并因其不同的主体差异、治理空间和复杂环境，形成了特有的治理逻辑。海洋治理与一般公共治理相同之处在于参与到海洋活动中的多元主体，按照沟通、信任、伙伴、合作、契约的原则在海洋活动中进行合作。

当前，学界在海洋治理的定义上还存在一些分歧，与一般治理概念相近的是，海洋治理就是要正确处理以及协调海洋领域相关的市场、政府等主体之间的关系。[②]当前有关海洋治理概念的界定大多为全球、区域和国家治理体系概念在海洋领域的延伸，普遍认同的海洋治理体系的构建包括海洋政治、

① 全永波：《海洋污染跨区域治理的逻辑基础与制度建构》，浙江大学博士学位论文，2017年。

② 刘大海、丁德文、邢文秀，等：《关于国家海洋治理体系建设的探讨》，《海洋开发与管理》，2014年第12期，第1–4页。

海洋文化、海洋社会、海洋生态文明、海洋经济等多方面的内容。[①]海洋治理作为公共治理的重要部分，相对于海洋管理在主体、工作方法和权力运行向度上有所区别。

第一，从主体上来看，海洋管理中介入海洋事务的主体大都以政府或其他具有国家公权力的部门为主，并成为主导力量；而海洋治理的权力运行主体则出现了多元化趋势，包括政府、企业、社会组织和公众等，海洋治理的权力中心不再是政府，尽管在某些海洋事务处理过程中政府不得不成为主导者，但多数的海洋生态环境治理机制的构建中，政府与其他权力主体之间形成了互动互通、多元合作的新型关系。

第二，从治理（管理）手段上来看，海洋管理一般指政府或其他具有国家公权力的部门在国家法律法规授权下开展带有强制性的管理工作，海洋管理的层级分明；而海洋治理是由政府、企业、社会组织等多元治理主体通过非国家强制性契约，或其他柔性的方式[②]，提出"建立对决策系统的信任来进行海洋治理"，多元主体参与的社会生态系统范式在海洋治理中发挥了实质性的影响。[③]

第三，从权力运行向度上来看，海洋管理由政府或其他具有国家公权力的部门发号施令，社会其他主体和个人根据指示行事，其权力运行向度是自上而下的；而海洋治理的权力运行是多向度的[④]，海洋治理多元主体之间存在不同的利益追求，主体之间在权力运行上有可能是自上而下的政府意志力的执行，也有可能是自下而上的社会主体意志的体现和贯彻，更有可能是平行向度开展的海洋治理工作。而这种多向度的权力运行机制较受社会各界的欢迎。

海洋治理涉及的治理主体存在多元化、异质性和跨界性，海洋治理具有

---

① 赵隆：《海洋治理中的制度设计：反向建构的过程》，《国际关系学院学报》，2012年第3期，第36–42页。

② 全永波、尹李梅、王天鸽：《海洋环境治理中的利益逻辑与解决机制》，《浙江海洋学院学报（人文科学版）》，2017年第1期，第1–6页。

③ Fudge M，Alexander K，Ogier E，et al. A critique of the participation norm in marine governance：Bringing legitimacy into the frame. Environmental science & policy，2021（126）：126.

④ 同②。

以下基本特征。第一，治理主体相对复杂。多元治理主体包括涉海国际组织、主权国家和政府，同时也包括地方政府、社会组织、其他涉海企业以及公民个人等。第二，治理机制制度化。治理主体间尽管通过非强制性契约合作处理海洋事务，但如果涉及海洋公共事件处置、海洋执法等，在国家之间则需要通过订立协议，国家内部则需要建立涉海法律制度体系，制定立法如《中华人民共和国海洋环境保护法》《中华人民共和国海商法》等共同规范约束海洋实践活动。第三，政府为主体的元治理。元治理属于治理的治理。因海洋事务处理的特殊性，要求有较大的资金、技术和管理执法力量支持，一般的企业、公众很难有相应的力量和动力处理海洋事务，尤其在维护海洋权益过程中，国家力量是最重要的主导力量。政府的元治理就是政府作为治理的主导和兜底的角色，在多元主体合作过程中引领治理的方向，承担治理的关键性任务。

海洋生态环境治理是海洋治理领域的重要内容。《联合国海洋法公约》签署以来，世界各国海洋开发和利用水平不断提升。与此同时，我国加大力度发展海洋事业，海洋生态环境问题也日益突出。在实现海洋经济发展的同时，更好地保护海洋生态环境必然成为海洋治理中急需解决的课题。[①]为了解决海洋生态环境问题，我国出台《中华人民共和国海洋环境保护法》，该法虽仍沿用“海洋环境监督管理”的规定，但规定了多元主体参与海洋环境治理的基本思路，提出“任何单位和个人都有保护海洋环境的义务”（第五条）。治理过程中社会主体参与是治理的基本特征，提倡国家与社会对公共事务的合作共治。海洋生态环境治理作为海洋治理和环境治理的主要内容，是基于海洋生态环境破坏，关注污染行为者关系的复杂行为。在海洋生态环境治理的主体关系中，政府、企业和公众彼此间可以相互影响、相互制约，促成海洋生态环境政策网络的形成。[②]

海洋具有独立的生态系统，但海洋跨界特征明显，表现为海水的流动性、跨行政区域性和跨国性特征，可见，“海洋生态环境治理”与“陆域环境治理”有明显区别。陆地是连续固定可分割的，陆域环境治理多数可以按照行政区域进行属地管理，跨界合作不常见。海洋由于海水受洋流或水流影响，

---

① 王琪、何广顺：《海洋环境治理的政策选择》，《海洋通报》，2004年第3期，第73-79页。

② 同①。

海洋污染物会随之扩散，并随着海流有规律地流向其他海域或近海海岸带地区，跨界合作成为必要。而且，由于海洋拥有远超陆地的深度，在海洋的不同深度分布着不同的资源，海洋的每一部分都拥有其特有的价值与功能，海洋治理存在跨地区、跨行业等现象，涉及多种逻辑要素影响，所以难以将海洋治理责任如陆域治理一样分摊给其他主体。另外，陆域海域协同治理存在必要性。近海海洋生态环境污染大多由陆域排放引起，在海岸带空间开发与保护中，区域空间关系、人地（海）关系等相互交织、相互融合，具有显著的复合系统特征。[①]海洋能够为沿海社区和其他地区提供健康的营养和可持续的生计，为了维护这种协同性，不少国家实施基于陆海统筹的海洋空间计划，计划的开展应能够利用包括海洋能源在内的海洋资源，保护我们的海洋环境免受过度开发。[②]

（二）跨界治理与海洋生态环境跨界治理

跨界治理主要包括跨边界（地理）治理、跨部门治理和跨公私合作伙伴治理，从政治地理学、组织管理学和社会管理学角度来进行考量，跨界治理是当今经济全球化、组织变革化、产业融合化引出的一种全新治理思维和战略选择。[③]跨边界治理是指对于跨越国界、行政区划而产生的问题，例如，跨界环境污染、跨界（国）犯罪等公共问题，在全球治理的框架体系下通过跨边界的交流与合作，通过设立超越行政区政府的跨界治理机构或建立政府间协商机制的方式来处理跨界治理等相关问题。跨部门治理是指在组织内部的协同治理，这既包括同一层级组织内部的协调，也交织着上下级部门间的管理或协调。跨部门治理主要通过整合组织内部的不同职能部门，提高其部门服务效率与质量，从而消除由于多头管理而产生的治理困境，实现资源共享。跨公私合作伙伴治理是以政府购买、合同承包、特许经营、补助等形式，建立

① 李彦平、刘大海、罗添：《国土空间规划中陆海统筹的内在逻辑和深化方向——基于复合系统论视角》，《地理研究》，2021 年第 7 期，第 1902–1916 页。

② Samuelsson E. Towards sustainability of marine governance. Acid News，2021，（1）：20–21.

③ 陶希东：《跨界治理：中国社会公共治理的战略选择》，《学术月刊》，2011 年第 8 期，第 22–29 页。

政府–企业–社会的公私合作伙伴关系，形成三大领域之间的合作，发挥各自优势，实现共赢。跨公私合作伙伴治理在实践中一般是政府部门、非营利组织以及企业的组合，通过社区参与、协力治理、契约协定或公私合伙等方式，解决原来诸多难以解决的问题。[①]跨界治理的目的在于构建出一种多中心、多层次的合作治理模式，建立一套相互联系、各有侧重、互动合作的治理运行体系。

在海洋生态环境治理机制形成过程中，跨界治理概念的引入对治理的模式构建和机制导向是具有积极意义的。这包括协作网络的构建、政府部门等主体的控制突破、合作领域的非单向性等，促使治理理论在多领域的创新成为可能。在这些创新机制形成和实施过程中，跨部门、跨公私合作伙伴均发生在一定的地理边界范围内，除了上下层级政府、全球性组织，一定地理范围内相关主体的参与更具有现实性。当海洋生态环境跨界治理上升到国际层面时，其主要内涵是跨边界（国界）治理，它既包括相邻国家跨越管辖海域的界限，共同应对相邻管辖海域问题，也包括共同对公海、国际海底区域等不同海洋区域的跨界治理合作，这也给海洋生态环境跨界治理合作机制的构建增加了不确定性。综上所述，本研究所指的跨界治理机制创新其主导思路是：以跨边界（地理）治理为基础研究脉络，融合跨部门治理和跨公私合作伙伴治理（而非单独成为"跨界"的一个研究单元），其中跨边界（地理）治理机制领域重点研究国家管辖海域跨界治理（跨行政区）、国家管辖范围外海域（跨国界）以及公海保护区等。

跨界治理理论的研究为海洋生态环境治理机制构建提供了较好的思路和理念，在多元化组织构成的网络化结构中，政府、市场和社会共同推进跨界治理的有效性机制，并通过协商、协调和合作等手段推进跨界治理机制的实施[②]（图2–1）。在融合跨部门治理和跨公私合作伙伴治理背景下，跨界治理的主要创新思路为：摆脱政府部门的单一管理，建立在共同利益和区域认同之上

① 申剑敏：《跨域治理视角下的长三角地方政府合作研究》，复旦大学博士学位论文，2013年，第16页。

② 蒋俊杰：《跨界治理视角下社会冲突的形成机理与对策研究》，《政治学研究》，2015年第3期，第80–90页。

的合作；摈弃市场的单一操纵模式，确立网络式的合作治理，倡导一种基于谈判合作、以激励兼容为目的的协调机制。[①]

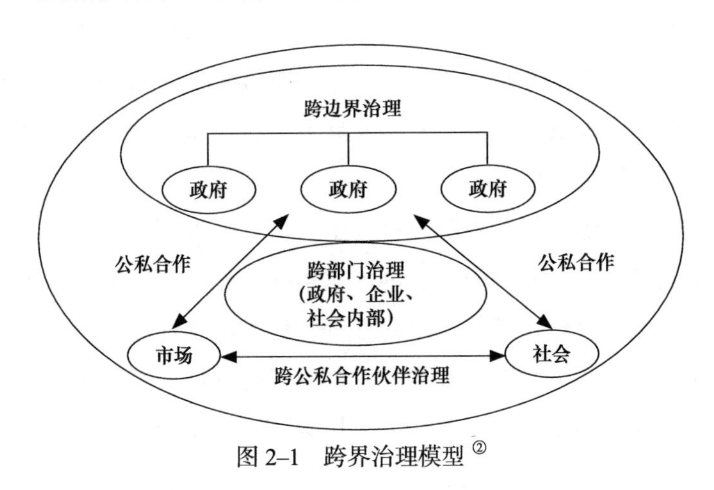

图 2–1　跨界治理模型[②]

二、海洋生态环境跨界治理的基本特征

海洋生态环境跨界治理需要关注海洋生态系统的健康运行，使人类从中获取利用率高的资源与能源，保障海洋事业的可持续发展。海洋生态环境跨界治理有其特有的生态性和公共性、层次性和系统性、整体性和多元性的特征。海洋生态环境跨界治理需要世界各国结合治理的基本特征，关注海洋特有的环境治理现实，为跨界治理机制构建奠定基础。

（一）海洋生态环境跨界治理具有生态性和公共性特征

海洋生态环境跨界治理作为环境治理的重要领域，需要充分结合海洋的“生态性”和环境的“治理性”，是主体间相互配合和积极合作的复杂行为。近年来，海洋生态环境问题在全球范围内不断发生，如何处理好海洋经济发展

① 娄成武、于东山：《西方国家跨界治理的内在动力、典型模式与实现路径》，《行政论坛》，2011 年第 1 期，第 88–91 页。

② 陶希东：《跨界治理：中国社会公共治理的战略选择》，《学术月刊》，2011 年第 8 期，第 22–29 页。

和海洋生态环境治理之间的关系成为当前海洋治理中亟待解决的难题。[①]作为治理的对象，海洋空间跨越行政区或国界，具有独特的物理特性和治理公共性。在治理的过程中，政府、企业、公众之间密不可分、相互联系，各主体间相互作用又相互制约，形成一个交织的政策网络。[②]

海洋中的水体本身具有流动性和相关性。近年来，陆海统筹的海洋生态环境跨界治理机制逐渐构建，但在治理机制构建过程中，海洋与陆地是存在差异性的。陆地虽然连续不断、固定不变，但可以有所分割，然而海洋因为水体的流动，一旦某海域海洋资源或环境过度开发利用而遭受破坏，在一定程度上会不利于这片海域后续的开发与利用，同时也会对邻近海域的生态环境造成不利影响。

其一，海洋的生态系统特征明显，一定区域的生态复合程度极高。在一定条件下，海洋相比陆地而言其任何一部分都具有特殊的价值性和功能性，这多是源自海洋有自己独立的生态性功能，不同的区域受气温、洋流、潮汐、陆源径流等影响形成了各自的生态系统。基于生态系统的海洋治理重点是维持生态系统的完整性，海洋管理边界的标准要按照生态系统空间范围的标准进行划定，研究表明以生态系统为基础的管理是一种日益受关注的海洋资源管理模式。[③]近年来，人类对海洋的“立体开发”现象严重，给海洋生态环境带来多方位、多层次性破坏，相应的生态修复十分艰难。

其二，海洋生态环境的公共性特征突出，若治理缺失易造成“公地悲剧”。海洋中的水体本身具有流动性和相关性，在空间维度上没有明确的标准和统一的划分，所以较难精准地划分海洋治理的边界。[④]海洋生态环境的公共产品特性，促使其具有一定的非竞争性与非排他性，但由此造成了海洋之间的环境影响时刻存在。海洋往往是陆地污染排放的归集处，也因为海洋管理的难度大造成利益主体在海洋资源获取过程中的违法成本低，在“公地悲剧”不断

---

① 王琪、何广顺：《海洋生态环境治理的政策选择》，《海洋通报》，2004年第3期，第73–79页。

② 全永波：《全球海洋生态环境治理的区域化演进与对策》，《太平洋学报》，2020年第5期，第81–91页。

③ Michael Malick，Murray Rutherford，Sean Cox. Confronting Challenges to Integrating Pacific Salmon into Ecosystem-based Management Policies. Marine Policy，2017，85（11）：123–132.

④ 同②。

发生的海洋时代，海洋生态环境的公共性需要用治理的视角予以规制。

海洋的生态性和公共性特点证明，海洋生态环境跨界治理需要按照整体性治理理论、全球治理理论的基本思路，在海洋治理领域突破一个国家、一级政府性的限制，开展相应的国际、国内合作，形成全局性和系统性的海洋生态环境跨界治理框架。

（二）海洋生态环境跨界治理具有一定的层次性和系统性特征

1992 年罗西瑙（James N Rosenau）正式提出全球治理的定义后，国际社会意识到推进全球和区域合作应当成为社会、经济和政治讨论的主流。全球海洋生态环境治理的研究来源于多学科多领域的影响和关注，一方面基于海洋本身的自然属性即具有全球性和跨界性，另一方面，《联合国海洋法公约》确立了海洋治理的基本法律原则，规定了海洋环境保护的国际合作机制，但该公约无法回答海洋法中出现的所有新问题。与此同时，在过去的 40 多年时间里，波罗的海、地中海、加勒比海等区域海洋环境协同计划纷纷签订并实施，各海洋国家也通过制定国内立法促进海洋生态环境保护，全球海洋生态环境治理多层级体系渐趋形成。这种多层级治理体系主要体现为：以联合国和国际组织为代表的全球海洋治理体系、国际公约约束下的区域海洋治理体系和以国家治理为基础的国内海洋治理体系，国内海洋治理体系又包括国家层、地方层和社会基层等。[①]可见，海洋生态环境治理与治理理论在实践中的应用一样，形成了全球治理、区域治理、国家治理、地方治理和基层治理等多个层级，这些层级的治理在各层面形成了相应的政策和治理机制，又在层级之间形成了一定的协同，支持海洋生态环境治理的多层级机制，系统性特征也十分明显。

在多层级海洋治理体系中，联合国等有关国际组织在解决海洋问题中发挥着关键的作用，在海洋治理政策实施过程中，通过制定国际规则来推进全球海洋生态环境治理，成为全球海洋生态环境治理的典型做法。一些公约或

---

① 全永波：《全球海洋生态环境多层级治理：现实困境与未来走向》，《政法论丛》，2019 年第 3 期，第 149–159 页。

纲领旨在减缓和防止沿海和海洋环境因陆地活动而恶化，促进“国家履行保护和保存海洋环境的责任”。[①]代表性的行动方案有1972年《防止倾倒废物及其他物质污染海洋的公约》(简称《伦敦倾废公约》）及其1996年议定书、1995年在华盛顿通过的《保护海洋环境免受陆源污染全球行动计划》(GPA）等。然而，全球海洋生态环境跨界治理的关键是各主权国家均存在独立的权力体系，由于以《联合国海洋法公约》为代表的国际公约对于海洋生态环境保护的条款规制性较弱，所以治理机制和规则的设计往往受到强权国家的力量影响。另外，基于区域海洋环境利益的各种区域性海洋组织实际上代表了相关行业集团利益，其提出的环境政策具有一定的排他性。[②]所以，全球海洋生态环境治理体系存在着多层级特征和系统性治理要求，如何将各方治理力量整合构建为相应的机制值得进一步思考。

（三）海洋生态环境跨界治理具有一定的多元性特征和整体性诉求

全球海洋生态环境的多层级治理体系必然也意味着存在全球性的整体性利益、区域利益、国家利益、企业利益、区域组织利益等多层次利益诉求。在当前世界经济和社会发展的进程中，全球化和逆全球化的力量不断地在海洋生态环境治理等领域角逐，其背后的价值元素包含海洋权益、海洋生态和经济发展的多元考量。多元利益主体之间的博弈也随之而来，公共利益很有可能被政府和利益集团的利益所取代。在海洋生态环境治理过程中，不少国家缺乏环境保护的国家责任，将本国利益视为唯一的价值追求，将生态损害的代价转移给其他国家；也有一些弱小国家则更多地采用“搭便车”模式，在享受环境利益的同时不愿意承担治理成本。这类现象在海洋生态环境跨界治理中更为突出。

---

① Vanderzwaag D L，Powers A.The Protection of the Marine Environment from Land-Based Pollution and Activities：Gauging the Tides of Global and Regional Governance. The International Journal of Marine and Coastal Law，2008，23（3）：423–452.

② 全永波：《全球海洋生态环境治理的区域化演进与对策》，《太平洋学报》，2020年第5期，第81–91页。

整体性治理理论的提出对于通过协商调整、梳理整合等途径处理治理过程中出现的琐碎细小的问题，以此形成相应的治理逻辑有积极意义。基于海洋生态环境的生态性、公共性，治理的多层级性和系统性，要有效实施海洋生态环境跨界治理，应当对海洋生态环境跨界治理中的利益诉求加以规范，形成统一不失衡的利益格局，树立全球整体性治理的理念，并建立和完善相应约束机制与均衡机制。[①]在实践中，海洋生态环境跨界治理具有外部性，外部性因素对不同层级的治理系统有一定的冲击，并影响其治理效果。[②]政府应出台相应的鼓励机制或政策，提升海洋生态环境跨界治理能力，提高治理效率，并进一步促使企业、组织和国家实现环境行为外部性的内部化。在政府起到引领和带头作用的基础上，还需要关注各个要素的治理目标能否一致，将多元的利益诉求进行重新协商调整、再整合，通过机制完善，平衡多元利益主体的关系，体现海洋主体集体理性，将海洋生态环境跨界治理中的多元利益整合为共同利益诉求，以提高海洋生态环境的整体治理效果。

三、海洋生态环境跨界治理的类型

海洋生态环境跨界治理按照海域管辖权划分，可分为国家管辖范围内海域跨界治理、国家管辖范围外海域跨界治理、公海海洋保护区跨界治理三种类型。每一种类型的海洋生态环境跨界治理的模式和机制是不同的。

（一）国家管辖范围内海域跨界治理

在国家管辖范围内海域，各类陆源排海、船舶作业活动、涉海工程建设、重点养殖海域等一系列行为造成海洋环境污染和生态破坏，跨界治理成为必

① Kristen Weiss，Mark Hamann，Michael Kinney，et al. Knowledge Exchange and Policy Influence in a Marine Resource Governance Network. Global Environmental Change，2021，(1)：78–188.

② Andreas Duit，Victor Galaz. Governance and Complexity–Emerging Issues for Governance Theory. Governance，2008，21 (3)：311–335.

要。“跨界”治理的模式包括上下层级的跨行政级别和横向的跨行政区地理边界两类，国家管辖范围内海域的环境跨界治理是在一国管辖范围内的跨行政区或者行政区内的跨陆海、跨功能区治理。《中华人民共和国海洋环境保护法》第六条规定，“沿海县级以上地方人民政府可以建立海洋环境保护区域协作机制，组织协调其管理海域的环境保护工作。跨区域的海洋环境保护工作，由有关沿海地方人民政府协商解决，或者由上级人民政府协调解决”。因此，国家管辖范围内海域的海洋生态环境跨界治理基本按照同级和上下级政府之间的协同治理或垂直性管理展开，是现代海洋生态环境治理与府际关系两个理念相互融汇发展的产物。[①] 府际管理模式具有正向的借鉴意义。一是府际管理助力于变革海洋生态环境治理的传统观念。遵循府际关系的海洋治理可以突破纯区域政府的界线，引导政府向跨区域政府、市场和社会寻求帮助。海洋生态环境治理不能仅依靠单一地区的政府，更需把视线从单一政府拓宽到纵向与横向的政府间关系、企业和政府的关系以及公众与社会组织间的关系。二是府际管理有利于统一规划和协调经济发展和海洋生态环境保护之间的关系和要求。在海洋发展中，政府间由于存在地方利益的考虑，常常会产生合作不够、地方性保护等现象，企业和社会其他主体则对各自主体利益的考虑更为关注。府际管理提倡政府间运用协调规划经营、资源共同配置、信息共享等方式，通过合作来解决共性的海洋经济问题。如党的二十大报告提出“坚定不移走生产发展、生活富裕、生态良好的文明发展道路”“实现高质量发展”，为实现这一目标和要求，可利用府际管理来协调其中的冲突。三是府际管理有利于建立海洋生态环境治理的制度化。一些跨行政区的海洋公共物品与服务，往往因跨区域、投入大、影响广，在跨国家之间还因主权问题遭遇较大障碍，例如跨区域的海洋巡逻、协同海洋执法、污染防治等，需要政府间协同和管理，并承担相应的经费、人力和设备技术的支持，一定程度上提高公共产品的供给效率。

另外，国家管辖范围内海域的环境跨界治理还存在以下特殊情形。一是跨陆地和海洋的跨区域。因陆地与海洋在生活、生产等方面功能差异

---

① 戴瑛：《论跨区域海洋环境治理的协作与合作》，《经济研究导刊》，2014 年第 7 期，第 109 页。

巨大，生态环境治理的模式和状态也有明显区别，跨“陆域”和“海域”的污染治理是当前解决我国跨区域海洋污染的重要难题。近年来，实施“陆海统筹”“流域海域协同治理”等举措，有效缓解了环境跨界治理的各类矛盾。二是跨经济和生态功能区。在我国海洋事业发展过程中，根据区域海洋自身的生态系统的特殊性，按照保护需要，并结合区域海洋经济发展、特殊用海用岛、国家战略安排等多方面的规划，设置了不同类型的海洋功能区，如海洋特别保护区、海洋公园、海洋自然保护区等。我国通过国家或地方立法等途径充分保护相应经济和生态功能区的功能价值，尤其在生态功能区保护上形成了国家到地方多层级的保护体系。三是跨“权益”功能区。《联合国海洋法公约》将海洋划分为内水、领海、毗连区、专属经济区等海洋权益功能区，每一类海域对沿海国和其他国家均有不同的权利义务设置。我国在2015年印发了《全国海洋主体功能区规划》，对内水和领海主体功能区、专属经济区和大陆架及其他管辖海域主体功能区做了明确。海洋污染物以及损害影响会跨越不同功能区，跨越海洋权益区域的生态环境治理多通过国家间的信息通报、协作执法等展开。

（二）国家管辖范围外海域跨界治理

国家管辖范围外海域跨界治理是全球海洋治理的重要内容。党的十九大报告提出要“积极参与全球环境治理”，我国“十四五”规划中明确提出“深度参与全球海洋治理”，党的二十大报告进一步提出“中国积极参与全球治理体系改革和建设”。在《联合国海洋法公约》遇到新挑战后，BBNJ协定为全球海洋生态环境治理构建了新的治理机制，可见，国家管辖范围外海域跨界治理成为海洋治理领域中最受关注的现实问题之一。

海洋生态环境跨界治理除了国家管辖海域范围内跨行政区、跨陆域和流域的环境治理外，更多在国家管辖范围外海洋领域展开。其一，区域海项目成为跨界治理机制的典范。20世纪70年代以来，以联合国环境规划署设立

18个区域海洋项目为例[①]，均成为国家管辖范围外海域海洋生态环境跨界治理的典范，如波罗的海、地中海、东亚海等区域海项目，尽管治理模式有一定差异，但治理成效还是比较明显的。其二，重大海洋生态环境事件促使跨界海洋生态环境治理受到关注。如 2011 年，东北亚区域国家以日本福岛核泄漏事件为教训，清晰地看到海洋生态环境跨界合作的重要性，而且日本政府决定 2023 年向太平洋排放核污染水，作为典型的国家管辖范围外海域环境跨界治理的案例，引起全球特别是太平洋沿岸国家的高度警惕和强烈反对。其三，国家管辖范围外海域生态保护的全球性机制逐渐构建。2006 年《生物多样性公约》缔约国大会第八次会议商议了保护和可持续利用国家管辖范围以外深海海床遗传资源问题，2015 年第 69 届联合国大会启动了国家管辖范围以外区域海洋生物多样性（BBNJ）养护和可持续利用协定的谈判进程。联合国对于 BBNJ 协定的政府间谈判从 2018 年至 2023 年 3 月组织了 5 次政府间会议及其续会讨论相关问题，内容涉及包括海洋保护区在内的划区管理工具、海洋遗传资源的获取及其惠益分享、环境影响评价以及能力建设与海洋技术转让等议题。2023 年 6 月 19 日，联合国 193 个会员国在纽约通过了一项具有里程碑意义、具有法律约束力的海洋生物多样性协定，即《〈联合国海洋法公约〉下国家管辖范围以外区域海洋生物多样性的养护和可持续利用协定》（简称 BBNJ 协定），为国家和其他利益攸关方之间的跨部门合作提供了一个重要框架，以促进海洋及其资源的可持续发展，并解决海洋面临的多方面压力。另外，全球其他海洋生态环境的新危害逐渐呈现，如微塑料的普遍存在对海洋生态系统的影响、对生物多样性的风险和对人类健康的威胁是显而易见的，迫切需要构建跨界治理机制来缓解全球沿海地区的微塑料危害。

海洋的生态性、公共性和跨界性特点证明，海洋生态环境治理的主体不限于一个国家、一级政府。国家管辖范围外海域海洋生态环境跨界治理是全球性理论在海洋治理领域方面的突破性发展，需要基于全球的视野开展相应

---

① United Nations Environment（2019）. Regional Seas Programme. https：//www.unenvironment.org/explore-topics/oceans-seas/what-we-do/working-regional-seas，访问日期：2023 年 1 月 21 日。

的国际合作，形成国际治理框架。[①]从现实来看，需要通过完善国际规则进一步确定国家管辖范围外海域海洋生态环境跨界治理机制，提升海洋跨界治理的有效性。但全球海洋生态环境治理最大的特点是各主权国家均存在独立的权力体系，因而治理规则的设计往往受到强权国家的力量影响。1982 年，《联合国海洋法公约》（UNCLOS）通过并开放给各国签字，海洋问题被纳入以联合国为中心的全球治理体系。《联合国海洋法公约》对于海洋生态环境跨界保护的机制是全球海洋治理的主导机制，同时各种区域性的海洋组织和主权国家在利益主张中有较大的影响力，甚至其提出的海洋政策具有一定的排他性[②]，成为当前全球海洋生态环境跨界治理机制构建的对冲力量。2019年4月，"海洋命运共同体"理念成为推进全球海洋治理与合作的重要理念，国家管辖范围外海域海洋生态环境跨界治理需要基于海洋命运共同体理念，从全人类可持续发展视角，关注事关人类能否实现"绿色经济"、避免气候变化危机和实现可持续发展的关键领域[③]，形成机制的创新完善。

（三）跨界海洋保护区治理

为了便于更好地开展海洋生物的养护和保护，人类将处于同一海洋生态系统的地理区域（如大陆架、海洋生物栖息地等）划定为海洋保护区，对其中部分或全部环境进行封闭保护，海洋保护区为人类保护海洋环境及其资源开辟了新的途径。因海洋生态系统可能被划定的国家边界或地区行政区域边界而分割，这势必需要海洋保护区跨界治理，所以跨界海洋保护区（TMPA）包括国家之间跨边界的海洋保护区，还包括国家内部不同行政区之间的跨界海洋保护区。根据世界自然保护联盟（IUCN）对跨界保护区的功能分类，跨界海洋保护区也可分为以下三类。

① 全永波：《全球海洋生态环境治理的区域化演进与对策》，《太平洋学报》，2020 年第 5 期，第 81–91 页。

② 庞中英：《在全球层次治理海洋问题——关于全球海洋治理的理论与实践》，《社会科学》，2018 年第 9 期，第 3–11 页。

③ 朱锋：《从"人类命运共同体"到"海洋命运共同体"——推进全球海洋治理与合作的理念和路径》，《亚太安全与海洋研究》，2021 年第 4 期，第 1–19 页。

一是跨界海洋综合保护区。跨界海洋综合保护区是一个明确定义的地理空间，其中包括跨一个或多个国际边界且在生态上形成独立体系的合作保护区。这类海洋保护区的功能是多样的，既有养护海洋生物多样化，也有共同治理保护区环境污染问题、维护航行自由等。如瓦登海国家公园就是这类的典型。

二是跨界海洋景观保护区。跨界海洋景观保护区是一个生态相连的区域，既包括单一功能的保护区，也包括跨越一个或多个国际边界的多种资源使用区，是兼顾休闲、观光、娱乐等旅游合作开发、景观生态系统管理功能的保护区。这类保护区也称之为海洋和平公园。如中美洲珊瑚礁系统保护区主要是支持长期合作保护沿海湿地、潟湖、红树林、海草床和珊瑚礁等的海洋生物多样性、生态系统服务以及跨界海洋自然和文化价值，通过海洋生物区域规划和管理实现海洋景观生态系统管理。又如地中海洲际生物圈保护区主要是用于保护直布罗陀海峡周边的森林植被生长，形成地中海特有的海洋国家公园。

三是跨界海洋生物迁移保护区。这类保护区是跨两个或多个国家的海洋生物栖息地，是为了维持海洋渔业种群洄游、迁徙，以及海绵、水母、螺、三叶虫等海洋、深海动植物的栖息地进行某种形式合作的保护区。跨界海洋生物迁移保护区有一部分在国家管辖范围内海域，有一部分在国家管辖范围外海域，而且牵涉到不同国家不同的管理制度。海洋生态系统是完全相互关联的，有必要了解这些海洋生态系统，以实现有效的合作。建立和运行跨界海洋生物迁移保护区是促进海洋生物多样化的针对性举措。如菲律宾和马来西亚共建的海龟群岛遗产保护区，是世界第一个养护和保护海龟的跨边界的海洋保护区。1978 年澳大利亚和巴布亚新几内亚之间的《托雷斯海峡条约》是海洋保护区跨界治理管理的创新文件，该条约通过促进在保护、管理和分享鱼类方面的双边合作，规定了保护海洋生态环境的具体措施。[①]

---

① Sandwith T，Shine C，Hamilton L，et al. Transboundary Protected Areas for Peace and Co-operation. Best Practice Protected Area Guideline Series No.7. Gland：IUCN，2001.

第二节 海洋生态环境跨界治理的基本理论

20世纪70年代以来，在新制度主义、新公共管理以及治理理论的影响下，国内外相关学者主要将奥斯特罗姆（Elinor Ostrom）的多中心治理理论、奥尔森（Mancur Olson）的集体行动理论、希克斯（Perri Six）和邓利维（Patrick Dunleavy）的整体政府理论等新理论与公共治理的具体场域问题、案例相结合，为海洋生态环境跨界治理研究奠定和发展了相关理论。通过对国内外海洋治理研究的宏观考察发现，海洋治理范式实际上经历了从国家海洋管理到区域合作治理，再到全球多层级治理的变迁过程，并在海洋生态环境跨界治理机制上形成了“单一管理—区域参与—全球合作”的演化脉络。海洋生态环境跨界治理有其特有的理论体系。

一、整体性治理理论

1995年全球治理委员会在《我们的全球伙伴关系》报告中指出：“治理不是一整套规则，也不是一种活动，而是一个过程；治理过程的基础不是控制，而是协调；治理既涉及公共部门，也包括私人部门；治理不是一种正式的制度，而是持续的互动。”“治理”是一个不断发展的概念，涉及政治学、经济学、法学、社会学等多个领域。近年来，“治理”这个概念在学术界、公共政策界乃至实务部门的讨论中频繁出现，但其含义纷杂不一。治理理论的主要创始人之一罗西瑙（J N Rosenau）在其代表作《没有政府统治的治理》（1995）和《21世纪的治理》（1995）等著述中，将“治理”定义为一系列活动领域里的管理机制[①]，它们虽未得到正式授权，却能有效发挥作用。

整体性治理是治理理论进一步发展的产物。希克斯在《整体政府》（1997）一书中提出了整体性治理理论后，在《迈向整体性治理》一书中进一

---

① 岳春宇:《如何理解全球治理理论中的“治理”》,《河北省社会主义学院学报》, 2008年第1期, 第84–86页。

步分析了整体性治理的主要内容、目标和背景等，其阐述的整体性治理就是以整合、责任、协调作为机制，将公民的需求视为导向，对碎片化的功能、治理层级、信息系统和公私部门关系等进行有机结合，不断地“从分散走向集中，从部分走向整体，从破碎走向整合”[①]，为公民提供了无空隙且非分离的一体化服务的政府治理模式。在环境治理实践中，生态环境部门的正式权威和实质权威存在一定程度的分离，依照整体性治理要求，深化生态和环境职责整合，进一步降低交易成本，并面对资源依赖的现实约束，明确环境部门和行业管理部门之间的职责定位和精细化部门权责清单，探索权威性、多样性和灵活性的协调机制将是优先的改革选项。[②]

整体性治理将政府、市场和社会放在同一个治理框架内进行思考，在为维护政治秩序、市场秩序和社会秩序形成不同的治理机制的基础上，确定共同的整体性目标，以此为基础进行制度构建[③]（图 2–2），其核心观点是协调和整合。整体性治理的整合包括政策整合与组织整合，是以协调、整合和责任为核心思想，运用信息技术，对政府治理层级、功能、公私部门关系，以及信息系统等的碎片化进行有机整合。[④]其对于服务、监督、政策、管制等全部层面上的整体性运作显示于以下三个方面：在政府部门同非政府部门或同私营部门之间，以及公共部门内部进行整合；对同一层次或是不同层次的治理进行整合；部门内部进行相互协调。[⑤]对海洋治理而言，政府的元治理是其重要的特征，整体性治理的协调、整合和相互嵌入关系机制依托政府管理中的科层制架构各自发挥作用，从而在作用机理上有效发挥了整体政府功用。[⑥]

---

① 竺乾威：《从新公共管理到整体性治理》，《中国行政管理》，2008 年第 10 期，第 52–58 页。

② 杨志云：《流域水环境治理体系整合机制创新及其限度——从“碎片化权威”到“整体性治理”》，《北京行政学院学报》，2022 年第 2 期，第 63–72 页。

③ 姚梅：《金融科技全球治理法律问题研究》，上海交通大学博士学位论文，2020 年。

④ 杨建国、盖琳琳：《食品安全监管的“碎片化”及其防治策略——基于整体性治理视角》，《地方治理研究》，2018 年第 4 期，第 15–25 页。

⑤ 全永波：《海洋污染跨区域治理的逻辑基础与制度建构》，浙江大学博士学位论文，2017 年。

⑥ 陈丽君、童雪明：《科层制、整体性治理与地方政府治理模式变革》，《政治学研究》，2021 年第 1 期，第 90–101 页。

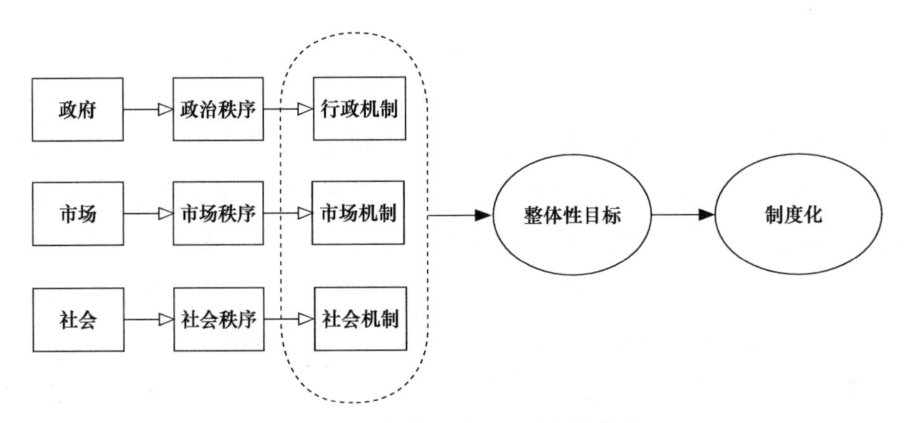

图 2-2　基于整体性治理理论的海洋治理

海洋生态环境治理内容庞杂，包括船舶航行与作业、各类陆源污染物排放海洋、养殖海域、涉海工程建设等一系列海洋综合治理系统，整体性治理的理念显然吻合海洋治理的现实需要。由于海洋开发领域不断拓展，海洋的价值不仅仅限于航行和捕鱼，特别是海洋能源的开发、海洋空间和资源利用，促使海洋具有了新的战略价值，诸多海洋国家对海洋的高度关注和无休止的利用，造成海洋生态环境治理的复杂性剧增。海洋是一种有限的公共资源，往往资源获取者最大的内在动机是在一定时间内实现最大限度的采撷，在追求效益的过程中，海洋污染物排放成为减少成本获得经济效益最可能的手段。[①]因此，海洋生态环境跨界治理不应局限于碎片化的治理模式，基于整体的集体理性和治理框架的制度设计是其基本的路径选择。如 2009 年 5 月，挪威政府发布了一份关于新的挪威海综合管理计划的白皮书。该计划遵循基于生态系统管理的国际准则，为管理该地区的所有人类活动（主要是石油和天然气工业、渔业和航运）提供了整体性框架。该计划对当前人类活动和未来影响及其相互作用开展评估，同时也考虑到目前对生态系统状态和动态的了解不足。[②]计划的实施可以在一定程度上确保生态系统的功能和完整性。

① 全永波：《海洋污染跨区域治理的逻辑基础与制度建构》，浙江大学博士学位论文，2017 年。

② Ottersen G，Olsen E，Meeren G，et al. The Norwegian plan for integrated ecosystem-based management of the marine environment in the Norwegian Sea. Marine Policy，2011，35（3）：389–398.

二、利益衡量理论

利益衡量理论作为一种法解释方法论源于德国民法学，在法学发展的进程中逐渐被公共管理等学科吸收借鉴，特别在公共治理中分析多元主体关系的利益冲突时成为制度化的解释工具。按照相关的程序与原则，为了促使利益均衡的实现，需要识别多元利益，并进行比较和评价，在此基础上做出利益选择或取舍，称为利益衡量。通过利益衡量方法确定制度和机制的构建，在法律领域往往通过立法来表现，而立法恰恰也是公共治理的重要手段。

利益衡量理论认为在处理两种利益之间的冲突时，强调用实质判断的方法，判断哪一种利益更应受到保护[①]，至于利益以何种标准进行判别，价值的判断不可避免。一是立法上的利益衡量。因为在制度创设前，利益的价值往往首先从社会道德、风俗习惯等角度判断，但社会普遍的规则和秩序的建立必然需要基于立法构建一种新的制度来平衡当事人双方的利益关系，而这种从空白到创设法律，极易形成主观上的恣意。[②]二是司法上的利益衡量。除了立法外，司法实践中利益衡量更具有操作层面的意义，可以考虑以价值的客观性和作为价值判断的主观性区分为依据，坚持利益的客观可评价性，将法律中已确定的利益评价序列、作为子系统的法律与社会整体系统在功能上所达一致等作为利益衡量的标准。[③]所以，如何避免这种在海洋治理领域的诸多利益平衡关系确立过程所造成的恣意，找寻出尽可能的稳妥，可依据海洋治理中的利益衡量价值目标并注意如下几个方面的问题。

首先，关注契合各国或各跨区域主体，政府、市场和社会普遍认可的一般观念或社会情感依据，并按照海洋发展的正义理念判别所保护的治理利益是合理的。在海洋生态环境治理领域，环境正义一般是被多元主体确认的价

---

① 梁上上:《利益的层次结构与利益衡量的展开——兼评加藤一郎的利益衡量论》,《法学研究》, 2002 年第 1 期，第 52–65 页。

② 日本学者加藤一郎认为，“利益衡量论中，有不少过分任意的或可能是过分任意的判断”。参见加藤一郎:《民法的解释与利益衡量》，梁慧星译，载梁慧星主编:《民商法论丛》第 2 卷，法律出版社，1995 年版，第 338 页。

③ 张琳、王国庆:《法典化时代司法利益衡量的方法研究》,《法律适用》, 2021 年第 4 期，第 166–176 页。

值观，当前环境利益与经济利益冲突事件频发，在环境正义价值得到尊重的前提下，往往以补偿性生态恢复作为环境侵权案件的裁判目的，根据相应原则选择合理的救济途径。[①]

其次，关注利益的分层次结构，判断多层次利益在海洋治理中的价值、代表的权益及其位阶评判。在海洋治理过程中要考虑有区别的利益价值。依照利益衡量所要求的，可以将利益分为群体利益、制度利益（即法律制度的利益）、社会公共利益和当事人的具体利益[②]，环境跨界治理的群体利益、制度利益、社会公共利益和当事人的具体利益会形成相关的层次结构。[③]

最后，将利益做出上述分类之后的利益层次确定和排序，决定海洋治理的机制制度化导向，则是一个更为复杂的问题。这就需要对跨界主体关系进行重新梳理，对各主体基于海洋、陆域而形成的权利性质和位阶进行考量，以此为基础判断利益的排序（图 2–3）。

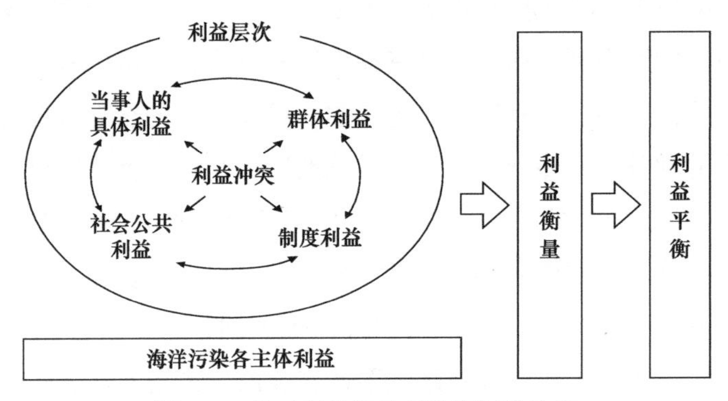

图 2–3　基于利益衡量理论的海洋治理

在海洋治理过程中，政府通过国家立法等方式将海洋利用制度化，政府通常代表制度利益或公共利益，企业代表部分社会主体的利益，但由于企业

① 沈碧溪：《司法中环境利益与经济利益的利益衡量路径》，《中国环境管理干部学院学报》，2018 年第 6 期，第 12–15 页。

② 梁上上：《利益的层次结构与利益衡量的展开——兼评加藤一郎的利益衡量论》，《法学研究》，2002 年第 1 期，第 52–65 页。

③ 胡道才、羊震：《能动司法语境下利益衡量问题研究》，《人民司法》，2012 年第 15 期，第 72–75 页。

在运行过程中缴纳税收、解决劳动力就业，与政府、社会公共利益息息相关，公民个人的海洋利益或权利如渔民的捕捞权、海域使用权虽是“当事人的具体利益”，但确是维系这些当事人生存的“基本权利”，因此所有利益之间相互交织，互为影响。基于利益衡量理论的海洋生态环境治理就是将发生冲突后的各主体利益，在划分利益层次的基础上进行利益衡量，在利益平衡后展开制度构建（图 2–3）。针对海洋生态环境跨界治理的关注，《联合国可持续发展目标》（2015）确认了全球社会在海洋治理方面的环境利益，海洋生态环境保护需要通过完善国际海洋环境立法，促进海洋、气候和陆地生态系统之间的相互联系，通过基于生态系统的方法促进公共利益目标的实现。[①]制度利益作为公共利益的最大需求，在治理利益上最优先得到关注，而与个体利益中的生存权相关的利益诉求也理应同时具有优位性。

三、多层级治理理论

多层级治理是一种相互联系、相互补充的动态复合治理体系。多层级治理不是上下间的强制力管理，而是基于各层级的认同和共识的特性表现为治理权威的来源多样化，且不限于政府，它的决策权威分布在以地域为界的不同层级中。这些不同层级包括超国家行为主体（包括全球和区域）、国家政府、国内区域政府以及拥有执行权的委托或代理机构等。具体而言，多层级治理体系是一种囊括了全球层级、区域层级、国家层级、地方层级和社会层级的系统，是一种政府、市场和社会多元、多层级互动的治理架构。多层级治理按照职权分别行使相应的职责、履行治理的功能，但各层级的功能和职责不是一成不变的，其动态性表现为不同时间段可能执行不同的政策任务，不同的政策领域需要不同的主体和层级参与。全球性海洋生态环境跨界治理是全球治理的重要组成部分，环境治理从全球层级到国家、地方层级均存在不同的治理主体，形成多元交叉的治理架构，构成了从全球层到基层社区层

---

① Zulfiqar K，Butt M J. Preserving Community's Environmental Interests in a Meta-Ocean Governance Framework towards Sustainable Development Goal 14：A Mechanism of Promoting Coordination between Institutions Responsible for Curbing Marine Pollution. Sustainability，2021，13（17）：1–25.

的多层级治理体系。[①]

多层级治理在海洋环境治理实践中已不断得到应用。1982年《联合国海洋法公约》专门规定了海洋环境保护的国际合作机制，但多层级治理机制在欧盟的海洋治理中得到明显的推进，以欧盟为代表的区域组织和相关海洋国家出台相应的区域环境保护制度，强化所在国海洋环境保护的体制机制，波罗的海、地中海等区域海洋环境协同计划纷纷签订并实施。近年来，中国在国家层面加快机构改革，对《中华人民共和国海洋环境保护法》进一步修改，促进海洋生态环境跨区域的多层级协同治理。实践中，2018年机构改革组建生态环境部，在政府层面减少多头管理；在区域治理上实施《渤海综合治理攻坚战行动计划》，在地方推进如“湾（滩）长制”为代表的小微环境治理等，多层级治理特征明显。具体体现为以下特性。

第一，多样化的多层级治理决策模式。多层级治理决策模式主要包括以下五种：相互调整模式、政府间协调模式、超国家模式、共同决策模式以及公开协调模式。其中，相互调整模式允许各国间的自由博弈，然而在海洋公共领域实现相互调整模式容易形成零和博弈，造成海洋公地悲剧。政府间协调模式是全球海洋问题治理中最主要的模式，各当事国就海洋治理中的相关利益进行协商，容易在博弈中达成一致。[②]超国家模式需要各国具有全球海洋治理思维，这种思维也是建立超国家模式的关键所在，相关利益者将各自的利益博弈超越国家，进入集体理性轨道，集体理性对待海洋公共问题治理具有优先性和独到性。而共同决策模式是通过协商的方式，在各利益相关者博弈的基础上，充分听取利益相关者的利益诉求，不仅实现集体利益最大化，也照顾各个利益相关主体的利益。公开协调模式具有分散性和多元性特征，成员国在不同政策领域可以采取不同措施，但在区域治理层次上可以进行一致的政策协调，从而使各种分散的政策能够实现有效衔接，避免政策摩擦。[③]

第二，多层级治理主体的集体行动。从国际关系理论政府间主义的视角

① 全永波：《全球海洋生态环境多层级治理：现实困境与未来走向》，《政法论丛》，2019年第3期，第148–160页。

② 同①。

③ 同①。

来看，建立一种具有集体理性思维的国家组织，其行动的合法性来自成员国之间共同达成的协议和政策，这对于实现各成员国之间的海洋治理目标具有很大裨益。如欧盟环境治理政策的创议和形成过程都有多层行为体的参与和介入，协议和政策的形成就是集体行动的结果。①在多层级海洋生态环境治理中，多元主体因为社会经济条件不同影响了地方、基层等层级主体的参与积极性，政府往往提供正式的体制安排，与地方、基层的参与能否达成一致，是考量多层级治理主体的集体行动的关键，因此，相互信任、沟通和互惠可以培养和促进行为体在多层级管理海洋生态环境方面的参与和合作。②在这一模式中，各层级都根据自身的情况自主地支配自己的行动。然而，因为各层级治理的终极目标是一致的，各层级和成员的政策也会因其他层级和成员政策的调整而调整，并因一个目标最终会达成妥协，形成使各方都能接受的政策。这种多层互动政策模式不仅很好地兼顾了各层级和各成员国之间的需求，而且有效地保障了每个层级和成员在集体行动中的利益。③

第三，多层级治理模式的政策开放性。不论是全球海洋生态环境治理还是国家内部各层级之间的关系互动，都显示出政策的开放特征，如全球层面需要一种建立在完善制度保障基础上的政策开放性，允许各成员国根据自身的行为参与海洋治理，尊重各国的主权和利益表达。国内海洋生态环境治理过程中要充分尊重各级政府、基层在海洋环境治理问题中的特殊性，通过各类协调机制、信息共享等开放表达治理需求，当然这需要完善的制度体系和政策体系作为保障。近年来，法国实施了一项旨在适应海平面上升的政策措施，这项政策是通过对多层次治理进程（国家准则和框架、地方实验和区域战略）的分析来解决目前的情况，其目的是减少城市化密集的沿海地区的脆弱

① 王再文、李刚：《区域合作的协调机制：多层治理理论与欧盟经验》，《当代经济管理》，2009年第9期，第48–53页。

② Van T，Ho T，Cottrell A，et al. Perceived barriers to effective multilevel governance of human–natural systems：an analysis of Marine Protected Areas in Vietnam. Journal of Political Ecology，2012，19（1）：17–35.

③ 全永波：《全球海洋生态环境多层级治理：现实困境与未来走向》，《政法论丛》，2019年第3期，第148–160页。

性，特别是通过有管理的撤退或预期的搬迁。[①]多层级的治理模式的开放性体现在全球性公约、国际条约、国际双边或多边协议、习惯法对适用主体和内容的开放性，这些制度性规范对超国家机构和主权国家在海洋治理中的权力进行分配，对相关治理信息进行一定程度共享，多层级治理构建的制度体系可以有效避免海洋生态环境治理合作中的“公地悲剧”困境。

第三节　海洋命运共同体理念的理论意蕴与内涵指引

海洋命运共同体理念是人类命运共同体理念在海洋领域的具体体现，为促进全球海洋治理体系构建和完善贡献了中国智慧。海洋命运共同体理念具有严谨的理论逻辑，从“海洋强国建设”到构建海洋命运共同体，标志着习近平经略海洋重要论述的理论体系逐渐形成。海洋命运共同体理念主张的海洋合作精神与海洋生态环境跨界治理在逻辑指引上具有一致性。

一、海洋命运共同体理念的理论意蕴

党的二十大报告提出“发展海洋经济，保护海洋生态环境，加快建设海洋强国”，在一定角度展示了海洋命运共同体理念在海洋领域的基本要求，“促进世界和平与发展，推动构建人类命运共同体”将海洋命运共同体理念提升到更高的层次，推进“中国积极参与全球治理体系改革和建设，践行共商共建共享的全球治理观”，为构建海洋命运共同体明确了行动方向。

（一）推动加快建设海洋强国

习近平总书记强调，建设海洋强国是实现中华民族伟大复兴的重大战略

---

① Rocle N，Dachary-Bernard J，Rey-Valette H. Moving towards multi-level governance of coastal managed retreat：Insights and prospects from France. Ocean & Coastal Management，2021，213：105892.

任务。[①]建设海洋强国是构建海洋命运共同体的历史起点，是中国特色社会主义事业的重要组成部分，关系社会主义现代化强国建设和中华民族伟大复兴的历史进程。

海洋命运共同体理念是对人类命运共同体理念的丰富和发展，把握住了新时代世界发展的大趋势，也为全人类海洋事业发展和中华民族海洋文明伟大复兴指明了前进的方向。[②]党的十八大以来，习近平总书记关于经略海洋的一系列重要论述，成为我国海洋强国建设的指导思想，也为全球和我国海洋生态文明建设提供了中国方案。以习近平同志为核心的党中央将建设海洋强国作为中国特色社会主义事业的重要组成部分和实现中华民族伟大复兴的重大战略任务，坚持走依海富国、以海强国、人海和谐、合作共赢的发展道路，扎实推进海洋强国建设。[③]海洋生态文明建设是海洋强国建设的重要内容，习近平总书记强调要高度重视海洋生态文明建设，加强海洋污染防治，保护海洋生物多样性，实现海洋资源有序开发利用，为子孙后代留下一片碧海蓝天。[④]

国家"十四五"规划提出"积极拓展海洋经济发展空间""坚持陆海统筹、人海和谐、合作共赢，协同推进海洋生态保护、海洋经济发展和海洋权益维护，加快建设海洋强国"，为未来五年和2035年的海洋强国建设明确了思路。建设海洋强国不仅仅是实现中华民族伟大复兴的重要一步，也是中国推动全球构建海洋命运共同体的基础。

（二）推动构建合作共赢的新型海洋国际关系

推动构建合作共赢的新型海洋国际关系是构建海洋命运共同体的逻辑起点。构建海洋命运共同体就是要以合作共赢为前提，坚持平等互利的原则。当今世界，和平与发展是时代的主题，建设海洋强国、构建海洋命运共同体必须

---

① 王宏：《努力推动海洋强国建设取得新进展》，《学习时报》，2022年6月3日。

② 吴士存：《构建海洋命运共同体是划时代的抉择》，《光明日报》，2022年7月12日，第16版。

③ 石羚：《建设海洋强国，用好高质量发展战略要地》，《人民日报》，2022年9月30日，第5版。

④ 《习近平：向海洋进军，加快建设海洋强国》，《中国日报》（中文网）http：//china.chinadaily.com.cn/a/202206/08/WS62a09f84a3101c3ee7ad9901.html，访问日期：2023年1月25日。

坚持走和平发展的道路。党的二十大报告提出“一方面，和平、发展、合作、共赢的历史潮流不可阻挡，人心所向、大势所趋决定了人类前途终归光明。另一方面，恃强凌弱、巧取豪夺、零和博弈等霸权霸道霸凌行径危害深重，和平赤字、发展赤字、安全赤字、治理赤字加重，人类社会面临前所未有的挑战”。当今世界，霸权主义和强权政治使国际关系日益紧张，不公正、不合理的国际现象时有发生。霸权主义和强权政治，成为构建海洋命运共同体的主要障碍。

中国是世界和平与发展的推动者、良好国际关系的支持者，中国始终秉持着共商共建共享的原则参与国际事务。习近平总书记强调合作共赢的新型国际关系是维护世界和平与发展的前提。[①]新型国际关系的建立需要各国共同努力，要以和平、发展、合作、共赢作为指导思想，要坚持对话而不对抗，在求同存异中实现各国的友好和平发展。党的二十大报告提出“中国坚持在和平共处五项原则基础上同各国发展友好合作，推动构建新型国际关系，深化拓展平等、开放、合作的全球伙伴关系，致力于扩大同各国利益的汇合点”。建立合作共赢的新型国际关系是中国向世界提出的中国智慧。

习近平总书记提出的海洋命运共同体理念是一种全新的海洋关系理念。海洋命运共同体理念深刻阐明了其历史的必然性，是与时俱进的新型国际海洋关系，超越了海上霸权主义、强权政治和殖民主义等陈旧的海洋思想，是以往旧的海洋国际关系所不能比拟的。海洋命运共同体理念是解决当今海洋开发治理问题的公正合理且可行的中国方案和中国智慧。

（三）合力打造全球海洋治理的新格局

合力打造全球海洋治理的新格局是构建海上命运共同体理念的着力点。习近平总书记也对当前全球海洋治理应当解决的问题进行了回答，他指出，“我们要像对待生命一样关爱海洋”。[②]党的十八大以来，我国推动海洋生态文

① 陈积敏：《构建以合作共赢为核心的新型国际关系》，人民网：http：//theory.people.com.cn/GB/n1/2017/0703/c40531–29377809.html，访问日期：2023 年 1 月 25 日。

② 《要像对待生命一样关爱海洋》，央广网，http：//news.cnr.cn/dj/sz/20220608/t20220608_25855433.shtml，2022 年 6 月 8 日。

明建设，全面参与联合国框架内海洋治理机制和相关规则制定与实施，落实海洋可持续发展目标……中国的务实行动让“海洋命运共同体”重要理念更加深入人心。[①]

全球海洋问题频现呼唤全球海洋治理体系的变革。全球海洋治理体系是各国在竞争、较量和协商中形成的关于海洋治理理念、海洋利益诉求、海洋治理能力和海洋治理机制等方面的某种较为稳定的海洋治理格局。当前的全球海洋治理体系存在诸多缺陷，如治理机制的碎片化和治理标准的双重化，不公正不合理的海洋霸权主义时至今日仍然支配着海洋治理的格局，阻碍全球海洋治理新格局的发展。全球海洋治理体系变革之道在于参与治理的主要行为体必须更新其治理理念，化解治理规则的碎片化，平衡治理主体彼此之间的利益，从而推动全球海洋治理体系不断向“善治”方向发展。[②]

海洋命运共同体理念的提出蕴含着开放包容、和平安宁、合作共赢、人海和谐等一系列深刻内涵，它符合海洋的自然属性，是对中华传统文化的传承，是新时代深度参与全球海洋治理的中国方案。[③]当前，中国正处于加快建设海洋强国的征途中，深度参与并推动全球海洋治理体系变革是中国应对世界发展中的不确定性和实现海洋经济高质量发展的必由之路。中国历来主张世界各国平等参与海洋治理，共同享有海洋权益，中国希望世界各国能公平公正地参与到海洋治理中来，使全球海洋治理朝着更好的方向发展，使世界各国人民共享海洋治理的成果。

（四）推进“一带一路”建设

推进“一带一路”建设是构建海洋命运共同体的关键环节。面对“从何处着手推动构建海洋命运共同体”的问题，习近平总书记也做出了回答。“一带

① 张程程：《向海洋强国进发》，《瞭望》，2021 年第 30 期，第 8–13 页。

② 叶泉：《论全球海洋治理体系变革的中国角色与实现路径》，《国际观察》，2020 年第 5 期，第 74–106 页。

③ 刘巍：《海洋命运共同体：新时代全球海洋治理的中国方案》，《亚太安全与海洋研究》，2021 年第 4 期，第 32–45 页。

一路”倡议是推动构建海洋命运共同体的出发点，是世界各国积极参与构建海洋命运共同体的合作发展平台。

2013 年秋，习近平总书记提出共建“丝绸之路经济带”和“21 世纪海上丝绸之路”，“一带一路”倡议是促进共同发展、实现共同繁荣的合作共赢之路，也是增进理解信任、加强全方位交流的和平友谊之路。“一带一路”倡议秉持和平合作、开放包容、互学互鉴、互利共赢的理念，全方位推进务实合作，打造政治互信、经济融合、文化包容的利益共同体、命运共同体和责任共同体。近些年来，“一带一路”倡议不管是陆上深化与中亚、南亚、西亚等国家交流合作，还是海上与各地区各国家的合作都取得了重大成就。目前，国际上有越来越多的国家参与共建“一带一路”，中国与其他参与国的合作交流也越来越多，其经济效益和社会效益的作用也越来越明显。这些成就充分说明“一带一路”倡议是符合历史发展潮流和各国利益关切的。

“一带一路”倡议对构建海洋命运共同体发挥了重要作用，共建不仅为中国和共建地区与国家带来了经济发展和合作，也为各国的文化提供了交流沟通的渠道。2019 年，《第二届“一带一路”国际合作高峰论坛圆桌峰会联合公报》提出“我们支持发展可持续蓝色经济，呼吁进一步加强海上联通和国际海洋合作，包括加强港口和航运业界合作，同时以可持续的方式管理海洋和沿海生态系统”。①“一带一路”倡议是构建海洋命运共同体的重要实践平台，展现出旺盛的生命力和广阔的发展前景。

二、海洋命运共同体理念引领海洋生态环境治理的理论内涵

现代全球性海洋活动的一个显著特点是它的国际性，所以保护海洋生态环境必须加强国家管辖区域内和跨界国际合作。环境治理的国内合作可以通过多层级政府协调，但跨国界合作需要关注海洋的整体性以及海洋活动国际性的限制，任何一个国家都无法独立应对全球海洋生态环境治理中出现的跨

① 高兰：《海洋命运共同体与中日海洋合作——基于海洋地缘政治学视角的观察与思考》，《人民论坛·学术前沿》，2019 年第 20 期，第 92–101 页。

界问题，而应通过预防和整治相结合来协同保护海洋生态环境、维护海洋生物多样性，完善海洋生态环境跨界治理机制必然无法离开海洋命运共同体理念的支持。[①] 海洋命运共同体理念在引领海洋生态环境治理上体现四层理论内蕴。

（一）全球海洋治理需要世界通力合作

2019 年 4 月 23 日，习近平主席在青岛集体会见应邀出席中国人民解放军海军成立 70 周年多国海军活动的外方代表团团长时，首次提出了"海洋命运共同体"理念。习近平主席指出，"海洋孕育了生命、联通了世界、促进了发展。我们人类居住的这个蓝色星球，不是被海洋分割成了各个孤岛，而是被海洋连结成了命运共同体，各国人民安危与共"。[②] 人类文明产生以来，构建在西方理论基础上的海洋秩序具有重博弈、轻合作的倾向，如古罗马思想家西塞罗提出"谁控制海洋，谁就能控制世界"，美国马汉"海权论"同样强调控制海洋的关键性，贯穿此后全球海洋地缘竞争，对海洋安全风险发酵发挥着推波助澜的作用。[③] 当今海洋领域，无论是海洋生态环境保护、海洋资源开发，还是科学考察与探索发现，均因为海洋的流动性、跨界性及公共性等特征，致使诸多海洋事务无法由一个国家单独应对，从根本上要求世界各国通力合作。

海洋命运共同体理念反对零和博弈、相互排斥的逻辑，主张共商、共建、共享的海洋治理模式，就如党的二十大报告提出的，"中国坚持对话协商，推动建设一个持久和平的世界；坚持共建共享，推动建设一个普遍安全的世界；坚持合作共赢，推动建设一个共同繁荣的世界；坚持交流互鉴，推动建设一个开放包容的世界；坚持绿色低碳，推动建设一个清洁美丽的世界"。因此，构

① 刘惠荣、齐雪薇：《全球海洋环境治理国际条约演变下构建海洋命运共同体的法治路径启示》，《环境保护》，2021 年第 15 期，第 72–78 页。

② 吴士存：《全球海洋治理的未来及中国的选择》，《亚太安全与海洋研究》，2020 年第 5 期，第 1–22 页。

③ 傅梦孜、王力：《海洋命运共同体：理念、实践与未来》，《当代中国与世界》，2022 年第 2 期，第 37–47 页。

建海洋命运共同体就如构建人类命运共同体一样，需要全球各治理主体协调一致，秉持相互尊重、平等合作、互利共赢的海洋合作原则，协同构建新型海上国际关系，共同努力应对海洋环境领域的现实问题。

（二）维护海洋生态环境安全负有共同的责任

构建“海洋命运共同体”是“构建人类命运共同体”理念在海洋领域的延展，为新时代全球海洋治理、构建和谐海洋及人类命运共同体贡献了智慧。[①]随着经济全球化和我国海洋事业的不断发展，海洋污染排放、海洋水质恶化、海洋生态灾害事故频繁发生等问题使得海洋生态环境面临严峻挑战。我国海洋生态环境保护虽取得了一定的成绩，但在新形势下也遭遇了众多困境。“海洋命运共同体”理念的提出在海洋生态环境治理领域恰恰是回应主体的多元化、跨界的复杂化、治理的碎片化等因素，明确多元主体的治理责任，从全球海洋生态安全、国家管辖范围内的区域协调等视角探索海洋治理的基本思路，更需要在跨界治理机制创新领域予以明确。

海洋命运共同体是从“天人合一”的角度，从人与自然、海洋一体的视角反思如何保护和利用海洋资源，以促进可持续发展。在构建“海洋命运共同体”的过程中，要树立共同、综合、合作、可持续的新海洋安全理念。[②]一方面海洋不仅孕育了生命，而且人类生存的环境也由海洋提供和调控。另一方面，海洋也是最主要的国际贸易和运输的通道，全球各国的贸易主要通过海洋运输实现，海洋将人类居住的家园连接成地球村。但是，当前由于捕捞能力增强、陆源排污等因素影响，沿海生态恶化加剧、渔业资源严重衰退等问题日益严重。近年来，碳中和进程深刻地影响着蓝色经济的发展变革，塑料垃圾和核污染水也成为海洋生态环境跨界治理最为突出的两大威胁，2022 年 6 月举行的第二次联合国海洋大会聚焦海洋塑料污染防治，2023 年 8 月日本政府正式启动将福岛核污染水排放入海引发国际社会广泛的担忧，都

① 张京：《新时代海洋命运共同体》，《光明时报》，2023 年 9 月 1 日，第 4 版。

② 侯昂妤：《“海洋强国”与“海洋立国”：21 世纪中日海权思想比较》，《亚太安全与海洋研究》，2017 年第 3 期，第 42–52 页。

需要世界各国和国际组织关注新形势下海洋生态环境跨界合作，并承担起相应的治理责任。

（三）遵循生态一体化完善“陆海统筹”机制

海洋生态系统相对独立且是一个整体，对海洋或海陆交界局部环境的破坏必然会对整个海洋生态系统产生不同程度的影响，且这种影响不受人为的政治、法律和地理界限所限制。[①]反过来，海洋生态环境的恶化也必然影响人类对海洋可持续发展的进程。党的十九大报告提出要以“陆海统筹”推进海洋强国建设，党的二十大报告进一步提出“站在人与自然和谐共生的高度谋划发展”“坚持山水林田湖草沙一体化保护和系统治理”，海洋生态环境的跨界治理必须充分注意自然界诸多因子之间的关联性，关注海洋生态系统的所有组成部分彼此的制约关系，体现生物与生态环境之间的平衡关系。[②]

遵循生态一体化完善“陆海统筹”机制就是要将陆域海域视同“一体化”，将全球海洋视同“一体化”，开发利用的规模和强度控制在正常生态系统维持的允许范围之内，避免出现对海洋生态环境造成过重负担和超出海洋生态系统自净能力、自我修复能力的情况。“一体化”重点体现在“生态一体化”上，海洋生态原则体现在实践上，就需要将海洋资源的开发、利用和保护作为一个系统来实施。[③]改革开放后，我国对海岸带地区陆海管理体制进行了多次改革，但矛盾仍然较多，我们应当放眼全局对海洋生态环境进行系统化治理，统筹考虑海洋生态环境治理与陆域生态环境治理的系统性和联动性，以达到生态环境系统整体最优化，积极探索研究完善陆海统筹、区域联动的海洋生态系统保护修复机制。

---

① 范金林、郑志华：《重塑我国海洋法律体系的理论反思》，《上海行政学院学报》，2017 年第 3 期，第 105–111 页。

② 阮成江、谢庆良、徐进：《盐城海岸带资源潜势与可持续发展》，《海洋科学》，2000 年第 10 期，第 23–26 页。

③ 全永波、盛慧娟：《海洋命运共同体视野下海洋生态环境法治体系的构建》，《环境与可持续发展》，2020 年第 2 期，第 31–34 页。

（四）实现中国参与全球海洋治理的制度性安排

海洋命运共同体理念是21世纪推进全球海洋治理与合作的战略性思想。海洋从古至今是对人类至关重要的物资来源与运输通道，同时也是各个国家政治冲突的源头。从海洋治理的发展历史来看，在当今时代推进“海洋命运共同体”这一理念，旨在基于各国之间的尊重信任来维持和平稳定的国际海洋安全稳定格局。大航海时代始于西方，海上霸权者也是西方。然而，目前无论是在北极区域治理还是在深海资源开发利用等方面，都已经呈现出“东西方均衡”的局势。如北极环境及气候变化具有全球性影响，因而治理方式也摆脱了地缘格局的局限。北极理事会成员国在美国、加拿大、俄罗斯及北欧五国8个原北极圈国家的基础上，于2013年5月又接受了意大利、中国、印度、日本、韩国与新加坡等6个国家为理事会正式观察员国。北极区域的治理需要全球各国的共同参与。在规则制度领域，中国于2016年5月1日颁布《深海海底区域资源勘探开发法》，强调保护海洋环境，提升深海科研能力，确保海底区域资源可持续利用。针对在深海中不断发现的多样化的生态系统，联合国自2018年始开启了国家管辖范围以外区域海洋生物多样性（BBNJ）养护和可持续利用协定的政府间谈判。在第二次政府间谈判中，中国代表团指出“相信‘人类命运共同体’的理念，中国可对BBNJ做出独特贡献”。在BBNJ协定谈判过程中，西方国家的观点和中方的观点体现出西方中心主义和多边主义规则的冲突。全球海洋生态环境治理需要从西方中心主义向多边主义规则转变。2023年6月，BBNJ协定文本正式在联合国获得通过，标志着全球治理多边主义获得一项重大成果，协定完善和发展了国际海洋法体系，将为国家管辖范围以外区域的海洋生物多样性养护和可持续利用发挥无可替代的重要作用。“海洋命运共同体”与“人类命运共同体”一脉相承，是中国深度参与国际海洋法制建设的话语创新和战略依托，“海洋命运共同体”理念的创新性话语表达，需要通过“嵌入”国际海洋法律规则加以固化，实现从共识性话语到制度性安排的转化。[①]然而，纵观全球海洋治理的现状，中国参与全球海洋生态环境治理的制度性安排仍

① 薛桂芳：《“海洋命运共同体”理念：从共识性话语到制度性安排——以BBNJ协定的磋商为契机》，《法学杂志》，2021年第9期，第53–66页。

然不健全，海洋生态环境治理的全球参与仍需逐渐重视和加强。

第四节 海洋生态环境跨界治理机制创新的逻辑方向与分析框架

海洋生态环境跨界治理是全球海洋治理的重要领域，海洋命运共同体理念的提出给全球海洋合作治理指明了方向。近年来，国家间环境治理能力欠缺、合作意愿不足等因素造成跨界海洋生态环境问题突出，迫切需要机制创新。基于以上对海洋治理、跨界治理及海洋命运共同体概念、特征和相关理论的分析，以环境正义与整体性价值的基础逻辑、多层级参与的运行逻辑和国家责任的制度逻辑为基础，提出海洋命运共同体视域下的海洋生态环境跨界治理机制创新的分析框架。

一、环境正义与整体性价值是海洋生态环境跨界治理的基础逻辑

海洋生态环境跨界治理机制存在独特的内在机理，而且不同类型的海洋生态环境治理在机制构建上存在一定差别。由于海洋环境污染存在着污染流动性的特点，故而在应对海洋生态环境跨国界治理上，因涉及多个国家利益，单向度的垂直型管理无法适用，海洋环境污染主体多元化特点就更加明显。因此，部分学者从建构主义的视角出发，提出全球环境整体性理念，通过推动多边合作的国际规范制定促使一些国家克服利益阻力参与全球环境跨界治理[①]，这在大国的海洋生态环境治理参与上较为多见。但从利益分析的视角来看，一国的环境战略往往首先取决于其对国家海洋利益的考虑，因此基于利

① Bernstein S. International Institutions and the Framing of Domestic Policies. The Kyo-to Protocol and Canada's Response to Climate Change. Policy Sciences，2002，35（2）：203–236.

益的国家公共政策考量成为当前环境污染治理的制度合作的难点。[①]在跨国界海洋治理中，目前最大的理念问题是缺少全球海洋治理理念，表现在行为上的是缺乏国家责任，缺少一个负责任国家的担当。因此，有必要对跨国界海洋污染治理中的国家责任进行根源性探索，并按照基本的全球治理的逻辑方向展开，即按照法学的利益衡量理论分析，确定、激发和衡量与资源有关的不同的、相互竞争的利益相关者的价值观。[②]

每一个主权国家有多元的利益诉求，包括国家海洋主权利益、环境利益、经济利益等，在跨界海洋治理过程中则会形成国际性的制度利益、区域利益、组织利益、个体利益等。但全球环境污染治理中制度和利益的二元争论最终在国际和国内的政策中体现为公约、条约或立法，而环境污染治理的重要内容或目标就是规范区域间的利益关系，平衡不同环境价值追求的主体各自的环境利益，匡正失衡的区域环境正义。从诸多的利益衡量的切入视角分析，维系利益平衡的海洋环境政策逻辑需要充分考虑并明确海洋生态环境跨界治理价值秩序，即面对环境的整体性安全、生态系统的完善这一价值追求，国家、企业等应当服从全球或区域海洋整体性治理的要求。我国沿海地方政府对海域管辖范围有行政上的划分，在环境正义与整体性价值的治理政策体现上，整体环境利益高于区域内个体或企业的环境利益，并往往通过立法规范行政区域之间、自然区域之间，以及行政区域和自然区域之间的价值秩序。[③]这一观点成为学界公认的环境治理系统逻辑的基本依据。[④]

二、多层级参与海洋生态环境跨界治理的运行逻辑

当前，国家管辖海域外海洋生态环境治理机制形成了三类框架体系，即

---

① 全永波：《公共政策的利益层次考量——以利益衡量为视角》，《中国行政管理》，2009年第10期，第67–69页。

② Tadaki M，Sinner J. Measure，model，optimise：Understanding reductionist concepts of value in freshwater governance. Geoforum，2014，51（Jan.）：140–151.

③ 曹树青：《区域环境治理理念下的环境法制度变迁》，《安徽大学学报（哲学社会科学版）》，2013年第6期，第119–125页。

④ 全永波：《海洋污染跨区域治理的逻辑基础与制度建构》，浙江大学博士学位论文，2017年。

以联合国为中心的全球海洋治理体系、以国际组织为代表的海洋治理体系和“区域海”治理体系，这些体系的支撑主体是主权国家，治理有效的逻辑基础是利益平衡。[①]跨界治理既有全球或区域利益即超国家利益，也有国家、其他主体利益，治理的决策容易受到来自本国政治、经济和社会的冲击，那么，海洋生态环境跨界治理如何考虑利益间的平衡？跨界环境治理从整体性来看存在利益的冲突，整体性治理的困难在于治理过程的外部性和相互依赖性，在多层级治理运行过程中会出现多种情形，然而，由于资源管理体制安排不同，以及各国对跨界治理适应性治理能力存在重大差异，跨国界的海洋生态环境的国家适应性治理可能具有挑战性。[②]

海洋生态系统是一个复杂的动态系统，增强此类系统的可持续性需要由多中心结构支持的适应性治理，所以当前国家核心主义的治理导向对多元利益的有效平衡，成为全球海洋生态环境治理体系建设的基本方向。欧盟的环境多层级治理具有一定的代表性，欧盟的环境治理通过法律化的方式，构建了以理事会下属的环境工作组、欧盟委员会下属的环境总署和欧洲议会下属的环境委员会为主导，以欧洲环境法施行网络、欧洲环境保护局、环境政策评审组、欧洲环境与可持续发展咨询论坛等为辅助的平行机构体系。[③]可见，欧盟的多层级环境治理机制的主要特征是良好的共识基础、多元的环境议题、制度的体系性、明确的战略性，并且具有极强的整体的政策协调能力。[④]但是多层级治理在经济相对落后区域，其机制构建就显得艰难，如南亚地区经济相对落后，虽然也成立了南亚区域合作联盟，以应对南亚区域不断恶化的环境问题，但实际上南亚联盟提倡的环境污染治理合作难以达到治理的目标，海洋国家中国力弱小国家和海洋地理不利国家在海洋生态环境治理过程中均无力承担治理的责任。因此，在多层级治理过程中，对弱小国家和弱小群体

① 全永波、叶芳：《“区域海”机制和中国参与全球海洋环境治理》，《中国高校社会科学》，2019年第5期，第78–84页。

② Tuda A O，Kark S，Newton A. Polycentricity and adaptive governance of transboundary marine socio-ecological systems. Ocean & Coastal Management，2020，200（2）：105412.

③ 贡杨、董亮：《东北亚环境治理：区域间比较与机制分析》，《当代韩国》，2015年第1期，第30–41页。

④ 邝杨：《欧盟的环境合作政策》，《欧洲研究》，1998年第4期，第80–84页。

的利益兼顾是十分必要的，而且需要减少这些国家责任的承担。从个体而言，以海洋保护区（MPA）为例，这是被视为保护自然资源和改善渔业发展的替代方案。然而，通过个别案例研究评估 MPA 内部和外部的相关因素影响，检验设立 MPA 的有效性之后，发现海洋保护区也可能对渔业社区产生负面的社会经济后果。[①] 这在国际法院的司法裁判中如针对缅因湾海洋划界案裁判时有所考虑[②]，使得多层级治理机制的设计需要兼顾一些经济落后国家对海洋资源的依赖性，以及基层层级主体在海洋生计和经济福祉上的考虑。

三、国家责任的规制是参与环境治理的制度逻辑

国家责任也是一种国际义务，一种国家对出现国际事故的国家责任感，对所应承担的义务做出必需的应对或回应。当前，在全球海洋生态环境治理过程中一定程度上存在缺少全球海洋治理理念，行为上缺乏国家责任担当。因此，有必要对跨界海洋生态环境治理中的国家责任进行根源性探索。

国家管辖海域外的海洋生态环境跨界治理意味着国际合作的必要性。《联合国海洋法公约》第二三五条规定，各国有责任履行其关于保护和保全海洋环境的国际义务，各国应按照国际法承担赔偿责任，也规定了国家应当对其管辖范围内的国家行为造成的海洋污染损害结果承担责任，其中也包含了国家对跨界海洋污染责任的承担。[③]可见，防止和控制海洋污染既是各国自身的需要，也是其对国际社会应尽的义务和责任。《联合国海洋法公约》开放签署后，国际社会又相继制定了《1990 年国际油污防备、反应与合作公约》《1996 年国际海上运输有毒有害物质损害责任和赔偿公约》《2001 年燃油污染损害民事责任国际公约》等[④]，这些公约和议定书是有约束力的法律文件，均从不同视

---

① Lopes P，Silvano R，Nora V，et al. Transboundary Socio-Ecological Effects of a Marine Protected Area in the Southwest Atlantic. AMBIO：A Journal of the Human Environment，2013，42（8）：963–974.

② LEE，Kibeom. The Consideration of Fisheries Issues in Establishing a Single Maritime Boundary. Korean Journal of International Law，2016，61（2）：97–124.

③ [英] M· 阿库斯特：《现代国际法概论》，汪暄译，中国社会科学出版社，1981 年版，第 205 页。

④ 全永波：《全球海洋生态环境治理的区域化演进与对策》，《太平洋学报》，2020 年第 5 期，第 81–91 页。

角规定了跨界海洋污染不同主体的责任和义务，所有的缔约国和相关责任方都必须执行其要求。

总之，海洋环境公共秩序的维系应当是各类主体基于利益的衡量形成政策的平衡，减少强权国家的过度影响和大多数国家对国际海洋环境政策“搭便车”的取向。在海洋跨界治理过程中，各国政府和国内的地方政府既是环境污染的监管者，也是制度构建的推动者，政府承担“元治理”的角色。在海洋生态环境跨国界治理过程中，通过建立和完善国际公约，实行国家环境责任的规制是各主体参与环境治理的制度逻辑。国家对跨界海洋生态环境治理应履行国际法上的责任，并因环境治理的能力强弱、责任主体的多元化等对跨界海洋污染进行相应责任分配。

四、海洋命运共同体视域下海洋生态环境跨界治理的分析框架

构建海洋命运共同体就是应当超越人类中心主义的传统利用海洋模式，从永续发展、人海和谐的视角均衡、全面地认识海洋，强调要把天地人统一起来、把自然生态同人类文明联系起来。海洋命运共同体理念是从人与自然、海洋一体的视角反思如何保护和利用海洋和海洋资源，以促进可持续发展[①]，这是我们思考海洋生态环境跨界治理机制创新在理论支持上的重要起点，也是海洋命运共同体理念在推进全球、区域和国家实施海洋生态环境跨界治理上的理论革新。其主要分析框架通过如下方式表述（图 2–4）。

一是研究的基本脉络。按照国家管辖海域、国家管辖范围外海域、跨界海洋保护区三重空间维度，展现海洋生态环境跨界治理机制创新的范畴。在海洋命运共同体理念框架下又可以简单归纳为全球、区域、国家（地方、基层）的多层级治理体系。在国家管辖区域的海洋跨界治理中，我国已经探索和实践了许多正反案例，如整体性“海区”治理、基于生态系统的治理、基于府际合作治理以及“微治理”等模式，并形成了若干个典型案例。国家管辖区

① 全永波、盛慧娟：《海洋命运共同体视野下海洋生态环境法治体系的构建》，《环境与可持续发展》，2020 年第 2 期，第 31–34 页。

域范围外的海洋跨界治理中，重点需要对现有制度进行研究，着重分析“综合＋分立模式”“综合模式”“分立模式”，并以若干个区域海洋和海洋公共危机案例进行分析验证。跨界海洋保护区则和上述两类不同，本研究着重关注跨界海洋保护区的法律框架、模式和案例。

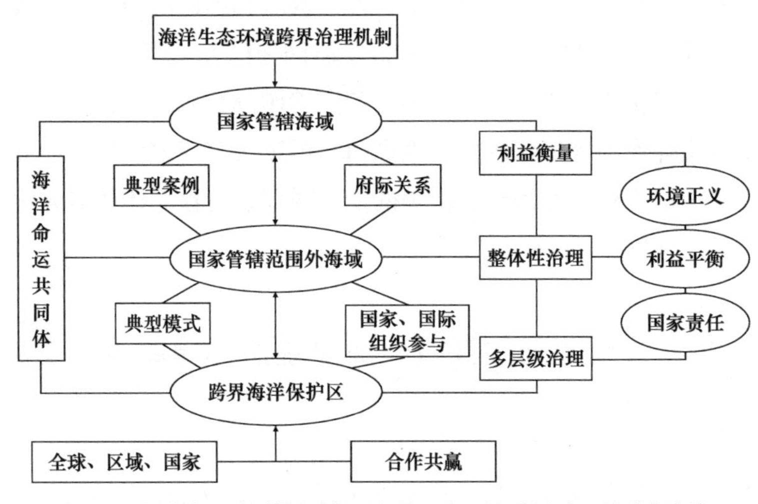

图 2–4 海洋命运共同体视域下海洋生态环境跨界治理的分析框架

二是理论和逻辑的贯穿。本研究结合主体关系的基本逻辑，运用利益衡量理论分析国际组织、国家、中央政府、地方政府、企业、公众之间的利益层次，在利益平衡的理念下，明确环境正义和整体性价值代表跨界治理中的最高利益，但也不否认弱小国家和公众的生存利益。那么，在所有的海洋生态环境跨界治理的机制构建中，作为最能承担责任的主体国家就应当履行相应的责任。故而，利益衡量、整体性治理、多层级治理三个理论贯穿本研究的始终，环境正义、利益平衡、国家责任三种价值导向形成机制构建的基础。

三是海洋命运共同体理念中的“合作共赢”等机制创新架构是本研究的结论与归宿。在环境跨界治理机制构建中，防止和控制海洋污染既是国家对国际社会应尽的义务和责任，也是各国自身发展的需要。所以，跨界治理无论是全球性、区域性还是多边、双边间的合作，在合作过程中缔结的各种条约或不同国家共同进行的行动计划都要约定一定的规制性条款，促进合作的可执行性。[①]海洋生态环境跨界治理不仅包括跨国与国之间的界限即邻国海域的治理，更包括公海海域的治理，基于海洋命运共同体理念，使不同的治理主体进行有效合作，相互沟通，共同探讨海洋跨界治理问题，从而建立国际化治理网络结构，可以极大地提高海洋生态环境治理的有效性和中国在海洋生态环境治理中的贡献度。在中国参与全球海洋生态环境治理的机制设计上，恰恰反映了中国践行海洋命运共同体理念、加快海洋强国建设的努力和成效。

① 全永波：《全球海洋生态环境治理的区域化演进与对策》，《太平洋学报》，2020年第5期，第81–91页。

第三章 国家管辖海域海洋生态环境跨界治理机制

我国海洋生态环境治理主要在国家管辖海域范围内展开,《中华人民共和国海洋环境保护法》第二条规定,“本法适用于中华人民共和国管辖海域。在中华人民共和国管辖海域内从事航行、勘探、开发、生产、旅游、科学研究及其他活动,或者在沿海陆域内从事影响海洋环境活动的任何单位和个人,应当遵守本法”。该条规定同时明确“在中华人民共和国管辖海域以外,造成中华人民共和国管辖海域污染、生态破坏的,适用本法相关规定”,该规定确定了我国管辖海域外,因跨界影响造成我国管辖海域污染的,也适用中国法律。《中华人民共和国海洋环境保护法》中仅对国家管辖范围内的跨行政区环境跨界治理机制做了简单规范,因此目前没有明确的管辖海域与管辖外海域的跨界机制,相应机制的构建尚需要加强研究。

第一节 我国海洋生态环境治理体制沿革和制度变迁

海洋生态环境治理作为国家治理体系和治理能力现代化的重要内容,是加快海洋强国建设的必然要求。我国海洋生态环境治理已经走过了分散治理阶段到综合治理阶段再到全面治理阶段,这三个阶段也体现了我国海洋生态环境治理逐步走向完善,尤其是改革开放 40 多年来我国海洋生态环境治理不断推进,海洋生态环境保护理念逐步确立,海洋生态建设不断加强,治理制度的完善为海洋经济发展、海洋强国建设提供了较好的基础。

一、分散治理阶段：1949—1978年

所谓分散治理是指我国在建国初期比较长的一个阶段，由于国家整体经济水平、海洋科技水平和海洋管理水平比较落后，在海洋生态环境治理上只是对部分领域、部分区域进行了分散性、局部性的治理，还未达到系统治理。这一阶段在海洋环境科学领域主要以海洋环境调查、监视监测为主；在海洋环境管理上初步建立起海洋环境管理的框架机构，但是散布于各部委的职权中；在海洋生态环境治理上只是局部近海域治理，制定了一些相关海洋环境法律。

1964年，我国第一个海洋事务管理的专门机构——国家海洋局成立，但其职能仅限于海洋科研调查、海洋资源勘探等，并没有专门的海洋环境管理职能，且其具体事务是由中国海军代为管理的。[①]这一阶段我国初步建立了海洋环境调查和监测体系，区域海洋环境质量调查、现状评价、预断评价体系等。国务院环境保护领导小组于1973年成立，这是我国综合性的环境保护管理机构，在组织海洋环境监测、环境和资源调查，实施一系列预防海洋污染措施等方面开展了一系列工作。渤海、黄海污染防治是分散治理阶段的工作重点。1976年，结合防治渤海、黄海污染的规划和措施，国务院决定成立渤海、黄海海域保护领导小组及其办事机构。这一机构的主要任务是制定防治渤海和黄海污染的规划、计划，并督促检查、组织实施；组织开展污染调查、监测和科研工作；拟定保护海域的条例和水质标准等。另外，1973年起，沿海省（自治区、直辖市）先后成立了环境保护机构，因力量有限，地方上的海洋环境管理也停留在近岸海域环境的污染调查、陆源污染物的管理等一般性的海洋环境保护工作上。

建国初期，我国海洋管理的核心是“海防”问题，海洋环境管理则一直处于次要地位，这一阶段我国初步架构起分散式的海洋环境管理体制。至改革开放前，我国海洋环境管理体制始终未脱离“行业包干”的制度色彩，具体是

① 王刚、宋锴业：《中国海洋环境管理体制：变迁、困境及其改革》，《中国海洋大学学报（社会科学版）》，2017年第2期，第22–31页。

由中央政府各职能部门和地方政府分别管理，主要由陆域环境保护部门向海洋环境管理的职能延伸。因此，这一时期并没有形成完整、健全的海洋环境管理体制。[①]

这一阶段我国出台了一批有关海洋生态环境治理的法律法规。1973 年制定的《关于保护和改善环境的若干规定》提出由交通部制定防止沿海水域污染的规定，保证沿海水域和港口的清洁和安全。随后，交通部会同有关部门共同拟定，经国务院批准并发布了《防止沿海水域污染暂行规定》，该规定主要对船舶、港口的油污染等进行控制，虽然仅在内部试行，却标志着中国以法律手段控制海洋污染制度化进程的开始。

二、综合治理阶段：1978—2012 年

所谓综合治理阶段是指这一阶段我国的海洋生态环境治理在海洋环境管理体制上采取综合管理体制，在海洋环境法制建设上出台了多部综合法律法规，在参与全球海洋生态环境治理上主动加入了多个综合性国际组织，呈现出综合性、多方式治理的特征。总之，在这一时期，我国在海洋生态环境治理上已经取得了飞速进步，我国积极调整海洋环境管理体制、加快海洋环境法制建设、积极参与国际海洋生态环境治理建设，海洋环境保护工作取得世界瞩目的成绩。

1978 年后，国家海洋局被列为国务院海洋管理的专门机构，但由于重陆域管理传统的影响，海洋环境的管理体制依然是各职能部门进行协调配合。20 世纪 80 年代以来，我国海洋事业迅速发展，我国开始构建综合式的海洋环境管理体制。1983 年，国务院重新设立国家海洋局，地方的海洋管理职能部门也逐步建立。作为综合式的海洋环境管理体制，国家海洋行政主管部门负责海洋环境的监督管理，组织海洋环境的调查、监测、监视、评价和科学研究，负责全国防治海洋工程建设项目和海洋倾倒废弃物对海洋污染损害的环

① 王刚、宋锴业：《中国海洋环境管理体制：变迁、困境及其改革》，《中国海洋大学学报（社会科学版）》，2017 年第 2 期，第 22–31 页。

境保护工作。[①]当时，我国的海洋管理属于近海海洋管理，关注渤海、黄海、东海和南海的海区管理。1998年以后，海洋综合管理系统逐渐形成国家海洋局—海区海洋分局—海洋管区—海洋监察站的四级管理[②]，明确北海分局、东海分局、南海分局，以及10个海洋管区和50个海洋监察站的职责。[③]海区管理体制的建立，有助于我国近海海洋污染在政府的统筹领导下，由行业管理部门协同实施综合性治理。针对海区污染的不同情形，我国又对同一海区不同水域进行了分区细分，包括港区、渔区和军事区，由不同的政府职能部门管理。

在海洋环境法制建设上，1979年颁布的《中华人民共和国环境保护法（试行）》对海洋环境保护做了一些原则性规定。1982年我国颁布了《中华人民共和国海洋环境保护法》，综合性的海洋环境保护法律体系逐渐构建。1983年后，国家相继颁布实施了《中华人民共和国海洋石油勘探开发环境保护管理条例》《中华人民共和国防止船舶污染海域管理条例》《中华人民共和国水污染防治法》《中华人民共和国防治海岸工程建设项目污染损害海洋环境管理条例》和《中华人民共和国防治陆源污染物污染损害海洋环境管理条例》，初步形成了基于陆海统筹的中国海洋环境保护的制度体系。进入21世纪，《中华人民共和国海域使用管理法》《中华人民共和国海岛保护法》《中华人民共和国深海海底区域资源勘探开发法》《中华人民共和国防治海洋工程项目污染损害海洋环境管理条例》等法律法规陆续出台，进一步完善了我国海洋生态环境立法体系。之后，《中华人民共和国海上交通安全法》于2021年修订实施，《中华人民共和国海洋环境保护法》于2023年修订，并于2024年1月1日起施行。

在参与国际海洋生态环境治理建设上，我国积极加入国际组织和参与国际条约修订。我国于1981年加入《1969年国际油污损害民事责任公约》，对

---

① 王秀卫:《论中国海砂开采管理制度的完善》,《中国人口·资源与环境》, 2012年第S1期，第139–142页。

② 仲雯雯:《我国海洋管理体制的演进分析（1949—2009）》,《理论月刊》, 2013年第2期，第121–124页。

③ 史春林、马文婷:《1978年以来中国海洋管理体制改革：回顾与展望》,《中国软科学》, 2019年第6期，第1–12页。

油污损害的民事责任开始适用该公约。1982 年《联合国海洋法公约》制定后，我国成为签字国。1983 年，我国加入国际海事组织《关于 1973 年国际防止船舶造成污染公约的 1978 年议定书》。此外，我国还加入了《防止倾倒废物及其他物质污染海洋的公约》，即《伦敦倾废公约》。

三、全面治理阶段：2012 年至今

所谓全面治理是指我国在海洋环境综合治理上日臻完善，对海洋环境法治建设、海洋生态保护和监测达到一定的高度，区域性海洋生态环境治理也逐步形成。

海洋环境治理作为国家生态文明建设的重要领域，是近年来国家和社会共同关注的内容，也是我国海洋环境全面性、整体性治理的标志。2016 年《中华人民共和国国民经济和社会发展第十三个五年规划纲要》提出要"加强海洋资源环境保护""加强重点流域、海域综合治理""探索建立跨地区环保机构，推行全流域、跨区域联防联控"等[①]，海洋督察制度在全国推开，并成为常态性工作，这一系列的国家顶层设计表明我国在海洋生态环境治理上已经走向全面性治理。2018 年 3 月，国家海洋行政主管部门组织起草的《中华人民共和国海洋石油勘探开发环境保护管理条例（修订）》列入国务院 2018 年立法工作计划。2023 年 10 月，《中华人民共和国海洋环境保护法》也完成了第 2 次修订。此外，国家海洋行政主管部门（自然资源行政主管部门）还在围绕海岸带利用和管理、海洋防灾减灾、海洋科学调查等领域推进相关立法工作，并探索研究渤海环境区域保护立法。沿海省市也出台了和海洋生态环境治理相关的地方性法规、规章。这些法律法规的出台，不仅丰富和发展了具有中国特色的海洋生态环境治理制度体系，同时对联合国所倡导的海洋综合治理模式做出了有益探索，也为国家依法治海提供了执法依据。[②] 2021 年《中华人民共和国国民经济和社会发

① 全永波：《海洋环境跨区域治理的逻辑基础与制度供给》，《中国行政管理》，2017 年第 1 期，第 19–23 页。

② 吴蔚：《构建海洋命运共同体的法治路径》，《国际问题研究》，2021 年第 2 期，第 102–113 页。

展第十四个五年规划和2035年远景目标纲要》进一步提出“坚持陆海统筹、人海和谐、合作共赢，协同推进海洋生态保护、海洋经济发展和海洋权益维护，加快建设海洋强国”，2022年党的二十大报告提出“发展海洋经济，保护海洋生态环境，加快建设海洋强国”，这些都高度概括了我国海洋事业发展和海洋生态环境保护的具体任务和目标。

在区域性海洋合作治理上，我国已初步形成以海区为单位的治理方式。最早开展的渤海区域治理，先前通过联合海洋环境监测，2001年发布《渤海碧海行动计划》实施区域协同治理，通过省部际会议机制协调渤海治理问题。长三角形成了以东海海区为单元的区域治理方式，通过长三角城市合作论坛、长三角海洋行政主管部门会议，2019年制定《长江三角洲区域一体化发展规划纲要》，推进跨界区域共建共享，强化生态环境共保联治。珠三角地区形成了跨行政区域的海洋生态环境治理机制，包括制定《泛珠三角区域环境保护合作协议》《泛珠三角区域跨界环境污染纠纷行政处理办法》《泛珠三角区域环境保护合作专项规划（2005—2010年）》，尤其是2019年发布了《粤港澳大湾区发展规划纲要》，提出“大力发展海洋经济”“科学统筹海岸带（含海岛地区）、近海海域、深海海域利用”。

党的十九大以来，特别是2018年的机构改革方案将海洋生态环境治理划归生态环境部为主，自然资源部重点实施海洋资源管理，这种治理模式将原来“九龙闹海”式的海洋环境管理改为由生态环境部为主的综合管理，有助于我国对海洋环境实行统一管理体制。根据国务院机构改革要求，海洋环境保护职责划入生态环境部，并以陆海统筹为原则开展海洋环境监测工作。2018年前，我国每年编制《中国海洋环境质量公报》，从2018年起，由生态环境部组织编制并统一发布《中国海洋生态环境状况公报》，加强我国管辖海域海洋生态环境监测评价。党的二十大报告提出“坚持山水林田湖草沙一体化保护和系统治理，统筹产业结构调整、污染治理、生态保护、应对气候变化，协同推进降碳、减污、扩绿、增长，推进生态优先、节约集约、绿色低碳发展”，对生态环境实施“一体化保护和系统治理”，海洋生态环境治理特别是跨行政区治理按照“陆海统筹”的模式深入推进。

第二节 国家管辖海域海洋生态环境跨界治理的现有机制

随着我国海洋经济的迅猛发展，我国沿海地区利用海洋的频率越来越高，航运贸易、海洋旅游、海岛开发、海上养殖等海洋利用活动不断加剧，国家管辖海域海洋生态环境治理的压力较大，其中有不少海湾、海区的污染跨行政管理区域，甚至跨国家管辖区域。近年来我国在跨行政区域环境管理中取得了较好的成就，主要在流域水环境管理、大气环境管理上，比如我国已经建立了长江流域跨行政区域合作治理机制、珠江流域跨行政区域治理协调机制以及京津冀大气污染协同治理机制等，这些跨行政区域环境管理大多是由中央统一协调或形成跨省域的政府合作机制，这些管理机制对有效保护环境起到很好的作用，也为我国跨区域海洋生态环境治理提供了很好的政策借鉴。

一、我国近海海洋生态环境状况及跨界污染的类型

根据近年来的《中国海洋经济统计公报》，我国海洋经济总量平稳增长。然而，海洋生态环境不容乐观，突出表现为赤潮、海岸侵蚀、海洋溢油、渔业资源过度捕捞、不适当的围填海造成海洋生态破坏等。

目前，从我国海洋污染的来源看，主要分为以下几种类型。

（一）船舶污染

船舶在停靠期间和运行过程中，不可避免地直接或间接地把一些物质或能量引入海洋，造成不同程度的海洋污染，以至于破坏海洋生态，损害海洋资源，危及人类健康。因此，船舶污染可界定为因船舶操纵、海上事故及经由船舶进行海上倾倒致使各类有害物质进入海洋，海洋生态系统平衡遭到破坏。有学者研究表明，船舶溢流的存在、作业原因以及船员因素是造成污染

的主要因素。[①]

我国船舶污染主要表现为：①船舶操作污染源，这种污染的产生主要是船舶工作人员在操作过程中，因操作不当或设备系统损坏导致污染源意外排放或故意排放。如船上的生活用水排放、洗舱水的污染、垃圾物的污染，这些污染源直接排放入海洋，将严重影响海洋生物的生产和繁殖，破坏海洋资源。②海上事故污染源，船舶由于发生碰撞、搁浅、触礁等海上事故，造成燃油外溢，对海洋造成严重污染。[②]这种污染对海洋生态环境及沿岸经济的破坏是不可估量的。③船舶倾倒污染源，船舶在航行或者靠泊过程中有意识地将生活垃圾、航运中产生的废料以及其他废弃物，未经处理也未经有关管理部门允许倾倒入海洋。[③]

（二）陆源排放污染

陆地污染源是威胁海洋生态环境的主要污染源之一。陆地来源污染，是指生活垃圾、工业废物、农业化学物质等由河口流入海洋所造成的污染。[④]《2022年中国海洋生态环境状况公报》显示，近岸局部海域生态环境质量有待改善，直排海污染源存在超标排放现象，个别点位总磷、五日生化需氧量、粪大肠菌群、氟化物、悬浮物和总氮等超标。陆源污染的根本原因在于陆域经济社会活动，是陆上行为对海洋环境负外部性的集中呈现。特别是随着我国工业经济的发展以及工业区与生活区的分离，很多工业企业移入沿海地区，一些污染较大的企业对工业垃圾未经处理直接入海。累积性的陆源排污，会过度利用海洋环境容量、忽视海洋自净能力，不仅损害海域使用者权益，也影响沿海地区发展。[⑤]陆地上发生的各类污染事故其直接终端排放及危害后果

① Kamal B，Kutay E. Assessment of causal mechanism of ship bunkering oil pollution. Ocean & Coastal Management，2021，215：105939.

② 陈心怡：《中海油漏油事故 敲响海洋污染警钟》，《今日科技》，2011年第8期，第51–54页。

③ 徐帮学、袁飞：《生命之水在哪里》，北京燕山出版社，2011年版，第129页。

④ 马呈元：《国际法（第三版）》，中国人民大学出版社，2012年版，第216页。

⑤ 戈华清、蓝楠：《我国海洋陆源污染的产生原因与防治模式》，《中国软科学》，2014年第2期，第22–31页。

多及于海洋，如 2013 年 11 月 22 日，青岛市经济开发区的中石化输油储运公司输油管线发生破裂，造成原油泄漏。此次事件造成大约 1 万平方米的海面污染，累计收集含油废水约 100 吨。这些入海的工业垃圾或企业不恰当运作造成的泄油对区域内的养殖户造成了极大的损害，导致大面积海洋生物资源的破坏，直接表现为赤潮发生频率的增加，海水水质的标准度降低。[①]

我国是《保护海洋环境免受陆上活动污染全球行动纲领》（GPA）的参加国之一。《中华人民共和国海洋环境保护法》《中华人民共和国防治陆源污染物污染损害海洋环境管理条例》等相关法律法规对陆源污染防治进行了规范，但我国陆源污染防治仍以末端污染治理与管控为基础，前期的预防性治理机制没有有效运行，亟待确立基于陆海统筹的污染管控机制，保护我国近海生态系统。[②]

（三）不合理的海洋开发和海洋工程兴建

我国曾在 20 世纪 50 年代和 80 年代分别掀起了围海造田和发展养虾业两次大规模围海建设热潮，其后果是滩涂湿地的自然景观遭到了严重破坏，重要经济鱼、虾、蟹、贝类生息繁衍场所消失，大大降低了滩涂湿地调节气候、储水分洪、抵御风暴潮及护岸保田等能力。[③] 20 世纪 80 年代以后，海洋经济发展成为区域发展的重点领域。近年来，海洋经济发展总体平稳，《2022 年中国海洋经济统计公报》显示，2022 年全国海洋生产总值 94 628 亿元，比上年增长 1.9%，占国内生产总值的比重为 7.8%。但随着海洋开发能力的增强，企业过于追求效益以及监管不足的矛盾经常存在，近海海洋工程对海洋生态环境的影响时有发生，如 2011 年 3 月发生在唐山湾国际旅游岛的吹填工程挖沙船施工影响，造成石油类污染，导致唐山市乐亭县王滩镇浅水湾以北池塘发

---

① 《山东青岛 11–22 中石化输油管道爆炸事故调查报告》，搜狐新闻，https：//news.sohu.com/ 20140111/n393346554.shtml，访问日期：2023 年 1 月 17 日。

② 戈华清、蓝楠：《我国海洋陆源污染的产生原因与防治模式》，《中国软科学》，2014 年第 2 期，第 22–31 页。

③ 王淼、胡本强、辛万光，等：《我国海洋环境污染的现状、成因与治理》，《中国海洋大学学报（社会科学版）》，2006 年第 5 期，第 1–6 页。

生养殖海参死亡。近海海洋产业的不合理发展，如水产养殖会在沿海地区造成严重的环境污染，养殖过程中养殖池向江河口或近海排放大量的氮、磷等营养素，需要关注其中的去向，以促进可持续的水产养殖管理。[①]党的二十大报告提出“加快发展方式绿色转型”，近年来海洋经济在快速增长的同时努力追求“高质量发展”，发展韧性持续彰显，高质量发展成效进一步提升。

二、国家管辖海域海洋生态环境跨界治理的现有机制

依据环境外部性特征及环境治理的市场失灵与政府规制、产权理论与排污权交易、自主治理等理论，环境治理一般具有三种机制，即行政调整机制（或称国家机制、政府机制）、市场调整机制、社会调整机制。[②]现实中，我国环境跨行政区域治理主要采用政府机制，充分发挥政府强大行政权力的执行效率，调整地方政府环境治理间的问题。在海洋生态环境治理领域，目前也初步建立起了中央统一协调机制、地方政府跨域管理机制、地方政府自发合作机制，但是相关的操作程序仍不完善。

（一）中央统一协调机制

在科层治理理论中，中央政府是国家治理的绝对性权威，是制度执行力的有效保障。在海洋生态环境治理领域，中央统一协调机制符合海洋生态环境治理的现实特征，由中央政府统一协调相关问题，往往能够起到很好的效果。目前，我国中央统一协调机制主要体现在三个方面：一是国家通过制定法律来统一协调；二是制定跨区域的规划来统一协调治理；三是环境保护行政主管部门的统一行政监督。

我国法律中对国家管辖范围内海洋环境跨行政区域治理有一些“柔性”规定，如《中华人民共和国环境保护法》（2015 修订施行）第二十条规定，“国

① Yang P，Zhao G，Tong C，et al. Assessing nutrient budgets and environmental impacts of coastal land-based aquaculture system in southeastern China. Agriculture，Ecosystems & Environment，2021，322：107662.

② 欧阳帆：《中国环境跨域治理研究》，首都师范大学出版社，2014 年版，第 64 页。

家建立跨行政区域的重点区域、流域环境污染和生态破坏联合防治协调机制，实行统一规划、统一标准、统一监测、统一的防治措施。前款规定以外的跨行政区域的环境污染和生态破坏的防治，由上级人民政府协调解决，或者由有关地方人民政府协商解决”。《中华人民共和国海洋环境保护法》（2017）第九条规定，“跨区域的海洋环境保护工作，由有关沿海地方人民政府协商解决，或者由上级人民政府协调解决。跨部门的重大海洋环境保护工作，由国务院环境保护行政主管部门协调；协调未能解决的，由国务院作出决定”。另外，《中华人民共和国渔业法》《规划环境影响评价条例》等法律法规对跨行政区环境管理的规定也有所涉及。但是由于相关法律法规的规定过于原则性，对如何具体开展跨行政区域治理，地方政府之间如何建立合作机制，权利与义务如何分担，以及主管部门协调如何开展，各主体责任方的权利和义务如何分配，现有规定基本没有明确；对跨行政区域海洋环境污染的责任认定方面也没有具体规定，导致追究相关单位和个人责任上法律依据缺失。

中央政府以及有关部门制定了有关海洋环境跨行政区域治理的一些整体规划，统筹行政区之间协同推进海洋生态保护、海洋经济发展和海洋权益维护等，从整体上确保其海洋环境管理工作能够相互衔接。《中华人民共和国国民经济和社会发展第十四个五年规划和2035年远景目标纲要》提出“探索建立沿海、流域、海域协同一体的综合治理体系”“加快推进重点海域综合治理，构建流域－河口－近岸海域污染防治联动机制，推进美丽海湾保护与建设”。可以看出，中央政府以及有关部委对重点海域跨行政区域海洋生态环境治理已经进一步明确，但规划是以宏观目标为主，实际可操作环节需要进一步通过政策落实实施。

2018年成立的生态环境部，其职责更加明确化，已公布的生态环境部的职责就有“牵头协调重特大环境污染事故和生态破坏事件的调查处理，指导协调地方政府重特大突发环境事件的应急、预警工作，协调解决有关跨区域环境污染纠纷，统筹协调国家重点流域、区域、海域污染防治工作，指导、协调和监督海洋环境保护工作”。可见，生态环境部代表中央对重点海域污染防治和监督有重大职责。2018年的机构改革对国家海洋保护体系的基于生态系统的管理方法产生了重大影响，体现出我国为保护海洋生物多样性的全球目标所做的国家努力，原先阻碍管理效力的主要问题包括多个管理机构、缺乏系统的分类和分区规划、缺乏统一和具体的法律制度以及财政支持不足等，逐渐得到解决或缓解。[①]

（二）地方政府跨域管理机制

从目前的法律和规划来看，国家对海洋环境跨行政区域管理有了相对明确的要求，尽管这种制度相对柔性，有些还缺乏操作的可行性，但是地方跨行政区域治理已经成为一种趋势和现实需要。从海洋跨行政区域的环境治理来看，目前主要采取两种模式：设置相对宽松的多省市（部）参加的协调机制和由省级海洋行政主管部门协调的多个地级市参与的管理机构。

一是多省市（部）协调机制。这种管理模式是相对比较宽松的，但由于协调小组的参与方是各省市的主要负责人，能够对区域内的海洋环境问题做出重大协调。同时，这些机构也往往会设置固定性的协调机制，落实重大问题。这种模式具体又分两种形式：一种是省市参加的协调形式，另一种是省部联席的协调形式。2001 年首届苏浙沪合作与发展座谈会召开，会议提出要加强长三角区域生态环境治理合作，开展东海近海海域环境保护治理。2007 年召开的第四次泛珠三角会议原则通过了《泛珠三角区域跨界环境污染纠纷行政处理办法》，建立了典型的省市参与协调机制，有助于有关方直接对话，处理一些敏感性问题。2009 年渤海环境保护省部联席会议第一次会议召开，会议就当年渤海环境保护工作的重要问题及主要工作任务达成共识。[②]这是典型的省部联席机制，对重大区域性海洋环境污染事件发生，中央生态环境部门所发挥的综合协调作用是最为显著的。但是这种形式往往是事后防范或事后处理，而且部门的职权也容易交叉，因此不适用于平时的督查和防范。2019 年通过实施的《长江三角洲区域一体化发展规划纲要》专门一章强调了“强化生态环境共保联治”，针对环境跨界治理机制提出“推动跨界水体环境治理。扎实推

---

① Zhao Y，Pikitch E K，Xu X，et al. An evaluation of management effectiveness of China's marine protected areas and implications of the 2018 Reform. Marine Policy，2022，139：105040.

② 茹媛媛：《渤海、长三角及泛珠三角三大区域海洋环境污染合作治理现状与比较分析》，《环北部湾高校研究生海洋论坛论文集》，2013 年，第 716 页。

进水污染防治、水生态修复、水资源保护，促进跨界水体水质明显改善”“完善跨流域跨区域生态补偿机制”“健全区域环境治理联动机制”等，对多省市（部）协调机制的完善具有较大的参考意义。在地方立法上，如《浙江省海洋环境保护条例》（2017修订）第七条规定，“省人民政府应当加强与相邻沿海省、直辖市人民政府和国家有关机构的合作，共同做好长江三角洲近海海域及浙闽相邻海域海洋环境保护与生态建设”，这部地方性法规从原则上明确了省一级政府主动协同周边省市处理跨省级区域环境问题的制度性规定。

二是省内跨域管理机制。对于省级政府海洋环境管理，各地区做出了一些制度规定，如《浙江省海洋环境保护条例》（2017修订）就沿海各地区跨行政区域管理做出了一些具体性规定，如制定海洋功能区、海洋环境保护规划等，还提出“沿海市、县人民政府应当建立重点海域海洋环境保护协调机制，做好海洋环境污染防治、海洋生态保护与修复工作”。这些规定从制度上保障了海洋环境跨行政区域治理的实施。《浙江省海洋生态环境保护“十四五”规划》提出“实施陆海联防共治，严格控制陆源污染物向海洋排放。推动生态保护的区域联动，提升协同效能，优化产业布局。建立健全海洋生态环境统筹保护机制，推动陆海协同治理见成效”。《广东省海洋生态环境保护“十四五”规划》则提出“抓住陆海污染协同治理关键环节，加强陆域污染治理与海域环境综合治理联动，坚持污染防治与生态保护修复两手发力，建立海陆一体生态环境治理体系”“形成多部门协同、多元化共治的现代化海洋生态环境治理格局”。《山东省“十四五”海洋生态环境保护规划》也提出“强化‘区域－流域－海域’的统筹治理，强化源头至末端的全链条治理，强化部门协同、区域联动的综合治理”。《福建省“十四五”生态环境保护专项规划》关注“探索海峡两岸生态环境融合发展新路，增进两岸心灵契合和生态福祉”，提出“健全跨界污染联防联控机制，共同维护区域生态环境安全”等。

近年来，福建、山东、浙江等省份还探索建立“湾长制”“滩长制”“海洋生态补偿机制”，对区域范围的海洋环境保护实行责任制形式加以规定实施。福建省推动“跨行业＋多污染物＋多介质＋全过程”的协同管控[①]，山东省强

① 参见《福建省“十四五”生态环境保护专项规划》。

化入海排污口溯源整治与规范管理，建立健全“近岸水体－入海排污口－排污管线－污染源”全链条治理体系①。浙江省成为全国首批“湾（滩）长制”试点之一，且是唯一一个在全省范围内全域推进“湾（滩）长制”工作的地区。可以看到，在海洋环境跨陆域海域、跨行政区域管理实践中，各级地方政府进行了积极的制度创新和探索，形成诸多富有成效且符合因地制宜原则的制度或机制。

（三）地方政府自发合作机制

随着区域经济的快速发展，海洋环境合作日益成为区域合作的一个重要组成部分，沿海地方政府之间逐渐自发性地寻求海洋生态环境治理合作。大体上看，沿海地方政府的合作方式主要通过召开会议协调处理海洋生态环境跨界治理中的冲突，通过实施相应的海洋管理体制机制改革创新，实行区域内海上环境合作治理。

早在20世纪70年代，渤海湾三省一市就成立协作组对渤海环境的污染状况进行联合调查。2002年，苏浙沪海洋主管部门首次就长三角海洋生态环境保护合作事宜进行商榷和研讨。2004年11月，苏浙沪海洋主管部门签订了《苏浙沪长三角海洋生态环境保护与建设合作协议》。2004年成立的泛珠三角区域环境保护合作联席会议经常就海洋环境问题进行协调处理。2006年，渤海三省一市交通部直属海事局签订了《渤海海域船舶污染应急联动协作备忘录》，环渤海各海事机构携手联动应对辖区范围内的船舶污染事故，为海上船舶污染的防治起到积极作用。2012年，苏浙沪边防总队召开海上勤务协作会议，推动长三角地区的海上联合执法活动。

党的十八大以后，国家把海洋生态文明建设摆上了海洋事业发展的突出位置。中央和地方政府将海洋生态环境保护列为工作的重点，各类治理创新逐渐推出，近海地区海洋生态环境治理成效明显。2020年7月，广西壮族自治区北海市、海南省海口市、广东省湛江市三地人民检察院签署《环北部湾—琼州海峡海洋生态环境和资源保护等公益司法协作的框架协议》，推动形成跨区域

① 参见《山东省“十四五”海洋生态环境保护规划》。

共护环北部湾、琼州海峡海洋生态环境的合作机制，其中包括与生态环境、海洋渔业等相关行政部门合作排查向环北部湾—琼州海峡海域排放、倾倒废水和废物以及非法捕捞等破坏海洋生态环境资源的行为，跨部门之间相互通报排查情况等。[①] 2021 年 7 月，山东省日照市生态环境局与海警局签订海洋生态环境执法协作协议，构建区域内海上环境联动机制，共同打击各类污染损害海洋生态环境的违法违规行为。2022 年起，浙江省舟山市探索实施海上“大综合一体化”执法改革，构建在舟山行政区域内的跨县区海域的执法协同，促进县区与市、县区之间的案件移送、信息通报等工作衔接。同时，基于长三角一体化、甬舟一体化形成的联动机制，加强舟山海域与上海、宁波等跨行政管辖区域的执法协同，构建省、市内跨部门行政执法协作机制，加强与海事、海警等跨部门对接，打通涉海数据、执法数据，共享雷达、监控等信息。[②]

三、国家管辖海域海洋生态环境跨界治理机制审视

国家管辖海域海洋生态环境跨界治理机制的初步建立和实施探索，在一定程度上解决了我国近海海域污染跨界治理的相关问题，尤其对跨行政区域的治理。《中华人民共和国海洋环境保护法》第六条规定：“跨区域的海洋环境保护工作，由有关沿海地方人民政府协商解决，或者由上级人民政府协调解决。跨部门的重大海洋环境保护工作，由国务院生态环境主管部门协调；协调未能解决的，由国务院作出决定。”通过分析，国家管辖海域海洋生态环境跨界治理机制仍存在一定的不足。

（一）公共部门间的合作机制不明确

一方面，由于海水的流动性，面对跨界海洋污染时，陆地污染源难以确

① 全永波：《海洋环境跨区域治理的司法协同与救济》，《中国社会科学院大学学报》，2022年第4期，第 102–116 页。

② 全永波、顾磊洲、杨宏伟：《海上“大综合一体化”行政执法改革的舟山探索》，浙江新闻客户端，https：//zj.zjol.com.cn/news.html?id=1930007，访问日期：2023 年 1 月 20 日。

定，责任主体以及主体之间责任分担等问题往往难以确定，从而导致各个主体相互之间推诿，到最后无人负责。这显然不利于跨界海洋环境污染的治理。另一方面，地方政府之间缺乏有效的沟通交流，对海洋资源的系统整合与利用不足，并存在海洋环境污染跨区域转移，造成了资源的消耗与海洋生态环境的日益恶化。由于行政体制的分割性造成各地方政府“各自为政”[①]，海洋环境治理中的“搭便车”、政策冲突等现象时有存在。司法是跨界环境治理的兜底性手段，司法部门在跨区域环境治理司法协作上的机制探索尚在起步阶段，《中华人民共和国海洋环境保护法》已经明确了跨区域海洋环境保护工作的协商机制，但未将司法机关列入其中。当前立法没有建立跨区域海洋环境司法协同机制，案件提起诉讼后，司法部门如何寻求其他部门协作在立法上没有具体的规范。

（二）跨区域合作的政府上下协调机制不完善

地方政府为利于开展海洋环境跨区域治理采取了一些政府间的协调，但是这种协调、合作主要集中在环渤海、长三角和珠三角三大海洋经济区，通过区域规划等措施基本形成了区域性海洋生态环境治理合作机制。而在其他海域处理跨域的海洋环境问题时，仍然主要依靠上一级政府来协调解决相互之间的矛盾。由于在确定跨域海洋污染主体以及如何处理跨域海洋污染等问题上存在困难，在地方政府之间往往会出现互相推诿的现象，这样上级环保部门成为协调的主体和重要角色，但这往往会贻误污染事故的防治时机，从而造成更大的污染损害。

（三）跨区域合作治理的体制性保障不足

海洋合作中受当前国内海洋执法体制的制约，如生态环境、自然资源、港口航运、海洋渔业的政府职权归地方管理，海事、海关等管理体制实行央

① 杨新春、程静：《跨界环境污染治理中的地方政府合作分析——以太湖蓝藻危机为例》，《改革与开放》，2007年第9期，第16–18页。

地垂直管理，给海洋执法合作增加了不少难度。从区域内地方政府现阶段的合作方式，即制定区域海洋环境保护合作协议、制定区域海洋环境保护规划、实施区域海洋环境保护联控协调机制和区域海上执法联动机制等来看，海洋环境保护合作以短期的为主，在合作执法过程中变化性较大，其中区域海洋联防联控协调机制则多数是针对区域内某项重大事件，而且无论是区域海洋环境保护合作协议、区域海洋环境保护联席会议等，还是区域环保联动执法机制，大多以不定期的形式为主。[①]由于这种合作的持续性不够，在很大程度上弱化了其效果。

在司法保障上同样存在制度的冲突，《中华人民共和国海洋环境保护法》《中华人民共和国环境保护法》和《中华人民共和国民事诉讼法》对于提起海洋环境公益诉讼的主体范围是不一致的，究竟由谁作为原告提起海洋环境公益诉讼，在出现诉权冲突时如何确立起诉顺位，亟待进一步探讨。[②]

第三节 发达国家海洋生态环境跨界治理的政策实践

在近一二十年中，发达国家在海洋生态环境治理方面有了全面的转变，各个国家逐渐完善法律制度、提升治理技术，海洋污染管理方式趋向多领域、多行业方向的综合应用，更加体现自动化、信息化和立体化的趋势。[③]整合、比较国外治理经验用于海洋生态环境跨界治理的机制创新有积极意义。

一、美国海洋生态环境治理制度与经验

美国通过立法措施达到保护海洋资源，防止污染和破坏海洋生态系统，

① 欧阳帆：《中国环境跨域治理研究》，中国政法大学博士学位论文，2011 年。

② 石春雷：《海洋环境公益诉讼三题——基于〈海洋环境保护法〉第 90 条第 2 款的解释论展开》，《南海学刊》，2017 年第 2 期，第 18–24 页。

③ 闫枫：《国外海洋环境保护战略对我国的启示》，《海洋开发与管理》，2015 年第 7 期，第 53–56 页。

维护美国在海洋事务中合法权益的目的。1966年，美国国会通过了《海洋保护法案》，并成立了海洋管理局，建立了一套完备的海洋管理、保护和开发制度。美国的《海岸带管理法》于1972年颁布，是世界上最早的海岸带生态环境保护的专门法律。该法实施后，美国又陆续修订了《大陆架土地法》和《海洋保护、研究和自然保护区法》，并新增《国家环境政策法》《深水港法》《国家海洋污染规划法》《渔业保护和管理法》等法律。2013年，美国国家海洋委员会发布《国家海洋政策实施计划》，其中包括美国的海洋环境政策，体现出美国环境保护的两个制度特点，分别是强大的公众参与力量和完善的立法体系。美国生态环境保护立法遵循三大基本原则：一是为环境污染治理相关的所有联邦机构规定了特别职责；二是对企业创设污染治理的规制性职责，建立对私人企业生产过程所产生的污染处置加以管理的污染规制体系；三是完善对某些特殊性质的地域、植物、动物加以特殊保护的法规体系。①

美国国内实施环境保护的层级管理，各级政府之间互相合作，共同制定规则，并在彼此之间实行严格的监督，为达到环境保护总体目标而努力。美国联邦政府中管理海洋资源的主要部门是商务部下属的国家海洋和大气管理局（NOAA），它不仅负责海洋事务，同时还管理下属的国家海洋局、国家渔业局等机构。NOAA有5个中心：国家海洋渔业服务中心、国家海洋服务中心、海洋与大气研究中心、国家天气服务中心和国家环境卫星、数据及信息服务中心。在海洋生态环境治理模式上，俄勒冈州模式是比较成功的模式。俄勒冈州模式主张建立以政府主导，企业合作和社会参与的治理架构。州政府建立了一个海洋资源管理特别工作组，以制定俄勒冈州海洋资源管理规划、海洋环境污染实施计划等为职责。州政府还牵头成立了由国家海洋政策委员会、公民代表、地方政府、沿海海洋用户和各机构组成的海洋政策咨询委员会，其中科学家在这个委员会中起到十分重要的作用。该委员会作为一个常设机构，在海洋资源管理规划、环境治理合作等方面发挥着重要作用。②

美国海洋环境政策随着经济发展以及政府换届执政理念的变化而不断发生改变。2010年，墨西哥湾"深水地平线"漏油事故发生，这是美国历史上规模

① 全永波：《海洋污染跨区域治理的逻辑基础与制度建构》，浙江大学博士学位论文，2017年。

② 高峰：《我国东海区域的公共问题治理研究》，同济大学博士学位论文，2007年。

最大、损失最大的一次海上漏油事故，覆盖了超过16.8万平方千米的海域，大批的海洋生物死亡。事故发生后，奥巴马政府随即发布一项行政命令，并专门成立了美国国家海洋政策委员会，致力于促进海洋环境保护以及海洋资源的可持续开发利用。美国就此事故成立了安全与环境管理系统（SEMS），将其作为事故发生后美国开展的主要监管改革之一。[①] 2017年3月，特朗普签署行政命令，宣布暂停、撤销或评估多项奥巴马政府时期防止海洋与大气环境污染、阻止温室气体排放的措施，同时放松对多种能源的开采限制，以创造更多的就业岗位。[②]但近年来，鉴于对海洋生态环境和人类健康的日益担忧，以及亚洲国家的贸易限制，美国政府加大了对海洋塑料污染的关注，并对塑料聚合物从生产到制造、流入使用、废物管理和回收的材料流进行了跟踪。[③]

面对海洋生态环境的跨界治理需要，美国逐渐加强与周边国家的合作。以墨西哥湾地区为例，2015年美国和古巴签署了谅解备忘录，将美国的花园海岸和佛罗里达群岛国家海洋保护区、两个国家公园以及古巴的瓜纳阿卡维韦斯半岛国家公园、一处近海礁区纳入双方共同管理之下，并同意共同管理和研究海洋保护区。在这些海洋保护区，诸如旗鱼、赤点石斑鱼等关键鱼类的活动范围跨越了国际界线，需要通过区域性管理确保它们得到保护。同时，相较于仅仅100千米之外的佛罗里达，古巴的一些珊瑚和海草床更加健康，美国和古巴双方合作有助于生态群落的科学保护。[④]

二、欧洲国家海洋生态环境治理制度与经验

21世纪以来，欧洲在海洋合作领域推进迅速。其一，欧盟陆续制定一系

① Nieves-Zárate M. Ten Years After the Deepwater Horizon Accident：Regulatory Reforms and the Implementation of Safety and Environmental Management Systems in the United States. SPE/IADC International Drilling Conference and Exhibition，2021.

② 刘磊、王晓彤：《论特朗普政府的新海洋政策——基于特朗普与奥巴马两份行政令的比较研究》，《边界与海洋研究》，2020年第1期，第85–98页。

③ Di J H，Reck B K，Miatto A，et al. United States plastics：Large flows，short lifetimes，and negligible recycling. Resources Conservation and Recycling，2021，167（10）：105440.

④ 宗华：《古美将共同保护和研究海洋生物》，《中国科学报》，2015年11月24日，第3版。

列规划和计划来促进海洋生态环境保护和海洋可持续发展，例如 2001 年启动了“波斯尼亚湾生命计划”①，还建立了欧洲水域空间规划系统，除此之外，欧盟成立了欧洲海洋和渔业基金作为五大欧洲结构和投资基金之一。其二，欧盟将《欧洲塑料战略》作为政策文件，该战略预计将在多个经济领域采取一系列具体措施，主要是监管性措施，欧盟表现出在改变全球塑料处理过程和解决全球海洋垃圾方面具有决定性的雄心。这一欧盟内部文件可能刺激各个国家采取更严格的方法，以影响解决海洋垃圾的全球政策流程。其三，欧盟委员会于 2014 年 5 月推出“蓝色经济创新计划”。计划基于地中海、北海、波罗的海、黑海、东北大西洋、北极圈等海域的地理环境、社会经济发展潜力分析，展望了各海区重点开展的经济活动的未来。计划在促进海洋资源可持续发展利用的同时，也带动了就业扩大和经济增长。但不可忽视的是，蓝色经济发展也面临着重重困难，欧盟沿海国家共同面临着海洋酸化等问题，需要进一步加强国家之间的合作。近年来，包括欧盟在内的北半球发达国家间通过“地平线 2020”的支持，加强了欧盟海洋科技领域国际合作的广度和深度，成员国共同为海洋研究项目提供信息、分享研究成果。②

欧洲国家海洋生态环境治理在区域海项目实施上颇具代表性。波罗的海沿海国家经济发展状况大体相近，这些国家通过了保护波罗的海的若干国际条例、国家协议和行动计划，如《保护波罗的海行动计划》，对相关国家提出了减少氮、磷等化学物质排放到波罗的海的要求。“地中海行动计划”（MAP）是当前联合国 18 个“区域海洋项目”中最早的一个，也是最为成熟的一个。③地中海治理机制主要为每两年举行的《巴塞罗那公约》缔约方会议。1995 年《巴塞罗那公约》进行了修订，并出台了《地中海特别保护区和生物多样性议定书》，2008 年又制定了《地中海海岸区域综合管理议定书》，反映出海洋环境保

① 杨振姣、闫海楠、王斌：《中国海洋生态环境治理现代化的国际经验与启示》，《太平洋学报》，2017 年第 4 期，第 81–93 页。

② 刘堃、刘容子：《欧盟“蓝色经济”创新计划对我国的启示》，《海洋开发与管理》，2015 年第 1 期，第 64–68 页。

③ Mediterranean Action Plan.（2020–10–12）.https：//www.unenvironment.org/explore-topics/oceans–seas/what–we–do/working–regional–seas/regional–seas–programmes/Mediterranean.

护合作向公海和海岸区域扩展的趋势。[①]黑海的环境跨界治理以全球环境基金（GEF）为核心决策机构，动员沿岸周边国家参与治理，自1992年制定《保护黑海免受污染公约》开启，开展了类型多样的跨界治理项目，总结出许多有益的海洋环境治理经验。近年来，黑海入侵的拉帕螺（*Rapana venosa*）是一个复杂的治理问题，对海洋生态系统和沿海社区产生了一系列积极的和消极的影响。虽然一些海洋科学家认为拉帕螺是一种可持续管理的渔业，但同时对生物多样性和生态系统完整性产生威胁，由于存在着各种不同观点和需求的利益攸关方，因此必须在黑海渔业的治理中采用基于生态系统的管理。[②]

在众多欧盟国家中，德国提出在波罗的海和北海区域划定保护区，与相关国家就减少有害物排放、将海面划定为特别保护区等问题进行谈判，以保护典型海洋生态系统和海洋生物多样性资源。在海洋资源开发保护方面，法国建立了系统的海洋保护机制、法律和政策，2006年4月，法国颁布了《海洋自然公园法》，设立了海洋保护区管理局，并与其他国家合作建立了世界上第一个公海保护区——地中海派拉格斯海洋保护区，其中一些经验值得其他国家学习。[③]

三、日本、韩国海洋生态环境治理制度与经验

日本由于国家地理的特殊性对海洋依赖性极大。日本十分重视对海洋污染的研究和管理以及国际合作，制定了海洋战略规划和海洋环境的政策建议[④]，逐步完善了海洋行政管理体制。2001年，日本政府进行了大规模的行政机构缩编改革，与海洋有关的省厅经过重组合并后，海洋事务主要由内阁官房、国土交通省、文部科学省、农林水产省、经济产业省、环境省、外务

① 郑凡：《地中海的环境保护区域合作：发展与经验》，《中国地质大学学报（社会科学版）》，2016年第1期，第81–90页。

② Demirel N，Ulman A，Yldz T，et al. A moving target：Achieving good environmental status and social justice in the case of an alien species，Rapa whelk in the Black Sea. Marine Policy，2021，132（2）：104687.

③ 王琦、桂静、公衍芬：《法国公海保护的管理和实践及其对我国的借鉴意义》，《环境科学导刊》，2013年第2期，第7–13页。

④ 闫枫：《国外海洋环境保护战略对我国的启示》，《海洋开发与管理》，2015年第7期，第98–102页。

省、防卫省等8个行政部门承担。[①] 2007年，日本政府宣布正式实施《海洋基本法》，同时成立了以首相为本部长的海洋政策本部，标志着日本已经基本完成了向海洋大国迈进的立法、机构设置和人员配置等基础工作。此外，日本加强海洋生态环境立法工作，颁布了《养护及管理海洋生物资源法》《无人海洋岛的利用与保护管理规定》《海洋污染与海上灾害防治法》等法律。

日本的濑户内海海洋治理经验值得借鉴。其主要做法包括三个方面。其一，推进社会参与。发动渔业联合会、府县市联合会、卫生自治团体等各类民间团体、社会各界参与保护濑户内海，发动以上组织组成了濑户内海环境保护协会。其二，加强立法强化近海海域生态环境管理。制定区域性法律《濑户内海环境保护临时措施法》(之后更名为《濑户内海环境保护特别措施法》)，进一步完善制度体系。其三，完善治理机制。在濑户内海沿海的各府县和各市建立区域环境调查和监测等组织机构，建立由市长和知事参加的环境保护工作会议制度，定期开例会。[②]

韩国对海洋生态环境实行部门联合基础上的海洋综合管理体制。管理机构主要有海洋水产部、国土海洋部、环境部等，以海洋水产部为核心，这不仅解除了分散管理的弊端，而且推动了韩国海洋政策的进一步完善和海洋法律体系的形成。[③]韩国先后制定了《海岸带管理法》《海洋环境管理法》等法律，其他相关法律及部门法规也较为健全。另外，韩国制定并实施了一系列海洋生态环境相关的规划来促进各类海洋资源的保护，例如《21世纪韩国海洋战略》《海洋生态系统保护和管理基本规划》《海洋环境管理综合规划》《沿岸整治基本规划》《海洋深层水基本规划》《沿岸湿地保护基础规划》等。[④]这一系列规划相互关联，并随着不同时期、根据不同情况修改甚至重新制定，以达到与海洋环境的变化相适应的目的。[⑤]

① 姜雅：《日本的海洋管理体制及其发展趋势》，《国土资源情报》，2010年第2期，第7–10页。

② 全永波：《海洋污染跨区域治理的逻辑基础与制度建构》，浙江大学博士学位论文，2017年。

③ 宋南奇、王权明、黄杰，等：《东北亚主要沿海国家海洋环境管理比较研究》，《中国环境管理》，2019年第6期，第16–22页。

④ 同②。

⑤ 丁娟、朱贤姬、王泉斌，等：《中韩海洋资源开发利用政策比较及启示研究》，《海洋开发与管理》，2015年第6期，第26–29页。

近年来，由于海洋捕捞等渔业活动频繁，加之在工业化中，塑料材料、泡沫塑料和塑料瓶等各种海底垃圾的增加造成海洋环境恶化，韩国近海海洋生态系统和渔业资源受到较大影响。[①]韩国在2014年因“世越”号沉船事故撤销了海洋警察厅，将其职能移交到国家安全处和海洋水产部等机构，海洋管理模式转为分散型。但在随后的几年里，韩国海上生态环境问题不断出现漏洞，滥捕渔产资源、非法向海洋倾倒废油等行为频发。对此，韩国于2017年再次将海洋警察厅从国民安全处独立出来，从而重新回到集中型海洋环境管理模式。[②]

第四节 国家管辖海域海洋生态环境跨界治理的基本模式与机制构想

海洋生态环境跨界治理在根本上受公共治理理念的指引和公共政策的影响。当前的区域治理理论主要包括网络治理、区域协同治理、多中心治理、整体性治理等。[③]上述治理理论中有海洋治理主体相关的理论解释，也包括海洋生态系统完整性的理论支持，同时在上述理论基础上，国家管辖海域展现出自然的或法律层面的区域类型多样化，故而跨界治理的模式和相应的机制也有所不同。

一、基于整体性治理的海洋生态环境跨界治理模式

公共治理模式在性质上是合作的，在主体构成上是多元的，在合作范围上是广泛的，在治理手段上是多样的，其运行逻辑是“参与＋合作”，有别于权威

---

① Song S H，Lee H W，Kim J N，et al. Frist observation and effect of fishery of seabed litter on sea bed by trawl survey Korea waters. Marine Pollution Bulletin，2021，170（Sep.）：112228.1–112228.11.

② 宋南奇、王权明、黄杰，等：《东北亚主要沿海国家海洋环境管理比较研究》，《中国环境管理》，2019年第6期，第16–22页。

③ 高明、郭施宏：《环境治理模式研究综述》，《北京工业大学学报（社会科学版）》，2015年第6期，第50–56页。

模式下的“权威＋依附”。[①] 基于同一海区的地理存在，各行政单元海洋问题上的共同利益取向与现实中追求各自利益最大化，这种现实困境使得各自走向整体性治理。基于此，海洋跨界治理可探索实行“海区”治理，即将生态系统相同并在国家管辖范围内的海域视为一个整体构成“海区”，按照整体性治理理念构建跨行政区域海洋治理的基本架构（图 3–1）。其基本内涵与逻辑如下所述。

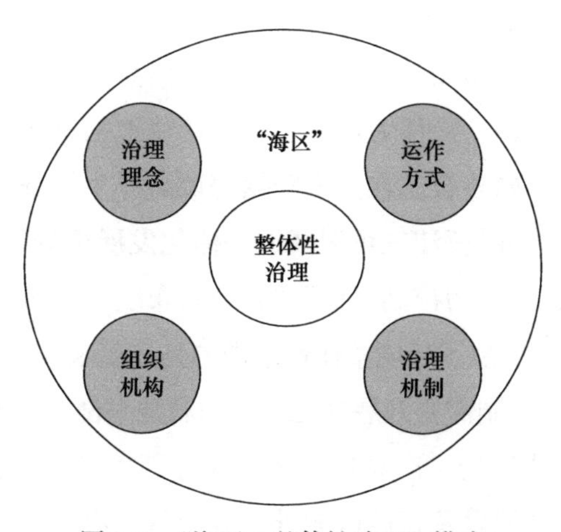

图 3–1　“海区＋整体性治理”模式

第一，“海区”打破了行政界限限制，实施以“海区”为治理单元的整体性治理模式。“海区”是以自然地理条件形成和国家对海洋地域划界标准为基础划分的海域，我国主要有渤海、黄海、东海、南海四大海区。在对海洋区域进行划分之后，“海区”划分中的“区域”打破了原有行政管理区域的范围管理限制，在一定程度上消除了行政区域划分对原本没有固定地理边界的海洋的影响。[②] 从我国的海区管理的政府实践来看，由自然资源部北海局作为主管部门承担北海海区海洋自然资源监督和管理工作，管理辽宁省、河北省、

① 杜辉：《论制度逻辑框架下环境治理模式之转换》，《法商研究》，2013 年第 1 期，第 69–76 页。

② 全永波：《海洋跨区域治理与“区域海”制度构建》，《中共浙江省委党校学报》，2017 年第 1 期，第 108–113 页。

天津市、山东省沿海毗邻的我国管辖海域[①]；由自然资源部东海局履行东海海区海洋自然资源管理工作，所辖区域包括江苏、上海、浙江、福建4个省（市）沿海毗邻的我国管辖海域[②]；自然资源部南海局履行南海海区海洋自然资源管理工作，所辖区域包括广东、广西、海南3个省（区）沿海毗邻的我国管辖海域[③]。海区管理机构的设置有助于减少地方行政区域的分割，对海洋资源包括海洋生态环境开展整体性治理。

第二，“海区”机制运行的基本逻辑建立在整体性治理理念的基础上。整体性治理对治理层级、功能、公私部门关系及信息系统等碎片化问题进行有机处理，以整合、协调、责任为治理手段，持续地从分散走向集中、从部分走向整体、从破碎走向整合。在国家管辖海域海洋生态环境治理上，整体性治理被广泛认同。[④]如《长江三角洲区域一体化发展规划纲要》（2019）提出“联合制定区域重点污染物控制目标”“联合发布统一的区域环境治理政策法规及标准规范”等，展现了环境整体性治理的具体要求。

第三，“海区”机制需要开展多元主体的利益平衡。在海区的海洋管理过程中，国家设置了北海局、东海局、南海局分别衔接沿海各省（自治区、直辖市）的行政管辖区域以及行政区域外的我国管辖海域，这种划分兼顾了央地之间科层制管理的现实状况，对在行政区外管辖海域由国务院派出机构直接管理。在“海区”机制实施中，存在多元主体的利益重叠：一是中央政府和地方各级政府的管理利益的冲突，在海区管理中需要理顺哪些事项由国务院派出机构管理，哪些事项由地方政府管理；二是政府、企业、公众、社会组织等各层面主体对海洋生态环境治理的利益诉求是不一致的，甚至会发生冲突，如企业为了经济利益要向海洋排放污染物，渔民为了生活开展海洋捕捞，

① 参见自然资源部北海局网站，http：//ncs.mnr.gov.cn/n1/n292/n294/index.html，访问日期：2023年1月20日。

② 参见自然资源部东海局网站，https：//ecs.mnr.gov.cn/jg/dwgk/202111/t20211105_20435.shtml，访问日期：2023年1月20日。

③ 参见自然资源部南海局网站，http：//scs.mnr.gov.cn/scsb/fjgk/dwgk.shtml，访问日期：2023年1月20日。

④ 全永波：《海洋跨区域治理与“区域海”制度构建》，《中共浙江省委党校学报》，2017年第1期，第108–113页。

政府要在海域及近岸建造码头等，需要通过法定机制平衡和解决相应的问题。总之，跨区域海洋治理的重要目标或内容就是规范跨区域海洋管理主体间的利益关系，平衡或规范区域海洋治理各主体在海洋利益上的自利性。党的二十大报告提出“推动绿色发展，促进人与自然和谐共生”，彰显了环境正义和绿色发展。在全球性海洋生态环境治理过程中以公约、条约、协议等方式体现对海洋和环境作为公共性的价值尊重，环境正义理念被越来越多地关注，环境治理过程中对绿色空间获得的关注被视为环境司法的基本价值。[①]因此，维护区域环境的正向性，实现不同价值追求主体之间的环境利益的平衡，合理调配不同区域间的利益关系，是当前区域环境治理的核心，也是跨区域海洋治理的制度逻辑基础。

二、基于生态补偿的海洋生态环境跨界治理模式

海洋是一个有机联系的整体，海水的流动性、海洋的整体性等特性，导致利益相关主体及利益分配的跨界性[②]，这些特征要素的利益不平衡导致治理可能存在失效。平衡各种利益关系是完善海洋生态环境治理无法避免的过程，这就需要建立一种平衡各主体利益的治理模式。本研究认为，确立基于海洋生态补偿的利益平衡模式是现实的，有助于增加政府、企业维护区域海洋生态的积极性。如《长江三角洲区域一体化发展规划纲要》（2019）直接提出“完善跨流域跨区域生态补偿机制。建立健全开发地区、受益地区与保护地区横向生态补偿机制，探索建立污染赔偿机制”。基于生态补偿的海洋生态环境跨界治理需要明确生态补偿的范围、主体，构建相应的机制和制度体系。

（一）确立跨界海洋生态环境损害的生态补偿范围

面对人口快速增长及各种陆地资源日益匮乏的局面，大力发展近海海洋

---

① Banzhaf S，Ma L，Timmins C. Environmental Justice：The Economics of Race，Place，and Pollution. The journal of economic perspectives，2019，33（1）：185–208.

② 黄秀蓉：《海洋生态补偿的制度建构及机制设计研究》，西北大学博士学位论文，2015 年。

产业已成为区域海洋经济发展的必然选择，但如果不注重生态环境保护的发展，陆源污染物排放入海的概率大大增加。美国和日本的海洋生态补偿运行主要围绕海洋溢油损害事故、填海造陆、沿海工业污染等方面的负面效应展开，其教训及其在海洋生态补偿中的生态修复经验给我们提供了很好的借鉴。[①]作为海洋生态环境跨界治理的常见领域，海上石油钻井造成的石油泄漏都会危及附近水域的海洋生态系统，特别是2011年渤海湾漏油事件表明，中国迫切需要在实践中明确如何开展海洋生态补偿这一问题。[②]跨界海洋生态补偿的主要领域多见于溢油损害事故和陆源工业污染，国内外研究文献在这些领域的研究比较多。总结现有的研究成果，可知海洋生态补偿旨在保护海洋环境和可持续利用海洋生态系统服务，是协调环境、经济和其他社会利益之间关系的重要制度工具。海洋生态补偿的法律机制是有效处理海洋生态环境保护中的矛盾（如海洋生态系统服务的价值损失、海洋生物多样性的破坏等）的重要途径。

（二）明确跨界海洋生态补偿主体

从现实来看，海洋治理主要有三个层面：政府、企业和公众，相应地海洋生态补偿也是需要维护这三个层面利益者的补偿问题。一是政府。我国法律明确了政府具有海洋环境资源及生态保护的职责与职能，我国相关法律规定国家对自然资源的管理需要通过政府履行行政职能来实现，矫正失衡的海洋生态利益分配，政府可以通过财政转移支付、开征生态税收等手段，实现对海洋生态补偿。[③] 在跨界海洋生态补偿过程中，不同层级的政府之间、政府和企业之间、跨行政区的政府之间均可以构成补偿的主体。二是企业。企业和其他组织往往在海洋开发利用过程中疏于管理，包括海岸工程、海洋工

① 黄秀蓉：《美、日海洋生态补偿的典型实证及经验分析》，《宏观经济研究》，2016年第8期，第149–159页。

② Jiang Minzhen，Faure Michael. The compensation system for marine ecological damage resulting from offshore drilling in China. Marine Policy，2022，143：105132.

③ 黄秀蓉：《海洋生态补偿的制度建构及机制设计研究》，西北大学博士学位论文，2015年。

程施工中对废弃物管理不善，以及企业擅自排污、船舶油污泄漏、原油开采污染等，对海洋生态环境带来一定破坏。对此，企业或其他组织应承担海洋生态补偿责任。三是公众。公众在海洋生态补偿机制构建过程中充当的角色比较复杂，他们是海洋环境污染的受害者，也是海洋生态补偿的直接受益者。海洋生态补偿不能完全依靠政府投入，推动海洋生态补偿机制多元化、市场化进程，并保障社会组织和公众依法行使监督权，是当前海洋生态补偿机制完善的重要路径。[①]因此，公众通过纳税为政府筹集生态补偿资金提供支持，也可以参与社会组织或者直接由公众个体依法履行生态补偿的社会监督责任。

（三）构建跨界海洋生态环境损害的生态补偿机制和制度体系

与通过环境造成的传统损害（即人身伤害和财产损害）不同，海洋生态损害造成的侵权责任需要一个单独的制度来规范，明确政府和企业各自的责任，探索生态补偿的内在机制。具体而言，一方面，正向的海洋活动为利益所有者的国家增加收益，国家应当承担起补偿义务，主要以国家财政或者生态补偿专项资金对促使海洋生态效益增加的主体进行补偿，鼓励其保护海洋生态的行为。[②]另一方面，来源于地方政府决策所造成的负面的海洋活动或者海洋开发，可能导致海洋生态价值减损及相关主体的生态利益损失，则地方政府应当承担直接的补偿责任。同时，政府直接向企业或个人收取排污费、倾倒费、资源税（费）等，使污染防治责任与排污者的经济利益直接挂钩，促进经济效益、社会效益和环境效益的统一。[③]海洋生态补偿还需要构建完善的制度体系，《中华人民共和国海洋环境保护法》第三十五条规定“国家建立健全海洋生态保护补偿制度”，但具体如何构建相应的制度，不少研究提出了相应的建议，认为可从社会效益、生态补偿、监管成本、政府补贴、企业处罚等方

---

① 万骁乐：《中国海洋生态补偿政策体系的变迁逻辑与改进路径》，《中国人口·资源与环境》，2021年第12期，第163–176页。

② 黄秀蓉：《海洋生态补偿的制度建构及机制设计研究》，西北大学博士学位论文，2015年。

③ 李云燕、张强军：《我国环境税费现状分析与政策选择》，《会计之友》，2013年第18期，第79–82页。

面构建生态补偿的体系和标准。[①]在制度建设上，有必要从生态补偿的法律体系建设、生态补偿基金制度的建立、海洋生态管理和监督机构建设等方面探索我国海洋生态补偿的路径。

三、基于府际合作治理的海洋生态环境跨行政区域治理模式

我国海洋生态环境治理的碎片化与海洋生态系统的整体性并不是绝对对立的，尤其在国家管辖海域，因行政分割造成的跨区域治理，重点需要推进各行政区之间的府际合作，构建一套完善有效的跨区域海洋生态环境治理合作机制和体系。

我国目前的海洋环境管理基本属于“行政区生态”或者说“属地主义生态”，海洋生态环境治理被行政区划所分割，沿海地区政府只对本辖区的海洋生态环境负责。这种“区域封闭”的海洋生态环境管理体制显然难以满足基于整体性需要的海洋生态环境治理的要求。

在一个区域范围内，各行政区之间存在发展的差异，经济发达的区域往往更倾向于投入更多的力量来保护海洋环境，而经济欠发达区域则通常更倾向于首先发展经济。[②]对区域海洋污染进行属地治理很容易助长地方保护主义，基于本区域利益最大化考虑，在海洋生态环境治理投入上，地方政府易产生“搭便车”行为。同时，海洋环境行政区治理模式忽略了海洋污染的自然跨界性，排放入海的污染物易转移至相邻地区，污染物跨界转移后造成的生态环境损害导致单一行政区域很难管控。因此，对于区域海洋污染防治需要统筹考虑区域内外各个行政区的经济发展状况、产业结构特点，建立整体性治理机制。

府际治理是指在现有体制下，不同政府、部门之间充分的协商、博弈，

---

① Qin Y，Wang W. Research on Ecological Compensation Mechanism for Energy Economy Sustainable Based on Evolutionary Game Model. Energies，2022，15（8）：2895.

② 杨治坤：《区域大气污染府际合作治理：理论证成和实践探讨》，《时代法学》，2018 年第 1 期，第 33–40 页。

最终达成集体治理共识，进而实现公共事务的合作和协同。[①]传统的环境治理机制很难对层出不穷的跨行政区域海洋环境问题做出具体规范，往往治理的效果并不如人意。以长三角海洋生态环境治理为例，沪苏浙地区海洋生态环境治理中的府际合作网络已基本形成，合作治理目标明确，但仍存在政策体系不成熟且缺乏硬法支撑、央地合作不均衡且缺乏协调机构、运行机制不健全等问题。[②]府际治理要实现各方利益最优化，需要形成主体之间的行动共识，因此通过环境治理的府际合作，促使政府间的利益追求趋同性并实现区域利益的最大化，使得各地政府具有较高的行动积极性，治理的目的较为容易实现。

基于此，本研究认为建立一种基于府际间合作治理的海洋生态环境跨界治理体系是科学的也是现实需要的，这种模式可以分为两种：一种是省际、市际间自发的合作治理模式，另外一种是国家海洋环境主管部门与省际政府之间的合作治理模式。府际合作治理需要建立合作网络，发挥国家在海洋生态环境治理中的积极作用，合作网络也要由传统的“权威—依附—遵从”和“契约—控制—服从”交叉的统治控制模式，向“竞争—管理—协作”的管理型模式和“信任—服务—合作（协同）”为特征的现代海洋生态环境治理模式转变[③]，即国家部委（自然资源部、生态环境部、国家发展和改革委员会等）与相关省市之间、省际海洋主管部门之间建立协作、信任的治理模式。在府际间开展海洋生态环境跨界治理过程中，可以制定跨界海洋空间规划作为基于生态系统的海洋管理的一种过渡方法，它使人类活动和海洋生态系统保护能够同时进行，但需要考虑进行中的重大障碍和促成因素，包括合作目的、合作收益、协同治理的紧迫性、交易成本等。[④]

---

① 郭永园：《美国州际生态治理对我国跨区域生态治理的启示》，《中国环境管理》，2018 年第 1 期，第 86–92 页。

② 李强华、王祎：《沪苏浙地区海洋环境治理中的府际合作研究——基于政策文本的量化分析》，《海洋湖沼通报》，2022 年第 4 期，第 166–175 页。

③ 孙涛、温雪梅：《动态演化视角下区域环境治理的府际合作网络研究——以京津冀大气治理为例》，《中国行政管理》，2018 年第 5 期，第 83–89 页。

④ Wang S，Liu C，Hou Y，et al. Incentive policies for transboundary marine spatial planning：an evolutionary game theory-based analysis. Journal of Environmental Management，2022，（312）：114905.

四、海洋生态环境“微治理”模式

在国家管辖区域内，海洋生态环境跨界治理存在多层级治理力量的支持。在基层层级中，“微治理”模式可以打破主体多元化形成的利益藩篱，促进“主体跨界”。将“微治理”机制应用于海洋生态环境治理中，通过基层“微单元”“微组织”“微平台”“微服务”等小微治理载体和措施，可有效解决治理过程中边界不清、权责不明等问题，探索海洋生态环境治理新模式。[①]

海洋生态环境“微治理”在基层治理的层次上，通过机制设置实现治理对象小微化、治理主体基层化、治理方案个性化、管理体系扁平化和评价机制明确化（图 3–2）。主要做法为：首先，政府起到引导作用，将治理主体“基层化”而权力不架空，加强地方和自治组织的治理权；其次，通过对治理区域的划分，明确治理对象，形成诸多微小单元，实现治理对象“细微化”；再次，起草专门的治理方案，形成“微服务”，做到治理方案“针对化”，把治理内容落到实处，提高治理效率。

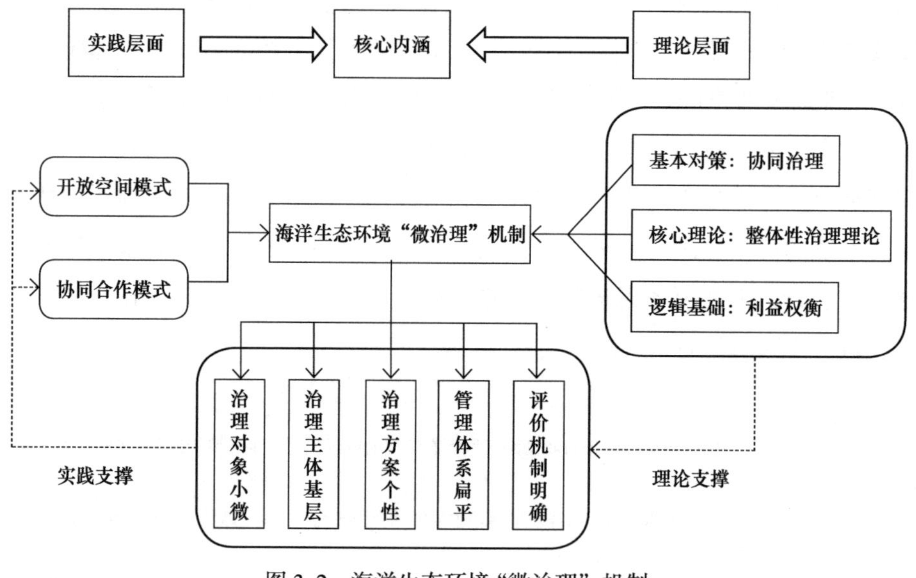

图 3–2 海洋生态环境“微治理”机制

① 史宸昊、全永波：《海洋生态环境“微治理”机制：功能、模式与路径》，《海洋开发与管理》，2020 年第 9 期，第 69–75 页。

海洋生态环境治理的“微治理”模式源于社区治理，往往是面对城镇化引起的环境污染等问题，城市社区推行“微治理”这一治理实践创新，坚持以人民为中心的思想，着力建设人人有责、人人尽责、人人享受的生态环境治理共同体，提高城市社区生态环境治理效能。[①]由于海洋生态环境与居民的生活体验感结合性比社区治理要低，所以“微治理”机制的构建更多依靠政府、社会组织以及与海洋生态环境变化直接相关的公众群体，如渔民、靠海而居的居民等。海洋生态环境“微治理”机制的主要特征表现为四个方面。

第一，治理对象精准明确。海洋生态环境“微治理”机制将治理对象在行政区划的基础下再进一步细分，精确到每一片海域、滩涂等，根据不同海域之间的生态状况、区域归属等进行分类，统一由片区所在的行政区协同基层进行规划管理，形成治理团队，制定治理方案。“微治理”机制通过治理对象细微化管理，明确不同治理对象的异质性，减轻治理主体的绩效负担，实现针对化治理，从而降低治理成本，提升治理成效。

第二，主体参与体现基层化特征。在传统海洋生态环境治理体系中，海洋生态环境治理以政府为主导，治理结构冗长，有些环节中未能有效动员社会公众的积极参与。海洋生态环境“微治理”通过积极调动社会多元力量参与海洋生态环境治理，将原来由政府主导的治理内容通过以购买服务的方式提供技术、资金支持交给基层的多主体来承担，实现治理基层化的“微治理”模式。这种模式既可以减轻政府资源配置的不足，也可以带动基层活力、促进就业，通过基层多元主体互动提升海洋环境治理的成效。

第三，形成个性化的治理方案。由于海洋生态环境问题多变，传统的政府治理模式往往选取一种通用的治理方案，治理成效不明显。“微治理”鼓励制定具体海湾、海滩的个性化治理方案，实施湾（滩）长制度，由湾（滩）长对自己管辖的治理单元的治理活动全权负责，消除了由单一管理模式带来的治理成效不足等问题。通过治理方案针对性个性化设计，能够凸显近海海域、海滩、海湾的个体特色，为构建科学系统性的基层层级海洋生态环境治理体

---

① 王艺筱、罗贤宇：《城市社区生态环境“微治理”的运行机制与展开路径研究》，《陕西行政学院学报》，2022年第3期，第79–83页。

系提供支持。

第四，实施扁平化的管理体系。海洋生态环境“微治理”实施过程中通过对不同片区设立湾（滩）长，由他们直接向同级管理部门报告工作，这样使管理力量总体下沉到基层，实现扁平化的管理体系。在实践中，往往通过搭建扁平化的“微治理”平台，促使基层治理力量凝聚，完善多层级治理体系下的基层参与海洋生态环境治理机制，提高海洋生态环境治理效率。[①]实现管理体系扁平化，完善基层与政府之间的沟通协作，健全多元共治体系，有利于建立共建共治共享的良性互动治理格局。

---

① 史宸昊、全永波:《海洋生态环境“微治理”机制：功能、模式与路径》,《海洋开发与管理》,2020年第9期，第69–75页。

第四章

国家管辖范围外海洋生态环境跨界治理机制

20 世纪中叶以来，全球性有影响力的大国在冷战思维下对海洋权益的争夺日益激烈。然而，跨界性的海洋治理需要国家间的合作，并形成全球性、区域性或国家间的制度化框架。多年来，海洋生态环境跨界治理除了国家管辖范围内海域跨行政区、跨陆域和流域的环境治理外，更多地在国家管辖范围外海域展开，这其中既有全球性的国家间跨界治理，也有跨界海洋保护区的治理。全球海洋生态环境治理在演进的过程中逐渐形成了一种囊括全球层级、区域层级、国家层级的制度体系，使全球海洋生态环境治理体系、机制和制度逐步走向完善，为海洋经济发展、海洋生态环境保护提供了较好的基础。随着全球海洋治理制度化框架下的不断变迁，海洋生态环境跨界治理形成了特有的治理机制。

第一节　全球海洋生态环境跨界治理机制的发展

国家管辖范围外海洋生态环境跨界治理机制源于全球海洋生态环境治理的制度变迁。全球海洋治理是全球化的产物，在不同的历史时期分别通过全球性、区域性和国家制度实践和探索，不断发展演进。[①]全球性的海洋生态环

① 袁沙:《全球海洋治理体系演变与中国战略选择》,《前线》，2020 年第 11 期，第 21–24 页。

境跨界治理可以分为三个阶段：初级治理阶段、全面治理阶段和重点治理阶段。1982年《联合国海洋法条约》公布后，全球海洋生态环境进入全面治理阶段。近年来，区域海洋生态环境问题叠加、BBNJ协定谈判推进、“蓝色碳汇计划”实施等，为全球海洋生态环境跨界治理提供了较为具体全面的政策导向。

一、初级治理阶段

20世纪50年代末60年代初，全球性和区域性的海洋生态环境问题初露端倪，不少的海洋环境事件存在跨界治理的难题。由于全球各国经济水平参差不齐，海洋治理水平和海洋治理理念比较落后，国内跨区域、国际上跨国家管辖海域的制度机制尚未建立，海洋治理事项和内容较为分散，全球性海洋生态环境跨界治理处于初级阶段，制度化尚未形成。

第一，对放射性物质造成海洋环境污染的担忧。第二次世界大战后，核武器和核工业发展迅速，国际社会在核竞争过程中也保持着对放射性物质环境损害的担忧。因此，针对防止放射性物质污染签订了较多相关的公约，如西欧各国分别于1960年和1963年签订的《关于核能领域中第三方责任的巴黎公约》和《关于核损害的民事责任的维也纳公约》；1962年签订的《核动力船舶操作者责任布鲁塞尔公约》；1963年签订的《关于核能领域中第三方责任的1960年7月29日巴黎公约的补充公约》和《禁止在大气层、外层空间和水下进行核武器试验条约》等。①

第二，海洋溢油事故引发的海洋生态环境治理制度的建立。1967年3月，利比里亚油轮“托雷·卡尼翁”号在英吉利海峡触礁沉没。处理这次污染事件时，共使用10万吨消油剂，出动1400多人，动用42艘船只，对英、法两国来说是一笔巨大的损失。②由此英国政府提出建议，1969年11月，政府间协商组织（现易名为国际海事组织）在布鲁塞尔召开外交会议，会议通过

① 冉丹、郭红欣、李无梦：《国家核损害补偿责任浅议》，《中国能源》，2020年第5期，第31–35页。

② 全永波：《海洋污染跨区域治理的逻辑基础与制度建构》，浙江大学博士学位论文，2017年。

了《1969年国际油污损害民事责任公约》(即私法公约)和《国际干预公海油污事故公约》(即公法公约)。[①]除此之外，还有诸多涉及多边的防止油污染的海洋环境保护公约，如1969年签订的《油轮所有人自愿承担油污责任协定》《应对北海油污合作协议》;1971年签订的《设立国际油污损害赔偿基金国际公约》《油船油污染责任临时补充条约》等。

第三，国家海洋法体系建立及对资源环境治理机制的初步构建。第二次世界大战后，在联合国国际法委员会的推动下，1958年第一次海洋法会议制定了“日内瓦海洋法四公约”，实现了海洋法的编纂。其中，《公海公约》和《领海及毗邻区公约》是对习惯法的编纂，而《大陆架公约》和《公海渔业和生物资源养护公约》是对国际法的发展。[②]这些公约的制定实现了海洋法规则逐渐成文化和体系化，海洋秩序逐步成型。

随着全球海洋生态环境治理进程的开展，各国逐渐意识到海洋生态环境治理的重要性与全球海洋生态环境治理的必要性，20世纪50年代末开始探索多国协同治理的道路，召开了一系列保护海洋生态环境的国际会议。在20世纪70年代初，当时的工业废物处置手段更多的是向海洋倾倒，但是海洋环境不可能无限制地容纳工业生产等产生的大量废物，此种情况引起了国际社会的关注，由此制定了一系列防止废物倾倒污染海洋的多边国际公约，如1972年制定的《防止倾倒废物及其他物质污染海洋的公约》等。

20世纪60年代末70年代初，联合国大会在处理和平利用国家管辖范围外海床和海底的问题时，意识到需要将海洋问题作为一个整体来考虑，从而决定召开第三次海洋法会议，建立一系列涉及领海、毗连区、专属经济区、公海、大陆架、海洋资源养护、海洋生态环境保护及海洋科学研究等问题的相关制度。[③]第三次海洋法会议从1973年持续到1982年，最终诞生了《联合国海洋法公约》，全球海洋生态环境治理从初级阶段向全面治理阶段迈进。

---

① 全永波:《海洋环境跨区域治理研究》(修订版)，中国社会科学出版社，2020年版，第101页。

② 王阳:《全球海洋治理：历史演进、理论基础与中国的应对》,《河北法学》，2019年第7期，第164–176页。

③ 同②。

二、全面治理阶段

全面治理阶段是指从 1982 年《联合国海洋法公约》出台至今，海洋生态环境治理形成了以联合国为中心，涵盖规范与规则、制度与机构、海洋可持续发展计划及实施项目的完整框架。[①]随着科学技术的发展，人类的海洋活动越来越具有全球性的影响，并且国际社会的整体利益越来越聚焦，特别集中于人类在国家管辖以外海洋区域的活动。同时，随着政府间国际组织在全球海洋生态环境治理中发挥越来越重要的作用，海洋生态环境跨界治理体现出一定的可持续性和务实性。

一方面，海洋生态环境治理不仅仅专注于国家管辖范围内区域，同时强调对国家管辖范围外区域的治理力度。《联合国海洋法公约》对于海洋空间和海洋资源的分配建立在不同国家权利和管辖权的基础之上，而对于国家管辖范围外的海洋资源和环境治理，尽管公约规定了要适当顾及他国的权利，但是仍然采用了一种柔性的方式，从而导致了一系列问题，如渔业资源枯竭和海洋环境污染等，这对于国际社会具有整体的影响，关涉国际社会的整体利益。目前，将国家管辖范围以外区域作为全球公域进行管理的制度导致了渔业资源的过度利用，对海洋资源开发保护的管理过于零散。各国开始寻求扩大国家管辖范围以外区域海洋生物多样性的保护，自 2004 年开始，联合国为一项具有法律约束力的有关海洋生物多样性的国际文书举行筹备会议，以解决《联合国海洋法公约》在海洋生物多样性领域留下的空白。国际生物多样性倡议的谈判侧重于四个主题重点领域：海洋遗传资源（包括利益分享）、区域管理工具（包括海洋保护区）、环境影响评估、能力建设和技术转让。[②]

另一方面，海洋生态环境跨界治理体现一定的可持续性和务实性。《联合国海洋法公约》确立了管理海洋环境及其资源的基本法律原则，规定了海洋生态环境保护的国际合作机制，但《联合国海洋法公约》无法回答海洋法中出现的所有新问题。因此，国际社会和各国政府需要采用可持续发展的整体

---

① 吴士存：《全球海洋治理的未来及中国的选择》，《亚太安全与海洋研究》，2020 年第 5 期，第 1–22 页。

② Tiller R，De Santo E M，Mendenhall E，et al. The once and future treaty：Towards a new regime for biodiversity in areas beyond national jurisdiction. Marine Policy，2019，99（1）：239–242.

模式，为全球海洋治理提供更加务实的办法[①]，与此同时，在区域一级，以欧洲联盟为代表的区域组织在促进海洋生态环境保护的政策方面卓有成效，全球治理体系框架下的波罗的海、地中海、加勒比海等区域海洋环境协同计划纷纷签订并实施。东亚包括六大海洋生态系统（LME）：南海、泰国湾、东海、黄海、苏禄西里伯斯海和印度尼西亚海，尽管仅占世界海洋表面积的3%，但该地区的部分地区被认为是全球海洋生物多样性的中心。自20世纪90年代初以来，东亚海洋环境管理伙伴关系（PEMSEA）完善了综合沿海管理（ICM）方法，并在该地区建立了合作伙伴关系，以实施这些区域海洋生态系统的可持续改善。PEMSEA制定并通过了《东亚海可持续发展战略》（SDS–SEA），提出该区域各国和其他合作伙伴可以单独或集体实施与其相关的行动方案。[②]近年来，中国也进一步推进如“滩长制”“湾长制”为代表的小微海洋生态环境治理机制等，海洋生态环境治理多层级体系更趋成熟。分析表明，在全球海洋生态环境治理体系呈现出多层性的同时，如何将各方治理力量整合形成系统性机制值得进一步思考。

三、重点治理阶段

在当前的全球海洋治理体系中，联合国等有关国际组织在解决海洋问题中发挥着关键的作用，以联合国等国际组织为中心，由国家行动者与非国家行动者来参与海洋治理相关的行动。[③]随着人类海洋活动的不断增加，各国管辖海域内或公共水域发生海洋环境污染和生态损害的行为不断增加，诸多海洋环境污染行为往往超越一国或国际组织控制的范围，可能造成大规模跨界环境损害，而且随着人类对海洋利用领域的不断扩大，海洋生态环境的跨界影响也在增加。然而，一系列海洋生态环境跨界治理问题，从来不是单独

① Pyc D. Global Ocean Governance. Transnav：International Journal on Marine Navigation & Safety of Sea Transportation，2016，10（1）：159–162.

② Gonzales A T，Kelley E，Bernad S. A review of intergovernmental collaboration in ecosystem–based governance of the large marine ecosystems of East Asia. Deep-Sea Research，2019，163（5）：108–119.

③ 庞中英：《在全球层次治理海洋问题——关于全球海洋治理的理论与实践》，《社会科学》，2018年第9期，第3–11页。

国家能够应对和处理的。近年来，全球海洋生态环境治理机制在重点领域逐渐发挥协调作用。

第一，区域性海洋生态环境治理机制逐渐构建，促进海洋生态环境问题化解。区域海洋生态环境治理机制已经成为全球海洋生态环境治理机制的重要内容。越来越多的区域海洋环境项目成为全球海洋生态环境治理区域化演进的重要支持，以联合国环境规划署设立18个区域海洋项目为例[①]，区域海洋机制的建立是联合国实施全球海洋治理体系的一个重要路径。比较典型的地区如地中海沿岸一些国家签署了《巴塞罗那公约》，旨在解决地中海地区各种环境污染问题。该公约的内容涵盖比较广泛，细则条例也比较多，因为需要充分考虑到地中海附近各个国家的经济发展水平，所以构建了"综合+分立"的制度模式。该公约在1995年进行了修改和补充，添加了新内容，形成了污染者预防原则、负担原则、可持续发展的原则。[②]区域性机制的建立有效解决了区域跨界海洋生态环境问题，并被其他区域海洋国家效仿。如随着南北极地区气候变暖，南北极区域治理受到国际社会的广泛关注。1996年，以挪威、俄罗斯、瑞典、加拿大、丹麦、芬兰、冰岛和美国为代表的8个环北极国家建立了正式的北极治理组织北极理事会。北极理事会通过软法机制进行机制构建和互动。可见，以区域一体化组织为代表的治理主体在区域环境跨界治理中充当引领作用，成为当前全球环境治理的重要模式，从现实分析，全球分布的海洋"区域治理"更是多层级治理体系下的分级控制系统，这些机制注重体现生态系统服务的理念，同时保留管理的整体性方法和要求。[③]因此，基于生态系统的海洋生态环境跨界治理机制成为全球海洋生态环境治理的重点。

---

① United Nations Environment（2019）. Regional Seas Programme. https：//www.unenvironment.org/explore-topics/oceans-seas/what-we-do/working-regional-seas，访问日期：2023年1月21日。

② 相关议定书包括：1976年《关于废物倾倒的议定书》、1976年《关于紧急情况下进行合作的议定书》、1980年《关于陆源污染的议定书》、1982年《关于特别保护区的议定书》、1995年《关于地中海特别保护区和生物多样性的议定书》（该议定书取代了1982年《关于特别保护区的议定书》）、1994年《关于开发大陆架、海床或底土的议定书》以及1996年《关于危险废物（包括放射性废物）越境运输的议定书》。

③ Mare W. Marine ecosystem-based management as a hierarchical control system. Marine Policy，2005，29（1）：57–68.

第二，重大海洋生态环境事件促使跨界海洋生态环境治理机制受到关注。全球范围内发生的海洋生态环境事件过于频繁，促使区域合作动能迅速增强，如1989年埃克森公司油轮漏油事故、2010年墨西哥湾漏油事件等均促使了政府和区域组织为主体的区域环境合作机制的形成。2011年，东北亚区域国家以日本福岛核泄漏事件为教训，清晰地看到海洋环境跨区域合作的重要性，面对严重性的跨界性海洋污染事件，主要以领导人之间的会晤共识、政府之间的磋商合作等形式来促进合作的机制，显然不足以有效应对。海洋生态环境治理在一定程度上受到政治关系的制约，然而由于充分考虑到现实的需求和国际社会的反响，中国、韩国、日本将逐渐把环境合作关系“机制化”。

2021年4月13日，日本政府宣布决定准备从2023年起将100多万吨福岛核电站核污染水排放到太平洋。核污染水中大量的放射性物质将在洋流、洄游鱼类、船舶压舱水等推动下，不可避免地造成跨境影响。[①]海洋生态环境跨界治理存在国家主权性，国家作为主体力量的存在，在海洋生态环境跨界治理过程中，不管是企业等主体的污染行为，还是突发性的环境污染事件，环境责任是沿海国家义不容辞的责任，这种海洋环境的跨界责任是以《联合国海洋法公约》为代表的国际法已经明确的国家责任，但仍存在不同海域责任界定不清、责任分担和执行难以落实等问题。基于海洋生态环境事件建立相应的跨界损害防范和责任机制是全球海洋生态环境治理的另一个重点。

第三，国家管辖范围外海域的资源与环境保护成为全球海洋治理的热点和重点。2015年第69届联合国大会在《联合国海洋法公约》的框架下启动了国家管辖范围以外区域海洋生物多样性协定的谈判进程，就国家管辖范围以外区域海洋生物多样性的养护和可持续利用问题拟订一份具有法律约束力的国际文书，该文书被视为《联合国海洋法公约》的第三个执行协定，处理包括公海保护区在内的一系列重要议题[②]，具体内容包括海洋保护区在内的划

① 《日本核污染水排海制造“人祸”，全人类将为此买单》，中国网，http：//www.china.com.cn/，访问日期：2021年5月6日。

② 王勇、孟令浩：《论BBNJ协定中公海保护区宜采取全球管理模式》，《太平洋学报》，2019年第5期，第1–15页。

区管理工具等四个议题，另外还包括缔约国会议、科学和技术机构、秘书处和信息中介信息交换机制的职能分配问题，资金问题，执行和履约问题，以及争端解决机制问题等。中国作为负责任的海洋大国，在谈判中秉承人类命运共同体理念，为谈判的推进发挥了重大作用。2023 年 6 月 19 日，联合国 193 个会员国在纽约通过具有法律约束力的《〈联合国海洋法公约〉下国家管辖范围以外区域海洋生物多样性的养护和可持续利用协定》（简称 BBNJ 协定），下一步重点需要所有国家不遗余力确保 BBNJ 协定生效，采取行动尽快签署和批准协定。

BBNJ 协定确定的在全球范围内建立起成熟的海洋保护区机制是国家管辖外海域生态环境保护的重要内容。公海海洋保护区的建立对于国际社会有着多重的潜在利益，无可置疑的是，生态利益是其最直接的潜在利益，经济利益则是一种由生态利益带来的间接性的利益。[1]

第二节 国家管辖范围外海洋生态环境跨界治理的现有制度

近年来，海洋治理的国际合作实践不断在全球范围内深化，以国家为主体的海洋治理行动有序展开，如中欧建立“蓝色伙伴关系”，积极推动构建“海洋命运共同体”，对国家管辖范围外海洋生态环境跨界治理机制的构建具有积极的促进作用。在当前的全球海洋治理体系中，联合国等有关国际组织在解决海洋问题中发挥着关键的作用，《联合国海洋法公约》对海洋生态环境治理领域有专门的规定。另外，涉及海洋生态环境跨界治理的还有《跨界环境影响评价公约》《〈联合国海洋法公约〉下国家管辖范围以外区域海洋生物多样性养护和可持续利用协定》，以及其他专项性国际公约或区域协议。分析表

---

① 桂静、范晓婷、公衍芬，等:《国际现有公海保护区及其管理机制概览》,《环境与可持续发展》, 2013 年第 5 期，第 41–45 页。

明，全球海洋生态环境治理体系呈现出多层级性。

一、联合国体系下的相关制度

当前，国际上存在着众多联合国框架下的跨界海洋生态环境治理规范和治理机制，一般通过国际公约、条约、国际协议或习惯国际法来确定。现有的涉及联合国框架下全球海洋跨界环境治理的国际公约、条约、协议包括以下三类。第一类是《联合国海洋法公约》，被誉为“海洋宪章”，是解决海洋污染问题的基本国际法律框架。第二类是专门限制海洋污染的全球公约，包括《防止倾倒废物及其他物质污染海洋的公约》《国际防止船舶造成污染公约》等。第三类是被统称为“国际化学品三公约”的《巴塞尔公约》《鹿特丹公约》和《斯德哥尔摩公约》，旨在保护人类免受危险化学品和危险废物的损害。具体制度分析如下。

（一）《联合国海洋法公约》基本规定

《联合国海洋法公约》作为海洋治理领域最权威的国际立法，在重新构建国际海洋秩序、完善海洋治理结构方面起着决定性作用。涉及海洋治理环境问题，《联合国海洋法公约》第十二部分“海洋环境的保护和保全”共十一节四十六条，主要包括：①一般规定；②全球性和区域性合作；③技术援助；④监测和环境评价；⑤防止、减少和控制海洋环境污染的国际规则和国内立法；⑥执行；⑦保障办法；⑧冰封区域；⑨责任；⑩主权豁免；⑪关于保护和保全海洋环境的其他公约所规定的义务。[①]

《联合国海洋法条约》整合并规范了各种与海洋生态环境相关的活动，主要包括以下三个方面的规定。一是污染防治的规定。《联合国海洋法公约》规定“各国应在适当情形下个别或联合地采取一切符合本公约的必要措施，防止、减少和控制任何来源的海洋环境污染”（第一九四条），并明确要求各国有环境保护的职责，规定“各国在采取措施防止、减少和控制海洋环境的污染时采取

① 全永波：《海洋污染跨区域治理的逻辑基础与制度建构》，浙江大学博士学位论文，2017年。

的行动不应直接或间接将损害或危险从一个区域转移到另一个区域，或将一种污染转变成另一种污染”(第一九五条)。二是区域合作的规定。区域合作是《联合国海洋法公约》针对海洋污染治理的基本原则，规定“应在全球性的基础上或在区域性的基础上，直接或通过主管国际组织进行合作，同时考虑到区域的特点”(第一九七条)。《联合国海洋法公约》第二三五条关注了国家对其管辖范围内的国家行为造成的海洋污染损害结果应当承担国家责任，其中也包含了国家对跨界海洋污染责任的承担。三是污染的技术要求。《联合国海洋法公约》规定“各国应在符合其他国家权利的情形下，在实际可行范围内，尽力直接或通过各主管国际组织，用公认的科学方法观察、测算、估计和分析海洋环境污染的危险或影响。各国特别应不断监视其所准许或从事的任何活动的影响，以便确定这些活动是否可能污染海洋环境”(第二〇四条)[①]，这是公约考虑海洋污染在提升技术上的需要，要求各国做好技术服务的协作。

(二)《联合国海洋法公约》的专项制度

根据人类海洋行为特征，以及物质或能量引入海洋的跨国途径，我们认为，跨国界海洋环境污染问题主要有 6 类：陆地来源的污染、国家管辖的海底活动造成的污染、来自“区域”内活动的污染、倾倒造成的污染、来自船只的污染和来自大气层或通过大气层的污染。[②]在目前跨国界海洋污染中以下 4 类情况比较严重。

一是陆地源污染。《联合国海洋公约》第二〇七条和第二一三条对陆地源污染的防治做了原则性规定，规定要求各国应制定法律和规章，以防止、减少和控制陆地来源污染，包括河流、河口湾、管道和排水口结构对海洋环境的污染；各国应采取其他可能必要的措施，以防止、减少和控制这种污染。公约还要求各国对陆地来源的污染行为进行协调，要求各国应尽力在适当的区域一级协调其在这方面的政策，在协调过程中充分考虑到区域的特点、发展

① 金正九：《东北亚海域环境污染防治的国际合作》，大连海事大学博士学位论文，2011 年。

② 李桢：《海运有毒有害物质污染损害赔偿法律制度研究》，大连海事大学博士学位论文，2015 年。

中国家的经济能力及其经济发展的需要。[①]

二是来自船舶的污染。因船舶来源的污染对海洋生态环境影响愈加严重，《联合国海洋法公约》规定各国应通过主管国际组织或一般外交会议采取行动，制定国际规则和标准，以防止、减少和控制船只对海洋环境的污染。这种规则和标准应根据需要可以重新审查。《国际防止船舶造成污染公约》是防治船舶污染的国际公约，包括1997年议定书在内共有6个附则，其中附则Ⅵ——防止船舶造成大气污染规则于2020年1月生效。[②]

三是海洋倾倒。海洋倾倒是指利用船舶、航空器、平台或其他载运工具，审慎地向海洋处置废弃物或其他有害物质的行为，包括向海洋弃置船舶、航空器、平台和海上人工构造物的行为。[③]《联合国海洋法公约》第二一〇条和第二一六条对海洋倾倒做出了专门性规定，还规定各国应制定法律和规章，以防止、减少和控制倾倒对海洋环境的污染，各国特别应通过主管国际组织或外交会议采取行动，尽力制定全球性和区域性规则、标准和建议的办法及程序，以防止、减少和控制这种污染。[④]另外，关于海洋倾倒的公约有1972年《防止倾倒废物及其他物质污染海洋的公约》，该公约在附件中列明了禁止倾倒的物质，并最终被《防止倾倒废物及其他物质污染海洋的公约1996年议定书》所取代。

四是来自海底开发的污染。因海底开发造成的污染对海洋生态环境的影响巨大，典型的有美国的墨西哥湾漏油事件等。《联合国海洋法公约》第一九四条明确了各国有义务防止来自用于勘探或开发海床和底土的自然资源的设施和装置的污染，以及来自海洋环境内操作的其他设施和装置的污染。同时，《联合国海洋法公约》第二〇八条又规定沿海国应制定法律和规章[⑤]，以

① 李建勋、钟革资：《陆源污染防治的全球性法律机制研究》，《环境与可持续发展》，2010年第3期，第4–7页。

② 自然资源部海洋发展战略研究所课题组：《中国海洋发展报告2021》，海洋出版社，2021年版，第2页。

③ 姚俊颖：《我国海洋倾废概念范围的不足及完善》，《湖南社会科学》，2016年第4期，第94–98页。

④ 王小林：《二氧化碳海底封存与国际海洋环境保护法》，《学术论坛》，2010年第11期，第152–156页。

⑤ 金正九：《东北亚海域环境污染防治的国际合作》，大连海事大学博士学位论文，2011年。

防止、减少和控制来自受其管辖的海底活动或与此种活动有关的对海洋环境的污染以及依据第六十条和第八十条在其管辖下的人工岛屿、设施和结构对海洋环境的污染。

（三）联合国体系下的国际公约

除《联合国海洋法公约》及上述提及的国际公约以外，国际社会还专门针对不同来源污染制定了一系列国际公约，主要包括:《1969 年国际油污损害民事责任公约》《1971 年设立国际油污损害赔偿基金国际公约》《1990 年国际油污防备、反应和合作公约》《1991 年跨界环境影响评价公约》《1996 年国际海上运输有毒有害物质损害责任和赔偿公约》和《2001 年国际燃油污染损害民事责任公约》等。[①]《联合国海洋法公约》是海洋生态环境治理的基础法律，该公约与《防止倾倒废物及其他物质污染海洋的公约》及其议定书、《国际防止船舶造成污染公约》和《生物多样性公约》等公约构成了基本的国际海洋生态环境治理法律体系[②]，其中《防止倾倒废物及其他物质污染海洋的公约》和《国际防止船舶造成污染公约》均通过制定附加议定书的方式达到控制船舶和海上平台造成的海洋倾废以及与船舶排放相关的海洋污染的目的。这些公约大多均以国际合作的方式开展海洋生态环境综合治理，之后的《斯德哥尔摩宣言》作为国际环境法发展史上的重要里程碑，它的原则七就直接提出了应该采取合作行动来制止海洋污染:“种类越来越多的环境问题，因为它们在范围上是地区性或全球性的，或者因为它们影响着共同的国际领域，将要求国与国之间广泛合作以谋求共同的利益。”[③]随着海洋污染新的变化，国际上对海洋生态环境跨界污染的相关制度和机制也在不断完善，上文提到的“国际化学品三公约”——《巴塞尔公约》《鹿特丹公约》和《斯德哥尔摩公约》，明确

① 全永波:《海洋污染跨区域治理的逻辑基础与制度建构》，浙江大学博士学位论文，2017 年。

② 张卫彬、朱永倩:《海洋命运共同体视域下全球海洋生态环境治理体系建构》，《太平洋学报》，2020 年第 5 期，第 92–104 页。

③ Jutta Brunnee. The Stockholm Declaration and the Structure and Process of International Environmental Law//Myron H Nordquist，et al. The Stockholm Declaration and Law of the Marine Environment. Martinus Nijhoff Publishers，2003：67.

了旨在保护人类免受危险化学品和危险废物损害的相关制度。其中,《巴塞尔公约》旨在遏止越境转移危险废料，特别是向发展中国家出口和转移危险废料。[①]该公约在2019年通过了塑料废物修正案，将不可回收和受污染的塑料废物列入受控范围，其跨境转移将受到更加严格的限制，因此，该公约在跨界环境污染防治方面的作用尤其突出。

以上这些国际公约部分通过联合国相关组织联合部分国家缔结并遵守实施，也有各行业的海洋国际组织形成联盟订立相应的海洋生态环境制度，对《联合国海洋法公约》的海洋环境管理制度进行进一步完善和补充。[②]

二、《〈联合国海洋法公约〉下国家管辖范围以外区域海洋生物多样性的养护和可持续利用协定》

《〈联合国海洋法公约〉下国家管辖范围以外区域海洋生物多样性的养护和可持续利用协定》(简称BBNJ协定)的适用范围是在国家管辖范围以外的区域，即公海的水体、海床、洋底和底土，关注对象为处于各国管辖之外的公海区域的生物资源及其多样性问题。BBNJ协定政府间谈判从2018年启动，至2023年3月共组织5次政府间会议及第五次会议续会讨论相关问题，内容涉及海洋遗传资源的获取及其惠益分享、环境影响评价以及能力建设等议题，BBNJ协定于2023年6月获得正式通过，其中第二十八条“开展环境影响评价的义务”提到“可能对国家管辖范围以外区域海洋环境造成重大污染或重大和有害的变化时，应确保根据本部分对该活动开展环境影响评价”，为海洋生态环境跨界治理机制构建迈出了重要一步。作为具有法律效力的国际条约，生效后的BBNJ协定和《联合国海洋法公约》及其两个执行协定，将为全球海洋治理提供更为全面而有效的国际法规制。[③]BBNJ协定涉及的内容可以归纳

① 康京涛:《产业转移、污染防治与立法架构》,《重庆社会科学》,2014年第4期，第26–33页。

② 全永波:《全球海洋生态环境多层级治理：现实困境与未来走向》,《政法论丛》,2019年第3期，第148–160页。

③ 江河、胡梦达:《全球海洋治理与BBNJ协定：现实困境、法理建构与中国路径》,《中国地质大学学报(社会科学版)》,2020年第3期，第47–60页。

为以下几个方面。

（一）BBNJ 协定的总体目标

BBNJ 协定的总体目标就是要通过有效执行《联合国海洋法公约》以确保国家管辖范围以外区域海洋生物多样性的养护和可持续利用。[①]实现这一目标需要在 BBNJ 养护和可持续利用方面加强广泛的国际合作与协调，特别是需要对发展中国家尤其是地理不利国、最不发达国家、内陆发展中国家、小岛屿国家以及非洲沿海国家进行援助，以便这些国家可以积极有效地参与 BBNJ 的养护和可持续利用。为此，需要建立全新、综合的全球制度来更好地解决 BBNJ 养护和可持续利用问题。而制定履行《联合国海洋法公约》有关规定的国际协定将为实现这些目的，为维护国际和平与安全做出贡献。当然，BBNJ 协定及实现的目标需要尊重《联合国海洋法公约》在养护和可持续利用海洋生物资源问题上的核心作用，尊重其他现有的相关国际法律规定和框架以及相关的全球、区域和部门性组织的作用。

（二）BBNJ 协定的一般原则和方法

BBNJ 协定文件除明确了尊重沿海国家的主权和领土完整、为和平目的利用国家管辖范围以外区域的海洋生物多样性等一般性国际准则外，在协定第七条还特别规定了污染者付费原则、《联合国海洋法公约》规定的人类共同继承财产原则、海洋科学研究自由以及其他公海自由、公平原则以及公正和公平分享惠益等，明确采用生态系统方法、海洋综合管理方法等，强调原则和方法利用的特殊性，包括：利用现有最佳科学和科学信息；在可获得情况下，利用土著人民和当地社区的相关传统知识；在采取行动处理国家管辖范围以外区域海洋生物多样性的养护和可持续利用问题

---

① 廖建基、黄浩、李伟文，等：《国家管辖范围以外区域海洋生物多样性保护的新视域：包括海洋保护区在内的划区管理工具》，《生物多样性》，2019 年第 10 期，第 1153–1161 页。

时，酌情尊重、促进和考虑各自与土著人民权利或与当地社区权利有关的义务；在采取措施防止、减少和控制海洋环境污染时，不直接或间接将损害或危险从一个区域转移到另一个区域，且不将一种污染转变成另一种污染；充分承认小岛屿发展中国家和最不发达国家的特殊情况；承认内陆发展中国家的特殊利益和需要，等等。

（三）BBNJ法律制度的适用对象和主要内容

BBNJ法律制度的适用对象为国家管辖范围以外区域海洋生物的多样性养护和可持续利用，主要内容涉及海洋遗传资源的获取及其惠益分享、海洋保护区在内的划区管理工具、环境影响评价以及能力建设与海洋技术转让等。

（1）海洋遗传资源的获取及其惠益分享。该部分的目标是公正和公平分享国家管辖范围以外区域海洋遗传资源和海洋遗传资源数字序列信息方面的活动产生的惠益，以促进国家管辖范围以外区域海洋生物多样性的养护和可持续利用；建设和发展缔约方在国家管辖范围以外区域海洋遗传资源和海洋遗传资源数字序列信息方面开展活动的能力，特别是发展中国家缔约方，尤其是最不发达国家、内陆发展中国家、地理不利国家、小岛屿发展中国家、非洲沿海国家、群岛国和中等收入发展中国家。BBNJ协定提出，缔约方有责任执行与海洋遗传资源有关的一般规则和标准，应明确国家管辖范围以外区域海洋遗传资源适用公平、惠益分享的原则，并承诺建立全球多边获取和惠益分享机制，确定这种机制的运行程序、时间表和方式。

（2）划区管理工具（包括海洋保护区）以及区域的选划原则。BBNJ协定以确保海洋生物多样性保护和可持续利用为目标，并在国家管辖范围以外区域建立有效管理、生态和生物地理学为代表的海洋保护区网络。BBNJ协定提出包括海洋保护区在内的划区管理工具的目标包括：一是通过建立划区管理工具综合系统等，包括具有生态代表性和良好连通性的海洋保护区网络，养护和可持续利用需要保护的区域；二是在使用包括海洋保护区在内的划区管理工具方面，加强国家、相关法律文书和框架以及相关全球、区域、次区域和领域机构间的合作与协调；三是保护、保全、恢复和维持生物多样性和生态系统，增强其生产力和健康，加强其抵御压力的韧性，包括抵御与气候变化、海洋酸化和海洋污染有关的压力；四是支持粮食安全和其他社会经济目标，包括保护文化价值；五是通过能力建设以及开发和转让海洋技术，支持发展中国家缔约方，特别是最不发达国家、内陆发展中国家、地理不利国家、小岛屿发展中国家、非洲沿海国家、群岛国和中等收入发展中国家，同时考虑小岛屿发展中国家的特殊情况，开发、实施、监测、管理和执行包括海洋保护区在内的划区管理工具。BBNJ 协定强调划区应基于最佳科学和科学信息，土著人民和当地社区的相关传统知识，同时考虑风险预防方法和生态系统方法。划区管理工具的建立不应包括国家管辖范围以内的任何区域。此外，还明确了设立划区管理工具（包括海洋保护区）应包括的基本要素，规定在做出划区决定前应对设立保护区进行广泛咨询与科学评估。各国、区域组织和其他管理机构可以提交关于海洋保护区的建议，并提交给缔约方讨论通过。[①]

（3）环境影响评价。BBNJ 协定第二十七条明确环境影响评价是为落实《联合国海洋法公约》中关于国家管辖范围以外区域环境影响评价的各项规定，以防止、减轻和管理重大不利影响，从而保护和保全海洋环境。第二十八条规定了“开展环境影响评价的义务”，当缔约方确定其管辖或控制下、在国家管辖范围以内海洋区域计划开展的某项活动可能对国家管辖范围以外区域海洋环境造成重大污染或重大和有害的变化时，应确保根据本部分对该活动开展环境影响评价，或根据缔约方本国程序开展环境影响评价。BBNJ 协定规定了开展环境影响评价的阈值、准则和程序性步骤。同时也明确了环境影响评价报告、战略环境评价的具体内容要求。

（4）能力建设与海洋技术转让。能力建设以及海洋科学和海洋技术的发展和转让，是实现本协定各项目标的内在要求，因此，能力建设和海洋技术转让类型、监测和审查问题也是政府间谈判的主要内容。BBNJ 协定对能力建

① 刘乃忠、高莹莹：《国家管辖范围外海洋生物多样性养护与可持续利用国际协定重点问题评析与中国应对策略》，《海洋开发与管理》，2018 年第 7 期，第 10–15 页。

设和海洋技术转让的模式做了明确，提出确保为发展中国家缔约方开展能力建设，并通过合作向其转让海洋技术，特别是向有需要和提出要求的发展中国家缔约方转让海洋技术，同时考虑小岛屿发展中国家和最不发达国家的特殊情况。协定明确了能力建设和海洋技术转让的类型，即包括但不限于支持建设或加强缔约方的人力、财务管理、科学、技术、组织、机构和其他资源能力。

三、其他国际公约和多边、双边协议

跨界海洋生态环境治理的国际合作属于全球国际合作的一部分，除了《联合国海洋法公约》、BBNJ 协定等具有重大影响力的国际公约外，其他国际公约和多边、双边协议也在一定角度关注和规制海洋生态环境跨界治理问题，并以不同方式明确了环境跨界治理的基本制度、机制和相应的责任。

（一）其他全球性跨界海洋生态环境治理机制的发展态势

全球性的国际公约规制海洋生态环境治理的相关研究在“联合国体系下的相关制度”已经进行了全面阐述。近年来，海洋跨界污染的领域越来越细化，一是塑料污染，二是船舶压载水对跨界生态潜在的损害，相关制度建设有了进展。据不完全统计，80% 的海洋污染来自陆地，每年约 20% 的鱼类资源被非法捕捞，每年海洋上约会堆积 300 万吨的白色塑料垃圾。[①] 近年来，海洋环境中的微塑料污染所带来的威胁受到了全球的广泛关注。微塑料的普遍存在对海洋生态系统的影响、对生物多样性的风险和对人类健康的威胁是显而易见的，迫切需要一个标准化的管理战略来缓解全球沿海地区的微塑料污染，通过制定更有效的政策，包括减少塑料废物的激励措施，以及实施严厉的处罚，以帮助减少微塑料泄漏到海洋环境中。针对国际船舶压载水问题，2017 年 9 月制定的《国际船舶压载水和沉积物控制和管理公约》，大大加强了国际

① 《2014 国际海洋大会：80% 的海洋污染来自陆地》，海洋财富网，http://www.hycfw.com/Article/171765，访问日期：2023 年 1 月 22 日。

社会对船舶压载水转移有害水生有机体和病原体问题的控制力度。

除了一些刚性的公约规制外，柔性的治理机制在全球或区域的框架下不断构建。2017 年第 72 届联合国大会宣布 2021—2030 年为联合国“海洋科学促进可持续发展十年”，旨在通过激发一场海洋科学的深刻变革，在《联合国海洋法公约》框架下为海洋发展和海洋治理提供科学方案，使海洋继续为人类长期可持续发展提供强有力支撑。2020 年第 75 届联合国大会决议通过《关于海洋和海洋法》，鼓励各国和主管国际组织就海洋酸化观测与研究开展合作，减轻海洋酸化现象及其对珊瑚礁等珍稀海洋生境的影响。① 2021 年第二届线上海洋对话探讨了海洋十年从科学转向可持续发展解决办法的潜力。2022 年联合国第二次海洋大会讨论通过《2022 年联合国海洋大会宣言——我们的海洋、我们的未来、我们的责任》，倡导加大基于科学和创新的海洋行动力度，积极应对当前的海洋紧急情况，呼吁各方在加强数据收集、减少温室气体排放等领域采取进一步措施，同时创新融资渠道以实现可持续的海洋经济。2024 年联合国“海洋科学促进可持续发展十年大会”围绕“为我们想要的海洋提供所需的科学”主题，阶段性总结“海洋十年”取得的成就，规划未来合作，为全球海洋治理和应对海洋面临的问题和挑战提供科学解决方案，大会发布成果文件——《海洋十年愿景 2030 白皮书》，明确了最紧迫的 10 项挑战的应对方案。这些国际宣言和行动规定了缔约国或参与国在维护海洋生态环境上的义务和责任，对海洋全球海洋生态环境治理起到巨大的推进作用。

（二）区域间国际组织海洋环境合作治理机制

《联合国海洋法公约》多次提及区域性合作及其普遍适用的法律机制，公约认可海洋环境的区域性管理与保护，但是，对什么是“区域性”的，该公约没有做出具体的解释。目前，国际上的区域性海域包括基于闭海、半闭海所构成的海湾、海盆或海域，如地中海、波罗的海、红海、波斯湾等，也包

---

① 自然资源部海洋发展战略研究所课题组:《中国海洋发展报告（2021）》，海洋出版社，2021 年版，第 1 页。

括处于共同海岸线的区域性海域，如东北大西洋沿岸、南美洲太平洋沿岸等。海洋生态环境跨界治理的法律制度，最具适用性的还是在区域层面，大多体现为区域性海洋环境保护公约和区域性国际协议，如《赫尔辛基公约》《巴塞罗那公约》《地中海特别保护区和生物多样性议定书》《地中海海岸区域综合管理议定书》等。除此以外，区域性跨界环境治理还有许多软法类的行动计划和倡议等，这些软法规范没有法律约束力但会产生实际效力，如东盟10国领导人签署的治理海洋垃圾的《曼谷宣言》、黑海沿岸国家通过的《保护和恢复黑海战略行动计划》、东亚海沿海国家签署的东亚海环境管理伙伴关系计划（PEMSEA）等。

区域性跨界治理机制主要由联合国区域海项目设置，并通过建立区域性国际组织来实施。区域性国际组织是具有特定的地理特征或地缘关系，由区域内的成员组成的一类国际合作组织。区域组织开展跨界治理一般需要建立相应的治理机制。如1983年签订的《保护和发展大加勒比区域海洋环境公约》，即《卡塔赫纳公约》，是唯一有效的管理墨西哥湾大型海洋生态系统海洋环境的多边环境协定。墨西哥湾海洋生态系统提供了多样化的栖息地，支持了物种的高度多样性，包括特有和濒危物种，并为美国、古巴和墨西哥提供了自然资源。[①] 1992年，东北大西洋国家设立了东北大西洋环境保护委员会，通过了《保护东北大西洋海洋环境公约》。近年来，该区域的北欧部分国家面对正在不断堆积的海洋垃圾，依据公约调查海滩垃圾的相关来源，以预测和回溯可能的污染路径。[②] 近10多年来，区域性的跨界合作治理展现出新的特色，2009年通过的《保护和恢复黑海战略行动计划》《保护黑海不受陆地污染源危害议定书》是黑海海域环境治理的行动框架，为实现黑海海域生态环境保护的跨越性进步奠定了基础。[③] 北极区域治理日益受到关注，2013年北极理事会通过了《北极海洋油污预防与反应合作协

① Strongin K, Lancaster A, Polidoro B, et al. A Proposal Framework for a Tri-National Agreement on Biological Conservation in the Gulf of Mexico Large Marine Ecosystem. Marine policy, 2022, 139 (5): 105041.

② Strand K O, Huserbrten M, Dagestad K F, et al. Potential sources of marine plastic from survey beaches in the Arctic and Northeast Atlantic. Science of The Total Environment, 2021, 790 (4): 148009.

③ 谢学敏：《黑海国家通过一系列保护黑海环境文件》，《光明日报》，2009年4月9日。

定》，该协定是在北极各国注意到北冰洋油污对北极地区脆弱的自然环境将会产生不可修复的环境威胁背景下制定的，旨在督促缔约国提升北极领域油污应对能力。[①] 2018 年，东盟召开第五届国际“我们的海洋大会”，并在第 13 届东亚峰会中发表《关于消减海洋塑料垃圾的声明》。[②] 2019 年，东盟 10 国领导人在泰国曼谷签署了治理海洋垃圾的《曼谷宣言》，并发布了《东盟海洋垃圾行动框架》，呼吁东盟成员国与东盟利益相关的社会各方开展合作行动，共同治理东盟区域海洋垃圾。区域海洋国家推进海洋生态环境跨界治理的一系列举措对构建区域海洋治理机制，降低海洋生态环境损害风险有积极意义。

（三）国家间双边、多边海洋生态环境合作治理机制

国家间的海洋合作治理是一些国家合作关系中的重要议题。海洋具有整体性、复合性、流动性的特点，任何的生物及非生物资源开采活动的累积，都将导致对区域海洋生态环境的影响。因此，国家通过协商对某一具体海洋生态环境保护问题达成双边或多边的一致性协议，是解决海洋生态环境问题的重要途径。

欧洲地区在海洋环境和生态资源跨界保护领域，特别在跨界海洋保护区、海洋渔业捕捞上存在一定争议。法国、意大利和摩洛哥为了解决海洋保护区跨界治理问题，于 1999 年 11 月 25 日在罗马签署了《建立地中海海洋哺乳动物保护区协议》; 2020 年 1 月英国“脱欧”后，与法国在英吉利海峡相关海域就捕捞权问题一直纠纷不断，双方就渔业争端问题进行多次磋商，但未取得明显进展。

中国和周边国家的海洋合作也时有进展。如 2010 年 5 月 29 日举行的第三次中日韩领导人会议表决通过了《2020 中日韩合作展望》，其中第三条第四

---

① 蔡高强、朱丹亚：《“冰上丝绸之路”背景下中俄北极能源合作的国际法保护》，《西安石油大学学报（社会科学版）》，2021 年第 3 期，第 84–91 页。

② 全永波、史宸昊、于霄：《海洋生态环境跨界治理合作机制：对东亚海的启示》，《浙江海洋大学学报（人文科学版）》，2020 年第 6 期，第 24–29 页。

款表明:“我们将合作加强地区海洋环境保护，努力提升公众减少海洋垃圾的意识，重申落实西北太平洋行动计划框架性防止海洋垃圾的‘区域海洋垃圾行动计划’的重要性。”[①] 2015年1月，在中日第三次海洋事务高级别的协商后，双方同意依照有关国际法加强在环境、搜救及科技等领域的海洋合作。至2021年12月，中日海洋事务高级别磋商已经举办13轮，双方围绕两国间的涉海问题及推进双边海洋领域务实合作深入交换了意见。

总之，全球范围内跨界海洋生态环境治理的多边和双边协商一直存在，对解决跨国家间海洋生态问题特别是涉及具体现实问题纠纷解决上有积极的促进作用，但是由于国家间所秉持的立场和利益观不同，又缺乏全球治理机制的介入，有些谈判和磋商比较艰难，达成的协议也多以原则性为主。

第三节 国家管辖范围外海洋生态环境跨界治理的模式

作为全球海洋生态环境治理的重要组成部分，国家管辖范围外海洋生态环境跨界治理有其特有的时代背景和区域需求，并形成了相应的治理模式。本研究分析梳理了部分区域海的治理模式。

一、“综合+分立模式”: 地中海海洋生态环境跨界治理

地中海是欧洲、非洲和亚洲大陆之间的一块海域，是世界上最大的半封闭陆间海，跨越直布罗陀海峡与大西洋相互连通，总面积约为250万平方千米，沿岸有法国、摩纳哥、意大利、西班牙、土耳其、黎巴嫩等18个国家。地中海沿岸国家众多，人口数量大且人口密度高，是海上交通要道，随之带来较多的海洋污染问题。《地中海行动计划》(MAP)是当前联合国

① 全永波:《海洋污染跨区域治理的逻辑基础与制度建构》，浙江大学博士学位论文，2017年。

的 18 个“区域海洋项目”中较为成熟的一个。该计划主要任务涵盖资源开发管理、环境污染检测治理以及法律规范等多个方面，目标就是改善地中海海域的环境问题。地中海环境治理机制的独特之处在于采用有别于其他区域海的“公约 – 议定书”双重制度，并采用“综合 + 分立”的治理模式。

在实施阶段中，“综合 + 分立模式”构建的主要创新点在于确定了两种层次的法律制度，即“公约 – 附加议定书”（表 4–1）。第一步，地中海沿岸各国在 1976 年 2 月缔结了《地中海污染防治公约》，即《巴塞罗那公约》；第二步制定了两个议定书，即《防止船舶和飞机倾废污染地中海协议书》《合作防治在紧急状况下石油及其他有害物质污染地中海议定书》；第三步，《保护地中海区域免受陆源污染议定书》《地中海区域特别保护区域议定书》《保护地中海免受因勘探和开发大陆架、海床及其底土污染议定书》等其他法律性文件纷纷签署。在《巴塞罗那公约》中有很多条款是以鼓励的态度希望有能力的国家多承担地中海治理任务或倡导更多沿岸国家参与治理活动[①]，而上述附加议定书的侧重点在于制定和安排污染治理的措施与计划，公约和附加议定书两者的有机互补是地中海区域治理模式的亮点和核心内容。

表 4–1 《巴塞罗那公约》体系下的议定书[②]

第一阶段通过的议定书		第二阶段的修订与增补	
名称	时间	名称	时间
《防止船舶和飞机倾废污染地中海协议书》	1976年2月通过，1978年2月生效	经修订命名为《防止与消除地中海船舶及飞机倾倒或海上焚烧污染议定书》	1995年6月通过
《合作防治在紧急状况下石油及其他有害物质污染地中海议定书》	1976年2月通过，1978年2月生效	新取代命名为《合作防止船源污染及在紧急情况下防治地中海污染议定书》	2002年1月通过，2004年3月生效

① 全永波、史宸昊、于霄：《海洋生态环境跨界治理合作机制：对东亚海的启示》，《浙江海洋大学学报（人文科学版）》，2020 年第 6 期，第 24–29 页。

② 郑凡：《地中海的环境保护区域合作：发展与经验》，《中国地质大学学报（社会科学版）》，2016 年第 1 期，第 81–90 页。

续表

第一阶段通过的议定书		第二阶段的修订与增补	
名称	时间	名称	时间
《保护地中海区域免受陆源污染议定书》	1980年5月通过，1983年6月生效	经修订命名为《保护地中海区域免受陆源和陆上活动污染议定书》	1996年3月通过，2008年5月生效
《地中海区域特别保护区域议定书》	1982年4月通过，1986年3月生效	新取代命名为《地中海特别保护区和生物多样性议定书》	1995年6月通过，1999年12月生效
《保护地中海免受因勘探和开发大陆架、海床及其底土污染议定书》	1994年10月通过，2011年3月生效		
		《防止危险废物越境转移及处置污染地中海议定书》	1996年10月通过，2008年1月生效
		《地中海海岸区域综合管理议定书》	2008年1月通过，2011年3月生效

"综合＋分立模式"是根据各国的整体发展情况，采用灵活合理、循序渐进而非一刀切的方式，该举措有利于沿岸各国顺应形势的发展，并不会使对海洋渔业依赖性较大、经济基础建设较为薄弱的发展中国家遭受冲击。该治理模式促进了联合国环境规划署对生态环境治理的重视，加强了政府间的合作与交流，为周边国家提供了一种可接受又自由的方式。同时，积极鼓励非政府组织的参与，推动区域内各政府和非政府环保组织等紧密合作，发挥各自优势之处，有利于海洋生态环境治理常态化。[①]地中海区域合作治理模式虽成为当代全球海洋生态环境治理的典范，但也不是一成不变，而是推陈出新、与时俱进，是一个不断丰富发展的动态过程，随着科学的发展而引入更多符合时代潮流的内容，如可持续发展原则、污染者承担责任、预防原则等。

二、"综合模式"：黑海区域海洋生态环境跨界治理

区域海洋跨界治理的"综合模式"是把一定区域的海洋问题作为一个统一

① 张晏瑲、初亚男：《地中海区域海洋生态环境治理模式及对我国的启示》，《浙江海洋大学学报（人文科学版）》，2020年第6期，第30–35页。

整体、按照整体性思路构建治理框架，运用统一或协调的立法和机制治理海洋问题的一类模式。在“综合模式”的机制建构中往往有区域性的管理机构，区域国家均能按照规范遵守海洋治理的要求，波罗的海、黑海治理模式是较典型的“综合模式”。波罗的海治理模式已经为各界所熟知，黑海作为独特的战略存在，加之2022年起俄罗斯与乌克兰战争的影响，该模式是否能够得以继续，有待进一步观察。

黑海为欧洲东南部和亚洲小亚细亚半岛之间的陆间海，面积42.2万平方千米，海岸线长约3400千米。经刻赤海峡与亚速海相连，通过博斯普鲁斯海峡向西与地中海相连。黑海沿岸国家有俄罗斯、乌克兰、土耳其、罗马尼亚、保加利亚、格鲁吉亚、摩尔多瓦等。

黑海治理自1992年制定《保护黑海免受污染公约》开启，2009年4月，黑海沿岸6国格鲁吉亚、罗马尼亚、土耳其、乌克兰、俄罗斯和保加利亚通过了《保护和恢复黑海战略行动计划》《保护黑海不受陆地污染源危害议定书》等一系列保护黑海环境的文件[①]，提出水污染的跨国治理是共同治理的典型问题，需要有效的制度创新和政策创新。黑海治理以全球环境基金（GEF）为核心决策机构，动员沿岸周边国家开展了类型多样的跨界治理项目，总结出许多有益的跨界治理经验，其运作模式为中国环境治理提供了有益经验。

首先，通过国际力量促成多国协议签署。历史上黑海区域沿岸国家存在较为紧张的政治关系，在这种情况下，全球环境基金协调黑海沿岸国家，与欧盟联合共同签署了相互合作的约定和协议。欧盟的强力介入，为黑海区域沿岸国家带来了先进的技术和充足的资金，最终为黑海地区的跨界合作治理注入了新的活力。

其次，策划和实施具体合作项目。全球环境基金针对黑海的特点与海洋环境的状况，策划和实施了一系列跨界治理项目，并取得了较好的成果。在项目制定与运作过程中，都是由全球环境基金提供资金协助并寻求各类国际组织的参与，在获得多方的技术支持、资金协助的前提下，通过制定相互协调的治理项目并营造跨界治理的氛围，最终实现黑海区域环境治理的稳定发展。

---

① 全永波、史宸昊、于霄：《海洋生态环境跨界治理合作机制：对东亚海的启示》，《浙江海洋大学学报（人文科学版）》，2020年第6期，第24–29页。

再次，举办黑海区域环境论坛，构建社会参与机制。全球环境基金在黑海区域成立了“黑海非政府组织论坛”，目的在于推动国际社会组织参与黑海区域的治理行动，其成员包括来自保加利亚、罗马尼亚、乌克兰等50个国家的非政府组织。该组织主要通过促进非政府组织与政府、地方居民和其他利益相关者的合作来保护黑海区域的水资源、促进生物多样性。该组织于1998年与“黑海非政府社区”合并，更名为“黑海非政府组织网络”，制定相关非政府组织行动方案并定期举行相关论坛会议，成为黑海区域一股不可忽视的社会力量。

三、“分立模式”：北海—东北大西洋海洋生态环境跨界治理

海洋治理的“分立模式”一般是因跨区域海洋的海域情况不同，区域海洋国家之间选择以某一两个国家间或国家与国际组织间小范围合作治理特定海域海洋环境，而不采取统一确定治理框架的模式，北海—东北大西洋治理就属于这类“分立模式”。

北海海域油气资源丰富、海上交通条件优越，繁忙的国际航运与日益增多的油气资源开发活动给北海带来了巨大的生态环境风险。为此，北海沿岸国家签署了相关协议，逐步建立区域应急合作机制，取得了显著效果。北海—东北大西洋的海洋治理合作在全球区域海洋治理行动上走在前列，合作机制的形成往往因具体的重大个案而引发，如发生于1967年的“托雷·卡尼翁”号油轮事故，促使与污染防治相关的国际公约先后制定，主要包括1969年的《应对北海油污合作协议》、1983年的《处理北海油污和其他有害物质合作协议》等，北海的区域溢油应急合作机制得以确立。之后所在沿海国家签署了一系列的公约或协定，如《奥斯陆倾倒公约》《奥斯陆－巴黎公约》等，但始终未能全部包含北海—东北大西洋区域的所有海洋生态环境治理问题，一些协议忽略了对海洋生态环境的整体保护。但从另一方面看，国际海事组织的介入促使北海油污风险得到进一步关注，预防和控制船舶源海洋污染相对应的原则和标准是国际公法中管制最充分的领域之一。国际海事组织承认非法石油污染受害者的权利，并确定了世界上需要特别关注的特定海域，北海是其中之一。国际海事组织根据国际法和欧盟区域法审查因非法排放石油

而造成自然资源损害，并建立责任制度。[①]

北海—东北大西洋区域周边各国家都是成熟、发达的工业化国家，同时，这些国家都有着相似的文化和政治价值。这一区域的海洋合作均采用分立模式，即各国和小型区域组织先行制定独立的法律来解决具体不同的海洋环境污染问题。这种模式的前提是，北海—东北大西洋区域国家有相似的国情，能够对海洋环境保护达成共识，同时，各方又能够在分立的合作模式下，单独缔结相关的协议。[②]在分立模式下，欧盟发挥了重要作用，但在北海地区由于英国在 2020 年 1 月退出欧盟，北海—东北大西洋环境治理的分立性特征更加凸显。

2016 年，欧盟委员会通过了首个欧盟层面的全球海洋治理联合声明文件，称将从减轻人类活动对海洋的压力、加强海洋科学研究国际合作和发展可持续的蓝色经济、改善全球海洋治理架构三大优先领域[③]，致力于应对海上犯罪活动、粮食安全、贫穷、气候变化等全球海洋挑战，以实现可靠、安全和可持续地开发利用全球海洋资源。[④]欧盟委员会提出要不断完善全球海洋治理架构，当今全球海洋治理模式还需进一步发展和深化。为此，欧盟将与其他国际伙伴加强合作，确保国际海洋治理目标早日达成。为了减轻人类活动对海洋的压力和可持续地开发利用海洋资源，国际社会需要进一步加大对全球海洋的研究力度。为此，欧盟将深度发展欧洲海洋观测和数据网、欧盟蓝色数据网等海洋研究网络，并使其拓展为全球范围内的海洋数据网络。

北海—东北大西洋区域周边渔业资源丰富，北海渔场是世界四大渔场之一。20 世纪 70 年代末，200 海里专属经济区（EEZ）的建立，需要邻国加强合作，以管理跨界鱼类种群。然而，1982 年《联合国海洋法公约》并没有具体规定如何分配跨越专属经济区的种群配额，也没有针对诸如气候变化以及不同物种间的极地分布变化等情形制定跨界渔业种群的配额分配办法。渔业资源丰富的东北大西洋如何在渔业捕捞上进行区域分配需要在

① 李静、周青、孙培艳，等：《欧洲北海溢油应急合作机制初探》，《海洋开发与管理》，2015 年第 6 期，第 81–84 页。

② 张相君：《区域海洋污染应急合作制度的利益层次化分析》，厦门大学博士学位论文，2007 年。

③ 全永波：《海洋污染跨区域治理的逻辑基础与制度建构》，浙江大学博士学位论文，2017 年。

④ 周超：《三大优先领域应对海洋挑战：欧委会发布首个全球海洋治理联合声明》，《中国海洋报》，2016 年 11 月 16 日。

沿海国之间进行配额谈判，但没有达成全面协议，而且如北方鳕鱼的配额是由欧盟单方面设定的，尽管其数量已超出欧盟水域，进入北海北部。①同时，由于对高度渔业互动对鲸目动物种群的影响感到担忧，欧洲通过了若干国际协定和区域立法。欧洲联盟通过共同渔业政策（CFP）管理其成员国的渔业活动。CFP 的理事会条例（EC）812/2004 特别涉及渔业的缓解，以减少渔具中鲸目动物的附带捕获量。②

另外，英国作为北海—东北大西洋区域沿岸的主要国家，在海洋生态环境治理中有自己独立的法律制度体系。为实现海洋可持续发展，英国于 2009 年颁布了《海洋与海岸带准入法》（又称《英国海洋法》），该法创立了综合管理海洋开发利用的海事管理新部门，明确了英国严格的海域使用规划，建立并健全了海岸带管理的制度。③之后，英国于 2014 年出台并生效了首个海洋空间规划——英格兰东部海洋空间规划。在英国海洋开发利用活动中，可持续发展理念贯穿始终。英国 1990 年《环境保护法》第七十三条明确规定了制定和执行反陆基污染的法律制度；《1995 年商船法》严格执行《联合国海洋法公约》关于船只污染、船只适航以避免污染以及避免因人员伤亡而造成污染等问题的措施规定；④ 2009 年《海洋与海岸带准入法》中增加了海洋自然保育章节，规定了关于海洋保护区的建立条件等。英国自 1983 年制定《英国捕捞渔船法》后，陆续颁布《海洋鱼类（保护法）》《1997 年渔业限制令》《渔业法修正案（北爱尔兰）》等，对英国海洋渔业资源开发做出较为详细的规定。2006 年英国政府发起《英国生物多样性行动计划》，着重保护英国海洋生物多样性，英国政府也通过地方与中央两个级别的统筹，建立起较为完善的生物

① Gullestad P，Sundby S，Kjesbu O S. Management of transboundary and straddling fish stocks in the Northeast Atlantic in view of climate-induced shifts in spatial distribution. Fish and Fisheries，2020，21（5）：1008–1026.

② Read F L，Evans P G H，Dolman S J. Cetacean Bycatch Monitoring and Mitigation under EC Regulation 812/2004 in the Northeast Atlantic，North Sea and Baltic Sea from 2006 to 2014. 2017.

③ 曹艳春、马钱丽：《英国海洋环境保护法律制度及其启示——以〈海洋与海岸带准入法〉为例》，《浙江海洋大学学报（人文科学版）》，2020 年第 6 期，第 48–51 页。

④ 李光辉：《英国特色海洋法制与实践及其对中国的启示》，《武大国际法评论》，2021 年第 3 期，第 40–61 页。

多样性养护体系。[①]英国的一系列国家立法和规划对参与北海—东北大西洋环境治理有积极的支撑作用，但也说明北海—东北大西洋海洋生态环境治理具有明显的分立特征。

第四节 国家管辖范围外海洋生态环境跨界治理机制的评价与反思

随着全球海洋生态环境治理在区域性海域成为热点，海洋生态环境跨界治理总体呈现出积极的态势，2023 年 9 月 BBNJ 协定签署后对环境跨界影响高度关注，而国家力量的差异使国家间合作不足等因素，促使未来的跨界海洋生态环境治理理应加强合作，并促使全球海洋治理规则在平衡环境效益和国家负担能力的基础上进一步完善。

一、海洋生态环境跨界治理制度的实施成效

纵观现有跨界海洋生态环境治理的制度规制，对主权国家参与治理的责任和义务从全球、区域、国家内部等多层级的视角进行了明确。主要呈现出以下特点。

第一，在制度上明确了跨界海洋环境污染的国家责任。国际公约考虑了资源整合机制（契约、权力和合作）和结构（市场、排他性结构和包容性结构）的组合，分析了这些组合及其在信息、知识共享和创造、参与和授权方面的关键影响[②]，以此确定国家在海洋治理中应尽的责任。但这种责任的确立既有以《联合国海洋法公约》等为基准带有规制性质的模式，采取以国家间强

① 李光辉：《英国特色海洋法制与实践及其对中国的启示》，《武大国际法评论》，2021 年第 3 期，第 40–61 页。

② Sacchetti S，Catturani I. Governance and different types of value：A framework for analysis. Journal of Co-operative Organization and Management，2021，9（1）：100133.

制力为支撑的制度性治理，也包括非规制性的模式，是以合作、柔性的制度或机制为代表，国家责任负担则以自觉性行动为基准。

跨界环境治理更多在区域治理框架中体现国家责任的分担。这类的跨界合作多见于溢油污染、核污染水跨界流动等具体个案中。在欧洲，当局日益认识到海洋经济活动相互之间以及对海洋环境的相互关联的复杂性和跨界影响，促进欧洲邻国成员国与其他非欧盟边界国家之间在实施海洋空间规划方面的跨境协调与合作，对于确保欧洲海洋生态环境的可持续管理至关重要。在过去十年中，一直在逐步努力协调国家海洋规划，以确保对在欧洲海域开展的活动采取协调一致和可持续的办法，如《海洋空间规划指令》（2014/89/EU）指出，成员国之间的区域协调与合作是制定和实施国家海洋空间规划的一项要求。[①]

第二，基于生态系统的海洋生态环境跨界治理机制逐渐构建。由于海洋具有生态性和跨界性特征，海洋生态环境需要基于生态系统开展跨界治理，所以主权国家、区域组织、企业等相关主体形成治理合力，强调治理方案要体现海洋生态系统结构、机制的完整性和生态恢复特点，按照“大海洋生态系统”为治理前提，采取因地制宜的措施。[②]不少专家研究了基于生态系统实施海洋治理的可行性，越来越多跨界海洋生态环境治理的国际案例也证明基于生态系统的海洋生态环境治理具有有效性和科学性。尽管本章研究了国家管辖海域外海洋生态环境跨界治理中的三种模式，但随着实践进程的变化也会有所变化。以欧盟为例，2008 年《欧盟海洋战略框架指令》（MSFD）的实施对于欧洲近海的海洋环境保护有积极意义。根据《欧盟海洋战略框架指令》（MSFD），在北海—东北大西洋区域海治理中，法国、爱尔兰和英国（包括北爱尔兰和马恩岛）等必须共同努力，推进海洋保护区网络建设，确保海洋资源开发保护的协调性。[③]近年来，BBNJ 协定谈判过程中，各国就是以关注国

① Grunt L S D，Ng K，Calado H. Towards sustainable implementation of maritime spatial planning in Europe：A peek into the potential of the Regional Sea Conventions playing a stronger role. Marine Policy，2018，95（9）：102–110.

② Kildow J T，Mcilgorm A. The importance of estimating the contribution of the oceans to national economies. Marine Policy，2010，34（3）：367–374.

③ Foster N L，Rees S，Langmead O，et al. Assessing the ecological coherence of a marine protected area network in the Celtic Seas. Ecosphere，2017，8（2）：e01688.

家管辖外海域的生物多样性保护为目标，通过达成全球性的协定，以填补国家管辖范围以外海洋生物多样性的养护和可持续利用方面的制度空白。

第三，海洋生态环境跨界治理的领域不断延伸，制度化安排有所强化。从传统的渔业资源跨界保护，到海洋垃圾不断受到重视，以及因突发污染事件的合作或者斗争（如日本宣布排放福岛核污染水），引发海洋生态环境治理的争议并演变为国家政治、经济等领域的角逐。《燃油污染损害民事责任国际公约》（2001）大幅度增强了船舶所有人和船舶保险人的责任，也相应加重了政府管理机构的履约责任和管理负担。[①]该公约第三条规定，除非符合公约规定的免责条件，船舶所有人应对船舶燃油污染损害负责，船舶所有人为多人的则负共同连带责任。第二次世界大战以后，海洋保护区（MPA）被公认为海洋保护的高效工具，它们也可能在减缓气候变化方面发挥重要作用。各种气候变化解决方案植根于海洋，主要围绕“蓝碳”和海洋生物封存二氧化碳（CO_2）的能力，提出海洋碳汇对全世界减缓和适应气候变化的相关措施。然而，这些解决方案的全球潜力仍然被误解和未开发。研究认为，增强海洋保护区的蓝碳潜力可能是减少碳排放的关键因素，并可能为海洋环境和人类社会带来许多额外好处，例如重建生物多样性和维持粮食生产。[②]

当前，海洋生态环境的跨界治理不再是单一的环境合作问题，尤其应尝试在争议海域就环保、科研、航道安全、搜救等各领域建立涵盖各层级的区域合作制度，需要按照“主张最小化、合作最大化”思路，对海洋治理做出切实可行的制度性安排[③]，这是解决跨界海洋治理问题的应有之策。

二、海洋生态环境跨界治理的现实困境

当前，跨界海洋生态环境治理存在整体性治理下构建环境价值理念不足，

① 汪益兵、马金勇：《我国实施〈国际燃油污染损害民事责任公约〉的若干问题及对策》，《航海技术》，2010年第1期，第48–51页。

② Jankowska E，Pelc R，Alvarez J，et al. Climate benefits from establishing marine protected areas targeted at blue carbon solutions. Proceedings of the National Academy of Sciences of the United States of America，2022，119（23）：e2121705119.

③ 吴士存：《南海：可成海洋命运共同体的“试验田”》，《环球时报》，2021年9月14日。

“搭便车”现象明显，全球和区域对国家责任的规制和超国家利益的体现不够，跨界海洋生态环境治理机制构建存在一定的现实困境。

（一）跨国界污染管辖权不清

国际环境和资源以国家的管辖范围为依据可以分为国家管辖范围之内的环境和资源、由两个或多个国家共享的环境和资源、国家管辖范围之外的环境与资源三种类型。[①] 在跨国界海洋环境污染治理中，管辖权问题一直是治理机制构建的焦点。《联合国海洋法公约》对这一问题做出了具体规定，公约第十二部分“海洋环境的保护和保全”第五节“防止、减少和控制海洋环境污染的国际规则和国内立法”将海洋污染的来源分为六类。[②] 除来自“区域”内活动的污染要涉及国际海底管理局管辖外，其他几类污染主要涉及三方的管辖权，即沿海国、船旗国和港口国，如停泊在港口的船只排放污染物，则上述三方均有管辖权。这类管辖权的不清和多主体给海洋生态环境治理带来很大的难度，船旗国、港口国、沿海国之间应如何确定职权和管辖范围，这些问题需要国际社会和各国进行认真分析、探讨。[③]

（二）国家主体或区域组织力量差异导致国家环境责任承担不足

海洋环境治理力量的差距根本原因在于不同国家的能力与意愿。导致国家环境责任承担不足的原因较多。一是国家自身治理意愿不足、治理力量投入有限。许多发展中国家自身面临结构性困难，在国家层面上可能无法实行有效的海洋治理政策，况且跨界海洋环境治理不是他们最需要的治理诉求。如加勒比海各国长期基于各自的国家考量，缺乏环境整体性价值，往往将各

---

① 王曦：《国际海洋法》，法律出版社，2005 年版，第 88 页。

② 全永波：《全球海洋生态环境多层级治理：现实困境与未来走向》，《政法论丛》，2019 年第 3 期，第 148–160 页。

③ 同②。

自的国家利益作为最高目标，忽略了海洋生态环境治理的特殊性，合作化意识淡薄，因此，尽管是一个开放型海域，但是加勒比海常年垃圾成堆。[①] 1983 年，加勒比海的 17 个主要国家签订了《保护和发展大加勒比区域海洋环境公约》，即《卡塔赫纳公约》，然而这一公约没有就区域国家的利益达成一致。即便在一体化程度最高的欧盟，在海洋战略框架指令提供了具有约束力的法律框架和执行方面众多支持的情况下，依然要面对成员国政治意愿不足的问题。二是治理受外部冲击或由于主体自身原因致使合作难以实施。经济危机、武装冲突等造成国家生存权优位于海洋环境治理的政策安排，故而在具备能力投入海洋环境治理的国家，也存在相互之间目标冲突、缺乏协调而影响跨界治理机制的有效性。面对日益复杂的跨界海洋治理问题，多元主体在完成各自使命之时力不从心也属正常。当然也会有个体国家能力不足，需要以区域合作的方式去争取更大话语权的情况，比如高度依赖海洋的南太平洋岛国就有很强的意愿通过开展区域合作来进行海洋治理。三是跨界海洋权益上存在冲突，海洋环境治理的国家责任无法落实。如因克罗地亚和欧盟之间有海洋权益冲突，特别是与斯洛文尼亚有海洋边界争议，2003 年 10 月，克罗地亚议会宣布在亚得里亚海设立生态和渔业保护区，但克罗地亚渔船队的发展与共同渔业政策背道而驰，因此这种保护区管理短期内很难开展。[②] 而针对缓慢发展的生态系统影响则缺少具体合作的责任框定。

（三）海洋生态环境跨界治理多重机制衔接不足，影响环境治理的效果

跨界海洋生态环境治理作为海洋治理的重要层次，依托区域一体化组织、区域海项目、区域渔业机构和大海洋生态系统，形成各具特色的治理机制，在

① 全永波、叶芳：《“区域海”机制和中国参与全球海洋环境治理》，《中国高校社会科学》，2019 年第 5 期，第 78–84 页。

② Grunt L S D，Ng K，Calado H. Towards sustainable implementation of maritime spatial planning in Europe：A peek into the potential of the Regional Sea Conventions playing a stronger role. Marine Policy，2018，95（9）：102–110.

海洋治理中各自发挥了独特的作用。[①]在区域性海洋跨界治理机制中，区域一体化组织在多部门协调上具有先天优势，但现实中工作也是仅聚焦于个别领域，比如区域海项目原则上需要多部门合作的，必须与其他国际机构，如国际海事组织（IMO）、国际海底管理局（ISA）、国际粮农组织和区域性渔业机构等进行合作，但实际上在许多领域这些机构间并不能达到有效合作；区域性渔业机构是一个部门性区域海洋治理安排，聚焦于渔业领域，即便近年来也将基于生态系统管理理念纳入其中；大海洋生态系统（LME）从生态系统的角度出发理应是跨部门的，但在应用中主要集中于科学基础却很少有治理的部分。尽管基于生态系统管理的理念已经从科学家群体进入实践者人群，联合国体系下的国际机构也在海洋治理过程中努力推广相关的工具与方法，但海洋生态环境治理的分散性和碎片化仍然大量存在，实际上大大影响了机制的有效性。

三、海洋生态环境跨界治理的政策展望与未来走向

近年来，海洋生态环境治理机制逐渐走向制度化，海洋生态环境跨界治理规则也在重新调整，但这种调整往往是多年来国家间努力谈判的结果。联合国框架下的海洋生态环境跨界治理政策受到规则重构、科技发展等因素影响，在海洋命运共同体理念框架下，海洋生态环境跨界治理也呈现出以下几个特征。

（一）全球性海洋生态环境治理规则正在重构

近几年，世界逆全球化现象十分突出，海洋领域的治理也存在合作缺失等问题，全球海洋生态资源与环境管理规则不断收紧已是大势所趋。面对这种现状，全球多数海洋国家开始重新审视合作治理的必要性。以联合国为中心的海洋生态环境治理体系在发展完善过程中呈现出可喜的局面，2017年

① 于霄、全永波：《区域性海洋治理机制：现状、反思与重构》，《中国海商法研究》，2022年第2期，第82–92页。

6月5—9日，在联合国总部，联合国举行了第一届海洋大会[①]，这是在海洋治理领域重塑联合国中心治理体系的标志。

大国为了自身利益，可能会退出全球性质的公约，选择构建区域性或双边的法律规范，而这些功能性制度和规范之间并没有形成一种结构上的有机联系，它们之间相互冲突。[②]而国际法的分散性，将进一步导致其在治理国际事务中的适用困境，可能会产生国家必须要遵守两种相互排斥的义务的情形，从而引发国家责任与国际争端，给国际社会之稳定带来不利影响。[③]国家管辖范围以外区域海洋生物多样性问题是当今国际海洋领域最受关注的热点问题之一，BBNJ 协定的构建需要对现有国际秩序提出新的发展要求。尽管联合国大会第 69/292 号决议肯定了 BBNJ 养护和可持续利用问题的重要性，但 BBNJ 协定中环境影响评价作为保护海洋生态环境的一项重要措施，在国家管辖范围外海域的管理实践中仍是一个有待研究的新问题。在 BBNJ 协定开放签署后，BBNJ 协定下的公海保护区规则将不再是对各国海上行为的桎梏，而是更深层次的价值导向，成为对“人类命运共同体”和“海洋命运共同体”理念的践行，进一步促使公海海洋生态环境跨界治理突破条约困境。[④]

BBNJ协定主要聚焦于海洋生物多样性的保护与可持续利用[⑤]，在全球的海洋治理策略中，海洋资源的开发与利用往往涉及在生物多样性的保护与资源的可持续性之间寻求均衡，BBNJ 协定为实现这一目标提供了重要的法律框架和指导[⑥]，如海洋保护区的设立、环境跨界影响评估机制的构建等，协定实施后将增强诸多组织和利益攸关方开展海洋相关活动的一致性、协调性，有利

---

① 全永波：《全球海洋生态环境多层级治理：现实困境与未来走向》，《政法论丛》，2019 年第 3 期，第 148–160 页。

② 古祖雪：《国际法：作为法律的存在和发展》，厦门大学出版社，2018 年版，第 174 页。

③ 何志鹏、王艺曌：《BBNJ 国际立法的困境与中国定位》，《哈尔滨工业大学学报（社会科学版）》，2021 年第 1 期，第 10–16 页。

④ 刘美、管建强：《从区域实践到普遍参与：BBNJ 协定下公海治理的条约困境》，《中国海商法研究》，2021 年第 2 期，第 102–112 页。

⑤ 郑苗壮、刘岩、裘婉飞：《国家管辖范围以外区域海洋生物多样性焦点问题研究》，《中国海洋大学学报（社会科学版）》，2017 年第 1 期，第 62 页。

⑥ 唐议、王仪：《评 BBNJ 协定下建立划区管理工具的国际合作与协调》，《武大国际法评论》，2023 年第 5 期，第 2 页。

于对公海及国际海底区域的活动进行更全面的管理。

公海与国际海底区域蕴藏着丰富的海洋资源，为人类提供了宝贵的生态、经济、社会、文化、科学和粮食安全效益。[①]从全球角度看，随着各国加大碳中和的努力，预计全球对某些关键矿物的需求可能在未来几十年内增加400%至600%，深海矿产资源有助于满足全球对关键矿物的迫切需求。随着人类深海勘探开发活动的不断展开，国家管辖范围以外的海域和近海一样面临着污染、气候变化和生物多样性丧失带来的诸多压力，深海资源的开发与环境保护成为全球各国讨论的重点。全球各国在《开发规章》制定开始后，不断提出诸如开发中的环境保护等问题。世界海洋国家对深海资源开发的态度不一，包括中国在内的BBNJ协定的主要谈判参与国和签字国，无论从价值判断、构成要素以及关联问题等方面必须做出有效回应，促进全球性海洋生态环境治理规则的重构。

（二）科技的迅速发展使得全球海洋跨界治理能力不断提升

海洋科技发展成为提升国家海洋发展竞争力的重点，对全球海洋跨界治理机制的影响也是显而易见的。以我国为例，《中华人民共和国国民经济和社会发展第十四个五年规划和2035年远景目标纲要》提出在深地深海等领域实施前瞻性、战略性的重大科技项目，在数字海洋、海洋工程装备、海洋能源等领域加速发展。规划同时提出要“深化与沿海国家在海洋环境监测和保护、科学研究和海上搜救等领域务实合作，加强深海战略性资源和生物多样性调查评价”等。当前，和海洋生态环境监测有关的科学技术主要包括：海洋电子和网络技术、海洋遥感技术、海洋绘图技术和水声学科学技术等。未来的趋势是，海洋核心科技掌握在哪个国家，哪个国家的海洋生态环境治理能力就越强，这对海洋生态环境治理的话语权重构具有一定影响。[②]BBNJ协定中提出的跨界环境影响评估必然需要海洋技术的支撑，海洋环境监测技术的提高有利于评估的有

① 黄硕琳、邵化斌：《全球海洋渔业治理的发展趋势与特点》，《太平洋学报》，2018年第4期，第70页。

② 全永波：《全球海洋生态环境多层级治理：现实困境与未来走向》，《政法论丛》，2019年第3期，第148–160页。

效性。因海洋是相对独立的生态系统，在治理过程中容易形成有针对性的科学方法和科学体系，现实中国际上把大量的技术规范、操作规程、环境标准等吸收到国际环境立法之中，也成为海洋生态环境跨界治理的技术基础。①

20 世纪 80 年代，以美国、日本为代表的发达国家先后制定海洋开发战略规划，将优先发展高水平海洋科技作为重要内容，以期在日后全球海洋治理竞争和海洋实力比拼中取得优势。②到 21 世纪，发展中国家对海洋重要性的认识逐渐清晰，各国纷纷加速参与海洋开发和以海洋科技发展提升国际海洋竞争力的进程。美国作为海洋大国不断加深对海洋资源的勘探开发和维护海上安全，极其重视海洋观测系统的建设，并发展形成了完善的海洋综合监测系统。③长期以来，美国在其国家海洋发展战略中强调在保持海洋探测、深海矿产资源勘探与开发领域世界领先地位的基础上④，进一步加大投资力度，扩充对深海和外洋的观测能力，开展深海底调查研究和高新技术研发。⑤欧盟国家在海洋观测探测相关政策和规划的制定和实施中保持稳步前进的趋势，高水平海洋观测探测能力提升一直是欧盟国家海洋战略的重要组成部分。⑥日本一直以来积极开展海洋活动，从 21 世纪初期起坚持以发展海洋装备为核心的海洋战略。近年来，日本政府倾向"与海共生"的战略思想，重点关注航运去碳化技术的研发⑦，对提升全球绿色航运产业发展有一定的示范价值。全球海洋治理的跨界性特征，需要世界海洋组织和海洋国家共同参与，并通过发展科技优化海洋大国落实"海洋十年"等全球海洋治理机制，可见，促进海洋科

① 秦天宝：《国际环境法的特点初探》，《中国地质大学学报（社会科学版）》，2008 年第 3 期，第 16–19 页。

② 中国海洋网 . 海洋高新技术发展的五个重点前沿领域 .（2015–05–21）[2024–05–05] . http://www.hycfw.com/Article/17604.

③ 杨振姣、闫海楠、王斌：《中国海洋生态环境治理现代化的国际经验与启示》，《太平洋学报》，2017 年第 4 期，第 81–93 页。

④ 王晓静、朱鹏飞、王国亮，等：《美国水下战发展新思路》，《现代军事》，2017 年第 S1 期，第 215–218 页。

⑤ 李双建、陈韶阳：《深海资源：新一轮国际争夺的目标》，《领导之友》，2015 年第 2 期，第 55–56 页。

⑥ 蒋成竹、张涛、吴林强，等：《欧盟海洋探测和观测体系构建现状与发展趋势》，《自然资源情报》，2023 年第 6 期，第 29–34 页。

⑦ 马俊宇、陶金：《现代日本海洋战略发展过程考析》，《水上安全》，2023 年第 5 期，第 4–6 页。

技发展对海洋跨界治理能力的提升具有重要意义。

（三）跨界治理行动围绕全球各区域大海洋生态系统和“海洋命运共同体”理念展开

海洋生态环境治理突出以“大海洋生态系统”为基础，按生态系统空间范围的标准划定海洋管理边界[①]，比较常见的基于生态系统的海洋生态环境治理的实践包括：欧盟建立了欧洲水域空间规划系统，旨在实现共同的海洋空间规划框架以及欧盟水域和沿海区域海岸带综合治理；地中海国家通过了《地中海行动计划》，该计划从海洋资源整体规划、动态监测、环境评估、海洋立法、制度与财政支持几个方面对地中海生态治理做出了详细规定。[②]国际社会在公海生态系统的跨界治理方面还存在其他多样化的实践，并形成了相应的规则，包括联合国粮食及农业组织的脆弱海洋生态系统、国际海事组织的特别敏感海域制度、国际海底管理局的环境特别关注区等。[③]随着BBNJ协定通过实施，跨界治理能力建设进一步提升，国家管辖范围以外区域海洋生物多样性缔约方大会作为体制安排定期举行，协商BBNJ协定的执行。缔约方大会通过设立科学和技术机构、秘书处，建立信息交换机制等开展全球海洋资源的合作保护。BBNJ协定第三部分第十七条目标中提到“加强国家、相关法律文书和框架以及相关全球、区域、次区域和领域机构间的合作与协调”。海洋命运共同体理念是对全球海洋治理机制和规则体系的补充和完善，其治理价值对于构建合作共赢的全球海洋秩序，具有重要的现实意义。随着全球海洋合作的呼声日益高涨，集体合作行动的推进对于有效应对海洋生态环境跨界治理至关重要。海洋命运共同体理念包含着海洋利益和责任相统一的思想，即摒弃涉及本国海洋利益时强行推行有利于本国的海洋规则，并倡导各国作为命运共同体的成员而非完全

---

① Kenneth Sherman. Adaptive Management Institutions at the Regional Level：The Case of Large Marine Ecosystems. Ocean & Coastal Management，2014，(90)：38–49.

② 全永波：《全球海洋生态环境治理的区域化演进与对策》，《太平洋学报》，2020年第5期，第81–91页。

③ 刘美、管建强：《从区域实践到普遍参与：BBNJ协定下公海治理的条约困境》，《中国海商法研究》，2021年第2期，第102–112页。

"孤立"的个体，携手应对共同面临的海洋问题和海上威胁与挑战。

（四）全球性跨界污染的新领域不断呈现

海洋污染对海洋生物多样性与生态系统功能构成日益严重的威胁，由于海水的流动性与海洋生态系统的整体性特征，海洋污染的外溢与扩散问题变得更加突出，新情况和新问题不断涌现[①]，海洋污染的跨界影响问题成为国际社会关注的焦点，全球性组织和海洋国家持续努力以推进海洋跨界污染治理，以联合国为中心的海洋生态环境治理体系在新的治理领域不断获得新的治理成效。2022年6月，联合国海洋大会在葡萄牙里斯本举行，这是第二次联合国海洋大会。此次大会由葡萄牙和肯尼亚政府共同主办，大会主题为"扩大基于科学和创新的海洋行动，促进落实目标14：评估、伙伴关系和解决办法"，旨在鼓励国际社会探讨可持续性的解决方案，以应对海水污染、酸化、非法捕捞和生物多样性丧失等海洋所面临的一系列挑战，更好地保护人类赖以生存的海洋资源。

近年来，海洋生态环境治理呈现出新的发展领域和治理要求，这些领域均具有跨界的特征。

一是海洋环境中的微塑料污染所带来的威胁受到全球广泛关注。塑料垃圾已遍及全球海洋，从近岸到公海、从赤道到极地、从表层海水到大洋深渊，都发现了塑料垃圾和微塑料。目前，研究者一般将长度小于5 mm的塑料颗粒、塑料纤维等称之为微塑料。[②]海洋微塑料污染2004年才被英国科学家发现并提出，至今已经成为世界性最受关注的生态环境问题之一。微塑料对海洋生态系统的影响主要体现在三个方面。首先，微塑料易造成海洋动物进食器官的堵塞。已有研究发现，一系列的海洋生物，包括浮游动物、底栖无脊椎动物、双壳类、鱼类、海鸟、大型海洋哺乳动物等能够摄食微塑料，一旦摄食，微塑料可能会对生物产生机械损伤，堵塞食物通道，或者引起假的饱食感，进而引起摄食效率降低、能量缺乏、受伤或者死亡。其次，许多塑料

① 全永波：《海洋环境跨界治理的国家责任》，《中国高校社会科学》，2022年第4期，第133–141页。

② GESAMP. Sources，Fate and Effects of Microplastics in the Marine Environment: A Global Assessment. London：International Maritime Orgnaization，2015：90–96.

中含有有毒物质，这些有毒物质能随着微塑料被吞食而释放出来，并进入生物体内。第三，微塑料易成为海水中有毒化学物质的载体，间接影响海洋生物。微塑料大的比表面积及其疏水特性，使其更容易吸附水体中的污染物，动物摄食后引发毒性效应。[①]

海洋塑料垃圾造成的后果是全球性的，包括内陆国在内的所有国家都会受到其直接或潜在的危害，迫切需要一个标准化的管理战略来缓解全球沿海地区的微塑料，通过制定更有效的政策，包括减少塑料废物的激励措施，以及实施严厉的处罚，以帮助减少微塑料泄漏到海洋环境中。为减少海洋塑料垃圾的数量，降低其影响，国际社会已在全球、区域和国家等层面采取了多项治理举措，取得长足的治理进展。[②]

二是海洋酸化已成为具有全球性影响的重大环境问题。海洋酸化问题的直接原因即海水对二氧化碳的过量吸收，导致酸碱度降低的现象。2003 年，研究者量化了人为二氧化碳吸收产生的海水 pH 值变化并指出其可能存在的复杂负面影响，海洋酸化问题开始获得国际社会广泛关注。[③]海洋酸化在短期内可能带来的突出影响是导致珊瑚礁生长迟缓并刺激生物侵蚀，更令人忧虑的是整个全球食物链的崩溃以及随着钙化生物消失而可能加重的全球变暖情势，有学者甚至将海洋酸化同几亿年前那场物种大灭绝联系起来。近年来，部分工业区域过度排放二氧化碳是海洋酸化的主要原因，海风、上升流等自然因素也起到了一定助推作用。海洋酸化使海洋化学环境发生改变，威胁到海洋生物的生存和生态系统的稳定，渔业、旅游业、食物安全和基础设施安全也受到明显冲击。联合国粮农组织估计，全球有 5 亿多人依靠捕鱼和水产养殖作为蛋白质摄入和经济收入的来源，对其中最贫穷的 4 亿人来说，鱼类提供了他们每日所需的大约一半动物蛋白和微量元素，海水酸化对海洋生物的影响必然危及这些人口的生计。不难看出，海洋酸化不仅对海洋生物与海洋生

① 孙晓霞：《海洋微塑料生态风险研究进展与展望》，《地球科学进展》，2016 年第 6 期，第 560–566 页。

② 崔野：《全球海洋塑料垃圾治理：进展、困境与中国的参与》，《太平洋学报》，2020 年第 12 期，第 79–90 页。

③ Caldeira K，Wickett M E. Oceanography: anthropogenic carbon and ocean pH. Nature，2003，425（6956）：365.

态系统有负面作用，更产生了全球性的负面影响。[①]

三是生物多样性丧失和外来物种侵扰。随着核污染水排放及跨界流动、国际远洋船舶压载水排放等问题的不断涌现，全球对跨界生物安全的担忧日益加重。核污染水中的放射性物质沿着食物链逐级积累，对海洋生物种群的繁衍产生负面影响，而海洋生物的生长异常也可能对整个海洋生态系统造成不可逆的影响。国际船舶压载水的生态危害不容忽视。在整个航程中，国际船舶通过装载和排放压载水以维持船体平衡，这一做法虽然减少了船体的压力、提供了横向稳定性以及增加了推进力与操作性，但同时也对海洋生态环境产生了显著的不利影响。国际船舶压载水往往造成外来入侵物种的传播、水质污染以及疾病传播等问题。在美国，压载水排放被认为是海洋水域入侵物种的主要来源，对公共健康和生态环境构成巨大威胁，给水电公用事业、商业、休闲渔业、农业与旅游业等行业带来巨大的经济成本。相关研究表明，仅将害虫软体动物引入美国水生生态系统所造成的经济成本每年超过 60 亿美元。譬如，斑马贻贝最初产自里海和黑海，于 1988 年通过一艘跨大西洋货轮的压载水抵达圣克莱尔湖。在接下来的十年里，它迅速传播到邻近的五大湖中。根据美国鱼类和野生动物管理局的估计，这次物种入侵的经济损失高达 50 亿美元。[②]为防止船舶压载水及沉积物引入的有害水生生物和病原体对当地水域生态环境、人身健康、资源和财产造成污染和损害，国际海事组织（International Maritime Organization，IMO）于 2004 年通过了《国际船舶压载水和沉积物控制与管理公约》（The International Convention for the Control and Management of Ships' Ballast Water and Sediments，简称 BWS 公约），该公约于 2017 年生效。虽然《国际船舶压载水和沉积物控制与管理公约》的实施，可以有效防止国际船舶压载水的随意排放，但由于国家间协调的非强制性、压载水排放证据采集较难，生物多样性丧失和外来物种侵扰将是未来海洋生态环境跨界治理的重点领域之一。

---

① 白佳玉、隋佳欣：《以构建海洋命运共同体为目标的海洋酸化国际法律规制研究》，《环境保护》，2019 年第 22 期，第 74–79 页。

② Pimentel D，Lach L，Zuniga R，et al. Environmental and Economic Costs of Nonindigenous Species in the United States. BioScience，2000，50（1）：53.

（五）全球深海资源开发与环境保护政策协同优化

从世界范围内来看，深海资源开发已经得到联合国、国际海洋组织、海洋发达国家的普遍关注，并成为重要的议题持续推进。BBNJ 协定重点规制国家管辖范围外生物多样性保护，并对海洋可持续发展提出规范性要求，其中也包括国家管辖外深海资源的开发利用问题。全球环境治理数十年的实践证明，人类开发国际海底步伐加快等原因使全球海洋环境治理陷入复合困境，需要研究在国际法的框架下，采取科学客观的方法建立系统性、长效性的深海资源勘探开发政策，国际组织和各国政府在深海资源开采中努力维系资源开采和保护环境平衡成为深海政策的关键。

1. 全球各国将深海开发能力提升作为重要战略安排

深海资源勘探开发活动离不开深海技术装备的支撑，深海技术装备的发展直接决定了深海资源勘探开发活动的广度、深度和精度。[①]美国在其国家海洋发展战略中强调了在保持海洋探测、深海矿产资源勘探与开发领域世界领先地位的基础上[②]，进一步确立海洋勘探国家战略，并加大投资力度，扩充对深海和外洋的观测能力，开展深海底调查研究和高新技术研发。[③]欧盟国家积极参与国际海底矿产开发活动，在国际海底管理局授权下已在国际海底指定区域从事矿产勘探开发活动。欧盟海洋探测观测相关政策和系列战略规划的有效落实与稳步推进，以及海洋深海技术装备能力不断提升，使欧盟海洋探测观测体系不断发展和完善。尤其是自实施“欧盟海洋知识 2020”战略以来，海洋深海探测观测取得了重大进展，如建立了统一的欧洲海洋观测数据网络。未来，欧盟将继续巩固优势及拓展新兴领域，包括建立更加完善的泛欧海洋探测观测体系，发展高精度探测技术，以及推动创建欧洲海洋数字孪

① 刘峰、刘予、宋成兵，等：《中国深海大洋事业跨越发展的三十年》，《中国有色金属学报》，2021 年第 10 期，第 2613-2623 页。

② 王晓静、朱鹏飞、王国亮，等：《美国水下战发展新思路》，《现代军事》，2017 年第 Z1 期，第 215–218 页。

③ 李双建、陈韶阳：《深海资源：新一轮国际争夺的目标》，《领导之友》，2015 年第 2 期，第 55 页。

生等。[①]俄罗斯在深海高新技术方面，尤其是载人深潜器（如“波塞冬”“大键琴”“替代者”等）技术一直处于领先地位；[②]在深海政策上，俄罗斯颁布了《关于俄罗斯自然人和法人在大陆架外勘探和开发海底矿物资源活动的第 2099 号总统法令》（1994）、《关于俄罗斯自然人和法人在大陆架外勘探和开发海底矿物资源活动程序的第 410 号政府法令》（1995）、《2030 年前俄联邦海洋学说》（2015）等。[③]日本一直是深海矿产资源开发最为积极的国家，早在 20 世纪 70 年代初，日本政府就采纳了相关机构提出的进行深海矿产资源开发的提议，并将其列为一项基本的矿业政策。日本政府制定了面向 21 世纪的“海洋开发推进计划”，提出加速海洋开发和提高国际竞争力的基本战略，促使日本在深海技术设备方面取得许多突破性进展。近年来，日本政府开始致力于航运去碳化技术的深度研发，海洋战略呈现出寻求与海洋共生的态势。[④]韩国作为深海矿产资源勘探开发的后起之秀，在 20 世纪 80 年代试图依靠全球一体化的进程，从国外获得技术，短期内在深海矿产资源开发方面赶超发达国家。在深海资源技术开发方面，研制成功了 6 000 米水下无人机器人，在采矿技术方面，韩国海洋研究开发院已经完成了海底采矿集矿机—管道提升系统的概念设计，并着重加强对海底集矿机的研究。[⑤]

因此，全球各国出台深海资源政策过程中将深海开发能力提升作为重要战略安排，尤其关注深海科技领域的发展，并以科技支持达到开发与保护的协同，展现在深海领域实施全球海洋生态环境治理的政策走向。

2. 深海资源开发对生态环境保护的要求被高度重视

保护环境是国际海底区域（以下简称“区域”）内活动不可或缺的组成部分，是人类的共同继承遗产原则的应有之义，也是“区域”治理的重要内容。《联合

---

① 蒋成竹、张涛、吴林强，等：《欧盟海洋探测和观测体系构建现状与发展趋势》，《自然资源情报》，2023 年第 6 期，第 31–34 页。

② 王强：《大型无人潜航器的发展与军事用途》，《数字海洋与水下攻防》，2019 年第 4 期，第 33–39 页。

③ 全永波：《全球深海资源政策的发展走向与中国路径：<BBNJ 协定 > 视角》，《中国海商法研究》，2024 年第 2 期，第 53–63 页。

④ 马俊宇、陶金：《现代日本海洋战略发展过程考析》，《水上安全》，2023 年第 5 期，第 5 页。

⑤ 王江涛、李双建：《韩国海洋机构与战略变化及对我国影响浅析》，《海洋信息》，2012 年第 1 期，第 63 页。

国海洋法公约》第一九二条规定，各国有保护和保全海洋环境的一般义务。这项全面义务包括：防止、减少和控制任何来源的海洋环境污染，监测污染的风险或影响，评估其管辖或控制下可能对海洋环境造成大量污染或重大和有害变化的活动的潜在影响。缔约国尤其必须采取措施保护和保全稀有或脆弱的生态系统，以及衰竭、受威胁或有灭绝危险的物种和其他形式的海洋生物的生存环境。各国还应防止、减少和控制由于在其管辖或控制下使用技术而造成的海洋环境污染，或由于故意或偶然在海洋环境某一特定部分引进外来的或新物种。《联合国海洋法公约》第二〇九条规定，缔约国应制定补充性法律和规章，以防止、减少和控制由悬挂其旗帜或在其国内登记或在其权力下经营的船只、设施、结构和其他装置所进行的"区域"内活动造成的海洋环境污染。

鉴于对环境保护的高度重视，需要梳理全球性组织、各国在深海资源勘探开发的政策导向，分析深海资源勘探开发（尤其是履行开发合同过程）中，如何实现资源开发与环境保护的平衡。在将"区域"作为"人类共同继承遗产"的基础上，如何实现海洋可持续发展，需要充分研究深海采矿对海洋环境、生物多样性和人类活动的影响以及相关的环境风险，结合技术政策、操作规程的制定开展系统性研究。随着 BBNJ 协定的签署和实施，《"区域"内矿产资源开发规章》（简称《开发规章》）制定成为当前深海资源政策的关键事项。但随着《开发规章》制定进入关键阶段，国际上对"区域"矿产资源开发可能带来的环境影响愈发关注，一些国家和非政府组织呼吁在充分了解有关环境风险和确保有效保护海洋环境之前，应暂停开发规章制定及深海采矿。英国、德国、比利时等发达国家通过前期项目资助和工业实践，在制度研究、开采技术和环境标准等方面具有优势，倾向于出台具有较高环保标准的开发规章。非洲国家无力从事"区域"资源开发，希望通过开发规章的制定来敦促先驱投资者早日进入开发阶段，以便坐享"人类共同继承财产"的收益，更为关注"区域"资源开发带来的收益分配问题，希望出台开发规章前优先解决收益分享机制等问题。个别反对深海采矿的国家和相关国际环保组织，则希望通过提高《开发规章》的环保要求和门槛，防止开发规章过快出台，进而达成"冻结""区域"资源的开发的目的。可见，深海资源开发对生态环境保护的国家间政策博弈，以及推进全球制度完善将是一个艰难的过程。

第五章

海洋生态环境跨界治理机制的多案例分析

近年来，随着全球范围内国家和国际组织对海洋生态环境合作治理的逐步重视，海洋生态环境跨界治理在实践中也逐步积累了较多的案例经验。由于国家管辖海域和国家管辖海域外因实施主体、合作依据和动能等存在较大差异，在环境跨界治理机制上也有所不同，本章通过关注不同类型的跨界治理案例，剖析相关治理模式下的海洋生态环境治理机制及其不足，以求为完善全球范围内普遍存在的跨国家、跨行政区域的海洋治理机制建构提供现实的案例启示。

第一节　国家管辖海域海洋生态环境跨界治理机制的多案例分析

在我国，国家管辖海域内的环境跨界治理主要体现在近海区域内的渤海、黄海、东海和南海四大海区的海域治理，存在地方跨行政区管辖、中央和地方层级管辖，以及政府、企业和私人海域使用上的多主体合作治理等情形。国内近海的海洋生态环境跨界性突发事件也属于跨界治理的重点关注领域。另外，在国外的部分国家，国家管辖海域的海洋生态环境跨界治理机制也存在一些经验或启示值得研究。

一、“海区 + 整体性治理”的跨界合作机制：渤海海洋生态环境治理

（一）渤海海洋生态环境治理的基本历程

渤海海洋生态环境治理长期受到国家和区域层面的关注。早在 20 世纪 70 年代，环渤海辽宁、河北、山东和天津出于海洋环境监测数据的获取，三省一市就成立协作组对渤海环境的污染状况进行调查。1982 年，《渤海、黄海近海水污染状况和趋势》编写完成。1996 年，我国制定《中国海洋 21 世纪议程》，提出渤海的辽河口、锦州湾、天津毗连海域等污染比较严重，有必要进行重点整治和保护。2001 年，国家环保总局、国家海洋局等部委联合三省一市共同编制了为期 15 年（2001—2015 年）的《渤海碧海行动计划》，总投资 155 亿元。为了保证计划的实施，还建立了由国家部委及渤海周围省市共同组成的渤海环境保护省部际联席会议制度，对有关渤海环境污染治理问题进行协商解决。2009 年，由国家发展和改革委员会、环境保护部、住房和城乡建设部、水利部与国家海洋局等五部门共同发起制定并推行的《渤海环境保护总体规划（2008—2020 年）》出台。[①] 2009 年渤海环境保护省部际联席会议第一次会议召开，会议就当年渤海环境保护工作的重要问题及主要工作任务开展研讨，并达成共识。这是典型的省部际联席机制，对重大区域性海洋环境污染事件发生的处置，中央生态环境部门所发挥的综合协调作用是比较显著的。2011 年渤海环境保护省部际联席会议第二次会议召开，就推进渤海环境保护总体规划实施、开展综合治理提出一揽子意见。之后又印发了《国家海洋局关于进一步加强渤海生态环境保护工作的意见》（国海发〔2017〕7 号），突出生态优先、从严从紧的政策导向，研究提出加快编制和修订海洋空间规划、加强海洋空间资源利用管控等 8 条举措。但是，渤海的海洋生态环境状况仍未得到根本好转，特别是近岸水环境污染严重，2001—2015 年，渤海优良水质（符合第一、第二类海水水质标准）海域的比例由 95.7% 下降

① 《部门、地方各自为政 70 余部法律法规难治渤海污染》，新华网，http：//www.xinhuanet.com/politics/2016-08/13/c_129226415.htm，访问日期：2023 年 2 月 26 日。

至78.3%，劣四类严重污染海域的比例由1.8%增加至5.2%。河流携带入海的污染物总量居高不下，海洋生态系统健康状况堪忧。[①]

面对渤海生态环境风险持续增加，2018年11月，生态环境部、国家发展和改革委员会、自然资源部联合制定出台了《渤海综合治理攻坚战行动计划》，通过打一场渤海综合治理攻坚战，为环渤海地区经济社会可持续发展提供重要支撑。渤海综合治理攻坚战行动计划是跨行政区海洋生态环境治理的有益尝试，也是海洋生态文明建设的重要方式。该行动计划促使多部门联合协调，省部共同治理，协同推进渤海污染防治、生态保护和环境风险防范。

（二）渤海海区跨区域治理机制

第一，坚持陆海统筹，建立流域海域一体化治理机制。目前，我国陆海统筹系统保护水平整体不高，陆域和海域生态环境保护体系尚未完全实现闭合对接，空间布局、资源配置、污染防治、生态修复、风险应急与灾害防治等方面需要进一步协调与完善。[②]渤海湾的主要污染来源为陆源污染，其中主要的河流黄河、海河、辽河对渤海海域的环境影响很大。河口、海湾和海岸带地处海陆结合部，频繁受到陆域和海洋的交互、叠加影响，是陆海统筹任务措施实施的关键领域。渤海沿岸各省市在中央的统一部署下，出台了一系列陆海统筹政策，如河北省在2019年出台《河北省渤海综合治理攻坚战实施方案》，筹措中央、省、市财政资金190多亿元，大力实施入海河流综合治理、污水处理厂提标改造等工程项目224个，为海洋生态环境保护提供了有力支撑。[③]天津市也出台实施了《天津市打好渤海综合治理攻坚战三年作战计划（2018—2020年）》，实施河海联动，陆海统筹。该市结合“一河一策”，编制12条入海河流水体达标方案，对入海河流及流域进行综合整治，减少总氮等污染物入海量。

---

① 宋文杰：《渤海海洋环境司法保护法律问题研究——以渤海2011—2019年海洋污染案件为分析对象》，《天津法学》，2021年第1期，第51–60页。

② 姚瑞华、赵越、张晓丽，等：《坚持陆海统筹，加强流域海域系统治理》，《中国环境报》，2021年1月19日。

③ 耿建扩、陈元秋、周迎久：《河北省渤海综合治理攻坚战成效显著》，《光明日报》，2021年8月12日。

第二，海域污染协同治理。对海水养殖污染、船舶污染、港口污染、海洋垃圾污染等污染源进行系统治理，是海域污染协同治理的基础。其中，海水养殖污染治理按照禁止养殖区、限制养殖区和生态红线区的管控要求，规范和清理滩涂与近海海水养殖[①]，开展海域休养轮作试点等；船舶污染治理严格执行《船舶水污染物排放控制标准》，限期淘汰不能达到污染物排放标准的船舶。另外，在渤海沿岸海域协同治理过程中，河北省全面落实推行“河长制”“湾长制”，构建责任明确、协调有序、监管严格的河流保护机制；辽宁省在 2019 年出台的《辽宁省渤海综合治理攻坚战实施方案》中提出，在辽东湾建立四级“湾长制”，构建陆海统筹的责任分工和协调机制。

第三，实施推进海洋整治和生态修复。《渤海综合治理攻坚战行动计划》提出强化海岸线保护、强化自然保护地选划和滨海湿地保护，严守渤海海洋生态保护红线。天津市制定了“蓝色海湾”整治修复规划，研究建立生态补偿制度，加大对典型海洋生态系统及产卵场、索饵场、越冬场、洄游通道等重要渔业水域的调查研究和保护力度。辽宁省实施最严格的岸线开发管控，开展河口海湾综合整治修复，持续组织渔业资源增殖放流活动。为修复恢复海洋生态，河北省投资 4.7 亿元实施海湾生态保护修复，完成生态修复项目 13 个，修复岸线 17.3 千米，修复滨海湿地 1243.4 公顷，超额完成国家下达的生态修复目标任务。[②]

（三）渤海海洋生态环境跨界治理成效及问题

按照《渤海综合治理攻坚战行动计划》确定的总体要求“确保渤海生态环境不再恶化、三年综合治理见到实效”，通过上述治理行动的实施，渤海海域生态环境质量得到一定改善，但污染的根本性原因尚未得到解决。据《2022 年中国海洋生态环境状况公报》显示，渤海海域未达到第一类海水水质标准的海域面积为 24 650 平方千米，同比增加 11 800 平方千米，而《2018

---

① 赵鑫：《环渤海地区生态环境综合治理措施研究》，《绿色环保建材》，2019 年第 8 期，第 37+40 页。

② 耿建扩、陈元秋、周迎久：《河北省渤海综合治理攻坚战成效显著》，《光明日报》，2021 年 8 月 12 日。

年中国海洋生态环境状况公报》显示未达到第一类海水水质标准的海域面积为21 560平方千米，可见近年来此项数据呈波动上升趋势。另外，公报数据显示，2022年渤海海域海水呈富营养化状态的面积为4820平方千米，而2018年渤海海域海水呈富营养化状态的面积为4250平方千米，可见，多年的海湾攻坚整治行动因陆域排放影响治理成效有限，相应的跨界治理机制需要进一步完善。2018年以来历年的《中国海洋生态环境状况公报》数据分析表明，渤海各近海海湾富营养化引发的赤潮时有发生，典型海洋生态系统长期处于亚健康状态，直排海污染源污水量总量没有明显下降，说明渤海的治理行动成效稳定性不强（表5–1）。国家编制发布的《"十四五"海洋生态环境保护规划》提出实施陆海污染源头治理，恢复修复典型海洋生态系统等重点任务，对于渤海治理而言，仍需要持续推进污染治理攻坚战，聚焦实施陆海污染防治、生态保护修复、环境风险防范等措施。

表5–1　渤海海域部分海洋生态环境状况指标统计

年份	劣四类水质海域面积（平方千米）	富营养化海域面积（平方千米）	典型海洋生态系统	直排海污染源污水量（万吨）	赤潮累计面积（平方千米）
2018	3330	4250	亚健康	866 424	62
2019	1010	3230	亚健康	801 089	0.28
2020	1000	4250	亚健康	712 993	75
2021	1600	3570	亚健康	727 788	1052
2022	7800	4820	亚健康	750 199	858

注：相关数据来源于2018—2022年《中国海洋生态环境状况公报》。

二、基于生态补偿的海洋生态环境跨界治理：渤海蓬莱油田溢油事故

（一）溢油事故经过

2011年6月4日，中国海洋石油总公司（以下简称"中海油公司"）与美

国康菲石油中国有限公司（以下简称“康菲公司”）合作开发的蓬莱 19–3 油田发生漏油事故。在事故发生后的半年时间内，污染海域从 16 平方千米扩展到近 6200 平方千米，大约相当于渤海面积的 7%，其中大部分海域水质由原一类水质沦为四类水质，所波及海域的生态环境遭受严重破坏，河北、辽宁两地大批渔民和养殖户也损失惨重。事故发生后，由国家海洋局等 7 家行政机关组成的事故联合调查组对本次溢油事故进行全面调查，并出具相关报告。国家海洋局北海环境监测中心出具“近岸调查报告”，记载了相关海域的污染情况，为后期责任赔偿提供重要证据支持。事故联合调查组认定康菲公司作为作业者承担该事故的全部责任，之后农业部与赔偿方确定赔偿补偿金额，河北省乐亭县人民政府确定赔偿补偿标准。另外，栾某某等 21 个受污染区域的渔民向天津海事法院起诉，请求康菲公司与中海油公司连带赔偿其养殖损失和鉴定费用、诉讼费，天津海事法院认定栾某某等人具有合法的养殖权利，对污染事故遭受的损失有权索赔，且溢油事故与损失之间存在因果关系，但其提供污染损失的证据缺乏相应的证明力，故法院结合证据及案件事实对污染程度、损失数额进行综合认定，参照河北省乐亭县人民政府确定的赔偿补偿标准进行相应补偿。[①]

（二）渤海蓬莱油田溢油事故的启示

第一，明确相应的事故责任。对溢油事件造成损害没有明确的责任主体，是此次事故处理难的原因之一。作为溢油事故直接责任方的康菲公司、中海油公司以及作为政府代表的国家海洋局皆对此次事故展开了鉴定工作，由于没有明确的主体承担责任，导致相关方在披露相关信息上互相推诿、拖沓处理漏油事件，使相关调查结论的客观性备受争议。[②]

从溢油事件造成的损害来看，康菲公司所要面对的花费应当由两个主要的方面构成：一是补偿天然渔业资源和养殖生物的经济损失；二是补偿生态系

① 全永波：《海洋环境跨区域治理的司法协同与救济》，《中国社会科学院大学学报》，2022 年第 4 期，第 102–116 页。

② 张钧、王斐、郝晓琴：《生态补偿鉴定法律关系思考》，《中国司法鉴定》，2015 年第 5 期，第 18–24 页。

统服务功能的减损。但是，在相关调查结论和补偿实践中，此事件的补偿对象仅为天然渔业资源和养殖生物的经济损失。[①]从此次事件来看，由于企业责任意识差、行政监管不力、法律规定缺失等问题，导致责任主体不明确、补偿标准低下，公众和企业所遭受的损害难以得到合理的赔偿。通过相关文献可知，按照法律规定康菲公司应该赔偿由此造成的环境损失，包括环境治理和恢复的费用以及受此影响的单位和个人所遭受的损失，从康菲公司支付的赔款来看只支付了 16.83 亿元，其他损失一概没有赔偿。

第二，完善生态补偿制度。应当对这类事故按照生态补偿的利益平衡机制完善相应的制度。国家对石油开采和船油泄漏事故应制定详细的赔偿规定，目前我国已有的《海洋环境保护法》《防治船舶污染海洋环境管理条例》等法律法规规定了鉴定主体、相关义务等核心问题，但是缺少生态补偿的责任，这也是渤海蓬莱油田溢油事故中渔民和养殖户利益损失难以获得赔偿的原因。地方政府也需要对企业和公众利益给予保护。在这次事件中，河北、辽宁两地的养殖公司和渔民无疑是利益最大受损者，但是此次赔偿中地方政府几乎很少在海洋生态补偿中发挥作用，导致生态补偿的利益维护方的断裂。由此，河北、辽宁两地应建立跨区域合作制度，与中央政府的代表自然资源部开展合作，对这类海洋环境突发事件，建立以污染海区扩散地相关利益责任方为代表的海洋生态补偿机制，有效保护国家、地方政府、企业和个体的利益。

第三，促进海洋污染跨界协同治理。按照中央部署和相关法律法规要求，对渤海生态环境保护工作中跨区域、跨部门的重大问题加强统筹协调，强化渤海环境保护省部际联席会议的作用；实施跨行政区、跨部门信息共享，将环境质量监测数据、陆源入海排污数据、流域断面监测数据、河流断面流量数据等重要的数据在海洋、环保、水务、交通等涉海部门间信息统筹共享[②]，在此基础上实施动态精准生态监测评价。另外，还需要探索渤海区域海洋环境的司法协同和救济机制，建立跨市级与跨省级相结合的生态环境案件集中管辖等。

① 张钧、王斐、郝晓琴：《生态补偿鉴定法律关系思考》，《中国司法鉴定》，2015 年第 5 期，第 18–24 页。

② 高旭：《入海河流污染防治的法律分析》，《天水行政学院学报》，2019 年第 2 期，第 121–124 页。

三、基于府际合作治理的海洋生态环境跨行政区域治理：东海区环境治理府际合作网络

东海沿海有乐清湾、湄洲湾、象山港和杭州湾等大海湾，有我国最大的河口长江口，行政区域包括浙江省、福建省、江苏省、台湾省和上海市，经济发达，如何处理好海洋生态环境保护与经济快速发展之间的矛盾，任务艰巨。国家和地方政府部门为此在区域海洋环境整治上形成了一系列的工作制度，如自然资源部东海局（原国家海洋局东海分局）会同苏沪浙海洋部门，实施了“长三角海洋生态环境立体监测网”专项建设，自然资源部东海局还牵头推进建立多级联合的海洋环境“测管协同”体制制度，这些行动的实施多数是以跨功能区为基础展开的。跨功能区主要为跨越海洋特别保护区、海洋自然保护区、海洋公园等区域，相关治理机制具体包括以下几方面。

（一）构建海洋生态环境治理的多级协同机制

自 2009 年以来，自然资源部东海局（原国家海洋局东海分局）组织自然资源部东海生态中心（原东海环境监测中心）和各海洋环境监测中心站开展东海区的海洋生态环境质量监测，掌控东海区的实时总体环境状况和变化趋势。与此同时，对陆源污染物排海、海洋工程建设项目、海洋倾倒区、海洋石油勘探开发区等进行严密监测，摸清人类开发、利用海洋的活动对相邻海域的影响程度和范围，给政府的宏观决策提供了科学依据。除此之外，为防患于未然，还需摸清东海区海洋生态环境的潜在风险，因此，自然资源行政管理部门与生态环境、港口航运、海事、渔业等管理部门协同开展对重点岸段海岸侵蚀、绿潮、海洋放射性物质、海洋溢油、化学危险品泄漏、赤潮等状况的监测。2022 年，浙江省舟山市推出构建海上“大综合一体化”行政执法机制，集成渔政、港航、公安、自然资源、海事、海警等涉海单位各类数据，集成全市雷达、船舶自动识别系统（AIS）、涉海视频和执法船舶海上监控等动态数据，集成渔船作业、商船运输、船企生产、涉海执法等业务数据，集成海图、气象、档案等基础数据，构建海图、装备、对象、执法、知识五位

一体融合的海上执法专题数据仓，多渠道建立海上违法违规案件的发现平台、举报平台等，大幅度提升海上违法违规案件发现能力。[①]“大综合一体化”行政执法机制虽然涉及领域是综合性的，但同时对跨界海洋生态环境治理效能提升也有积极的支撑作用。

（二）建设海洋环境立体监测网络

东海区在逐步建立海洋环境立体监测网络上也取得了一定成效。目前，东海区共设立了6个海洋环境监测中心站、4个省级监测中心、17个地级监测中心、1个海区监测中心。东海区开展了常态化监测工作，除自然资源部东海局的监测外，自然资源部还派“向阳红28”号监测船在海上巡回监测。设于南通、宁德、厦门、宁波、温州的5个海洋环境监测中心站，在常态化监测中也全都派船出海，协同执行相关东海区海域的“大监测”任务，共监测站位416个。[②]自然资源部东海局除了派船出海开展现场监测以外，还大力推进智能化、实时化、自动化的监测系统建立。2016年，首个潮位站海洋生态环境在线监测系统在舟山海域安装，两套多参数水质仪和营养盐自动分析仪，可自动监测亚硝酸盐、硝酸盐、硅酸盐、氨氮、叶绿素、水温、磷酸盐、pH值、溶解氧、浊度和盐度等11项海洋环境参数。

（三）构建跨功能区域海洋环境污染治理的制度体系

目前，对跨功能区域海洋环境污染治理的制度建设尚未完善。虽然我国海洋环境保护立法中跨部门和跨区域的海洋环境保护工作分工已经被明确规定，但均规定得较为笼统 。《中华人民共和国海洋环境保护法》没有修改关于跨区域海洋生态环境治理的机制规定，但对功能区条款的增加凸显了区域海洋管理的创新，其中第十三条规定“国家优先将生态功能极重要、生态极敏感

① 全永波、顾磊洲、杨宏伟：《海上“大综合一体化”行政执法改革的舟山探索》，浙江新闻客户端，https：//zj.zjol.com.cn/news.html?id=1930007，访问日期：2023年1月23日。

② 《我国东海区开展海洋环境春季体检》，《科技日报》，2016年5月6日。

脆弱的海域划入生态保护红线，实行严格保护”，提出对跨区域生态和环境管理的具体化措施。

东海区的跨功能区环境治理的制度化多以各省、市的地方立法或以规范性文件方式出台，对于跨省市的协作性的制度设计鲜有涉及。东海区的跨功能区环境地方立法或政府规章主要有：江苏省制定的《江苏省海洋生态文明建设行动方案》（2015），上海市颁布的《海洋工程环境保护设施验收管理办法》（2015），舟山市制定的《舟山市国家级海洋特别保护区管理条例》（2022 年修正），宁波市出台的《渔山列岛国家级海洋生态特别保护区保护和利用管理暂行办法》（2015）等。[①]浙江省在 2022 年颁布的《浙江省生态环境保护条例》第五十七条规定“沿海县级以上人民政府应当根据陆海统筹、海河兼顾、预防为主、防治结合的原则，建立健全近岸海域环境保护协调机制和海洋环境违法行为综合行政执法体制”，第五十八条规定“建立健全跨部门、跨区域生态环境应急协调联动机制”等，均是对跨区域包括跨功能区域海洋环境污染治理的制度化体现。

四、海洋生态环境跨区域微治理“滩长制”模式：浙江的探索

海洋环境单元在基层治理中的治理对象往往是一个“海湾”或一片“海滩”，且因其特有的生态依存性需要有相应的治理机制给予支持，浙江省从 2016 年起探索以小微生态载体为治理对象，实施“湾长制”“滩长制”的生态治理模式。

2016 年底，浙江省在宁波市象山县率先试点，该县按照“属地管理、条块结合、分片包干”的原则确定海滩“滩长”，推出护海新机制“滩长制”。“滩长”负责所辖区滩涂违规违禁网具的调查摸底、巡查清缴、建档报送等工作，并建立“周督查、旬通报、月总结”制度。[②]该制度迅速在全省得到推广与普及。2017 年 7 月，浙江省在全国又率先出台了《关于在全省沿海实施滩长制

① 全永波：《海洋污染跨区域治理的逻辑基础与制度建构》，浙江大学博士学位论文，2017 年。

② 陈莉莉、詹益鑫、曾梓杰：《跨区域协同治理：长三角区域一体化视角下“湾长制”的创新》，《海洋开发与管理》，2020 年第 4 期，第 12–16 页。

的若干意见》，在全省沿海地区全面实施“滩长制”。[①]近年来，浙江省舟山市在村级湾（滩）雇佣保洁员制度、湾（滩）管船机制等方面取得了相应的治理经验，也在海滩的信息化监控、清单式管理模式、考核机制的完善等项目中实现了相应的突破。“滩长制”已成为浙江省海洋生态治理的一大创新举措，标志着将在更具体层面上探索建立陆海统筹、河海兼顾、上下联动、协同共治的海洋生态环境治理长效机制。

2017 年 9 月，国家海洋局印发《关于开展“湾长制”试点工作的指导意见》，浙江省成为省级试点地区。此后，浙江省“滩长制”全面升级，实现了由滩涂管理为主向覆盖海洋综合管理的“湾（滩）长制”的拓展与延伸。“湾（滩）长制”实行以具体海湾、海滩等海域海岸微单元为治理对象，以近岸海洋生态资源保护为主要任务[②]，按照管理层级将各项任务分配给各级湾长，并且由本级地方党委政府来直接执行和监督海域治理活动。因此，“湾（滩）长制”实际上以逐级明确各级政府的海洋生态环境保护责任范围为基础，把持久管理机制的构建作为核心要义，加强了以海洋生态环境治理的刚性问责为导向的监管制度，整合了各级部门间的权力，从而加快实现改善海洋生态环境质量、提高海洋生态安全的治理目标。

五、案例小结与反思

我国国内近海海洋生态环境跨界治理中的四个案例基本代表了当前国家管辖海域海洋生态环境治理的模式，案例的选择既考虑海区治理的综合性，也兼顾具体个案、具体运行机制层面上的案例经验和不足，案例分析可为具体治理工作提供参考，也可以将部分经验进行总结，对推进建设海洋生态文明，促进海洋命运共同体理念在国内外海洋治理中的价值引领，均有一定的正面作用。

---

① 全永波：《全球海洋生态环境多层级治理：现实困境与未来走向》，《政法论丛》，2019 年第 3 期，第 149–159 页。

② 全永波、顾军正：《“滩长制”与海洋环境“小微单元”治理探究》，《中国行政管理》，2018 年第 11 期，第 148–150 页。

（一）建立整体性治理理念为导向的多层级治理机制

面对治理主体多元化、治理诉求碎片化、治理区域跨界性等特点，整体性治理理论符合海洋生态系统基础上的科学治理理念。《渤海综合治理攻坚战行动计划》实施陆海统筹，建立流域海域一体化治理，“蓝色海湾”整治行动也在治理模式上以“海湾”为整体，协同相关区域、部门实施整治行动，对跨区域环境治理有效性有积极作用。

根据多层级治理的基本要求，需要推进整体治理框架下的机制创新，强化各级之间的联合，统筹各方制度，协调各方组织体系，加快建立协调、合作、共赢的联动体系，实现政府间的信息共享、责任共担、联合共治。在渤海综合治理和东海构建海洋生态环境的多级协同机制案例中，整合碎片化的政策和资源，完善省市联席会议制度，构建“区域－省－市－县”等多层级的垂直联动治理，以及横向间省际－市际合作、海上“大综合一体化”执法多部门合作，均体现为整体性理论基础上多层级治理的科学范式，为精准有效实施跨界海洋生态环境治理带来了好的经验。当前，部分海域生态环境治理尚存在不足的原因是陆海统筹落实不够、污染源利益主体的利益正导向缺失，实际上是整体性治理的贯彻欠缺，需要从政策和立法、执法层面进一步规范完善。

渤海生态环境治理中实施“河长制”“湾长制”，以及浙江等省实施“湾（滩）长制”均是以基层“微治理”机制为指导的制度案例，在微单元海洋生态环境治理问题上取得了很好的成效。“微治理”机制使基层社会与政府之间协同合作，将生态环境治理问题落实到个体，实现了治理主体基层化、治理单元细微化、治理方案个性化等。[①]这几个案例都是正面经验的反映，通过案例分析来提炼海洋生态环境“微治理”机制构成多层级治理的重要内容。

（二）完善跨界海洋环境污染的责任机制和生态补偿制度

环境污染的责任制度是包括《中华人民共和国海洋环境保护法》在内

① 史宸昊、全永波：《海洋生态环境“微治理”机制：功能、模式与路径》，《海洋开发与管理》，2020年第9期，第69–75页。

的多部央地立法的制度体现。上述渤海蓬莱油田溢油事故中就因为对溢油事件造成损害没有明确的责任主体，造成此次事故处理困难，致使养殖企业和渔民无法获得相应的生态补偿，这与环境正义的基本理念不相符合。类似的赔偿纠纷还有不少，如被视为世界航运史上第一起载有凝析油的油轮相撞事故的“桑吉”号船事故案（2018），以及被视为中国第一起海洋生态损害赔偿索赔的“塔斯曼海”号船事故案（2002），均涉及较大数额的生态赔偿，所以应当完善跨界海洋环境污染的责任机制和生态补偿制度，以便有效应对未来的海上跨界污染纠纷。海洋生态补偿的法律机制应当有效处理海洋生态环境保护中的矛盾，制度涉及海洋生态系统服务的价值损失、海洋生物多样性的破坏等，具体包括赔偿请求的法律现状、赔偿请求主体、赔偿范围和评估体系、法律实践中的主要挑战以及海洋生态损害补救的程序等。对此，新修订的《中华人民共和国海洋环境保护法》进一步明确了国家、企业、公众的多方责任负担，增加跨界海洋环境污染补救措施，包括赔偿、道歉、恢复应有的状态等相关内容。

（三）推进海洋生态环境治理的立法、司法、执法协作机制

渤海蓬莱油田溢油事故是典型的执法和司法多部门协同的案例。为应对这类海洋环境应急事件，国家需要通过完善立法促进海洋生态环境治理中立法、司法、执法和守法体系的构建。对于中国而言，海洋生态环境治理的执法协作主要包括以下几个方面：一是跨行政区域的环境执法协作，如上海、浙江等地联动治理；二是跨部门的海洋执法协作，如海事、军队、环保等部门；三是跨行政层级的环境执法协作，如中央、地方政府间协作等；四是跨国家的海洋执法协作，如中国和周边国家在黄海、东海、南海之间的执法协作。在司法层面，需要规范跨区域海洋生态环境公益诉讼主体，完善海洋环境诉讼的支持机制，构建跨区域环境民事诉讼分别和刑事诉讼、行政诉讼的衔接机制，通过制度和机制充分保障海洋环境各利益主体的合法权益。

（四）加大力度实施海洋生态环境治理的科技支撑

海洋生态环境治理的信息化、智慧化、数字化的发展是当前海洋管理的重点领域之一，如东海区的海洋环境立体监测网络建设，浙江、山东“滩长制”微治理中的信息化应用，浙江海上“大综合一体化”执法改革建设海上执法专题数据仓及相关平台等均是信息化的应用。强化网络数字信息技术一体化，不仅符合整体性治理理论的要求，还符合现在大环境管理一体化的迫切需要。另外，在工业化和信息化的大背景下，实施智慧海洋工程，建立大数据下的智慧海洋平台系统，将各类海洋资料信息加以整合、处理并利用交流，运用工业和互联网大数据技术，达到智慧海洋的目标，对于推进海洋生态环境治理有很强大的现实意义。

第二节　“区域海”海洋生态环境跨界治理的案例分析

联合国从20世纪70年代开始提出“区域海”概念，联合国环境规划署区域海洋规划下的18个“区域海”，都有各自明确具体的地理界域。[①]本研究认为，“区域海”海洋生态环境跨界治理案例中波罗的海、地中海总体上体现了区域跨界治理机制的科学性，东亚海治理在部分机制实施过程中值得关注，且环境合作治理潜力较大，加勒比海则需要进一步提升治理合作。因地中海治理机制在上一章已经全面分析和研究，本节选择波罗的海、加勒比海、东亚海三个区域海洋生态环境跨界治理案例进行研究和分析。

① 钭晓东：《区域海洋环境的法律治理问题研究 》，《太平洋学报》，2011年第1期，第43–53页。

一、波罗的海

（一）基本现状

波罗的海位于北欧，是世界上盐度最低的海，也是地球上最大的半咸水水域。波罗的海在斯堪的那维亚半岛与欧洲大陆之间，从北纬 54° 起向东北伸展，到近北极圈的地方为止。波罗的海长 1600 千米余，平均宽度 190 千米，面积 42 万平方千米。从 20 世纪六七十年代起，波罗的海环境问题引起广泛关注，大面积的积水区、高度发达的工农业以及频繁的海上活动等因素使得波罗的海受到严重污染与破坏。波罗的海的生态环境问题主要表现在以下三个方面。

其一，周边国家入海排污日益加剧。个别国家依据主观意志，未能完全按照欧盟标准确定本国的环保政策。如有的国家通过对农业现代化的改造，将大量化肥残留物通过河流等途径排入海中；有的国家着眼于发展沿海地区的加工业与海洋运输业，未能严格遵守相关环保条款。陆源污染排放是波罗的海污染加重的主要原因。

其二，海上船舶漏油事故频繁发生。随着航运事业的发展，海上船舶数量逐渐增加，海上交通越加繁忙，运输量随之增大。据相关数据统计，从 20 世纪 90 年代末开始，每年在波罗的海主航道上航行的船舶已经超过 4 万艘。[①] 航运事业发展造成船舶漏油、污染物排放等增多，船舶交通事故也屡见不鲜，一系列海上污染事件层出不穷。

其三，海洋生物多样性受到严重破坏。波罗的海是北欧重要的航运通道，受海洋污染事件和陆源污染排放的影响，水体质量发生一定程度的下滑，海洋生物的栖息地遭到破坏，其生存状况也受到严重的威胁。由于海水中含氧量不足，波罗的海海洋生物的品种和数量日益减少，众多区域水生生物濒临死亡，有的海底区域成为水下荒漠。

---

① 《波罗的海污染严重造成大量海鸟死亡》，中国新闻社，http：//news.sina.com.cn/world/ 2000–2–24/64792.html，访问日期：2022 年 8 月 23 日。

（二）典型做法

为了解决波罗的海日趋严重的生态环境问题，从20世纪70年代开始，沿岸各国齐心协力共同商议改善波罗的海污染治理。1974年，沿岸6国签署了《保护波罗的海区域海洋环境公约》(也称为《赫尔辛基公约》)，公约借鉴《联合国人类环境会议宣言》相关经验，利用系统化、科学化的思维模式，将海洋环境视为综合性问题进而列入立法中，由大到小、由外及里，将问题一一细化解决；1992年，沿岸国成立该海域的海洋环境保护委员会，制定了相应的生态系统方面的国际标准，并成立了区域环境治理方面的协调机构；2007年，沿岸国签署了《保护波罗的海行动计划》；2010年，在波罗的海行动峰会中，各参与国领导人对“削减污染物排放”提出了可量化的目标，并表示要完成削减污染物排放的任务。[①]在这期间通过各方合作努力，在治理波罗的海生态环境问题上取得了一定的成效，具体如下。

其一，建立国际间的海洋合作治理模式。[②]以1974年赫尔辛基大会召开为开端，自此波罗的海生态环境问题纳入国际治理范畴。此后，东欧剧变后国际政治环境得到缓和，治理波罗的海环境问题又往前迈了一大步，以2004年波罗的海三国加入欧盟为标志，国际治理又迎来一个新的历史时期，波罗的海周边国家顺应国际政治环境的向好变化，积极展开有利于海洋生态环境治理的国际合作。

其二，海洋区域合作迈向制度化与规范化。1992年，新的《赫尔辛基公约》签署之后，成立了赫尔辛基委员会，其主要目的在于制定治理波罗的海环境问题方面的国际标准。众多新的组织机构在不同领域发挥着各自的作用，如波罗的海委员会、波罗的海城市联盟等。为了顺应时代与形势的不断变化，旧有的组织结构也做出了相应的调整，从而为波罗的海的国际合作治理注入新的活力。

其三，推进治理波罗的海国际力量的介入。1992年，联合国环境与发展

① 全永波、叶芳：《“区域海”机制和中国参与全球海洋环境治理》，《中国高校社会科学》，2019年第5期，第78–84页。

② 汪洋：《波罗的海环境问题治理及其对南海环境治理的启示》，《牡丹江大学学报》，2014年第8期，第140–142页。

大会召开，有效地推动了波罗的海相关环境政策的制定。2004年，波罗的海三国爱沙尼亚、拉脱维亚、立陶宛加入欧盟。之后，欧盟积极参加对波罗的海生态环境治理，通过投入资金、明确标准等加强波罗的海的治理，对生态环境的好转发挥了积极作用。

2007年，波罗的海所有沿海国家和欧盟制定的《保护波罗的海行动计划》，目的是减少氮和磷向海洋输入，将波罗的海的氮和磷输入量分别控制在每年大约60万吨和2.1万吨以下。[①]2009年，欧盟波罗的海地区战略出台，该战略旨在加强波罗的海区域各个国家与地区之间的合作，共同面对挑战，在发展的同时保护海洋生态。2014年，欧盟出台了更为详细的《海洋空间规划指令》，要求各成员国在2021年3月前制定本国的海洋空间规划。[②]该举措大大促进了欧盟各成员国与成员国及非成员国之间的海洋协同治理。在波罗的海沿岸国家当中，丹麦于2016年通过了《海洋空间规划法》，初步建立了丹麦海洋空间规划制度的框架；德国是欧洲最早开展海洋空间规划的国家之一，第二轮北海和波罗的海专属经济区规划已于2021年底正式发布实施。[③]除此之外，其他大部分沿岸国都出台了波罗的海海洋空间规划治理的文件或法案，这在很大程度上为波罗的海的协同治理奠定了坚实基础。

此外，俄罗斯虽然并非欧盟成员，但鉴于海洋空间规划的重要性日渐显著，俄罗斯虽未启动正式的海洋空间规划项目，但一直在海洋空间规划的立法、执行等相关事宜方面同有经验的欧盟成员国沟通交流，探寻波罗的海跨界协调治理的合作路径，也在一些湾区进行了多项试验性规划的尝试。早在2014年，俄罗斯就分别与德国和波兰进行了国与国之间的环境友好合作，探索海洋空间规划治理的合作方案。[④]在国际力量的协同支持下，波罗的海的污

① 于春艳、朱容娟、隋伟娜，等：《渤海与主要国际海湾水环境污染治理成效比较研究》，《海洋环境科学》，2021年第6期，第843–850页。

② The European Parliament and The Council of The European Union. Directive 2014/89/EU of the European Parliament and of the Council of 23 July 2014 establishing a framework for Maritime Spatial Planning. Official Journal of the European Union，L257，28. 8. 2014：135–145. http：//data.europa.eu/eli/dir/2014/89/oj.

③ 郭雨晨、练梓菁：《波罗的海治理实践对跨界海洋空间规划的启示》，《中国海洋大学学报（社会科学版）》，2022年第3期，第58–67页。

④ 同③。

染治理正在持续有效地运行当中。

二、加勒比海

（一）基本现状

加勒比海位于南北美洲中部，沿岸国有 20 个，海域内拥有较为丰富的海洋生物资源，以其物种丰富、规模宏大、活跃度高而闻名于世。不过由于气候变化所导致的水温与气温升高，使得海域面临着海洋酸化、珊瑚礁白化以及一些极端气候等环境危机，环境污染与破坏问题较为突出。除此之外，加勒比海沿岸各国的社会经济发展模式在一定程度上导致了海域过度开发、渔业资源减少、海水质量下降、外来物种入侵等一系列问题。1983 年，加勒比海各国签订了《保护和发展大加勒比区域海洋环境公约》，以便对各类环境污染进行控制，但区域海范围内国家各自为政，缺乏利益平衡机制以及完善的海洋生态环境治理协调机构，因此阻碍了该沿岸地区的可持续发展。总体上来看，加勒比海区域环境整体治理还是不够理想。[①]

（二）典型做法

1981 年，联合国环境规划署推行“加勒比行动计划”，包括加勒比海沿海国家在内的泛加勒比所在地区的 22 个国家加入了该项计划。1983 年达成《保护和发展大加勒比区域海洋环境公约》(《卡塔赫纳公约》)，于 1986 年正式生效。该公约下还有三个主要议定书，分别是《石油泄漏议定书》《特别保护区和野生动物议定书》和《陆源及陆上活动污染议定书》。《卡塔赫纳公约》涵盖的水域为泛加勒比地区，包括墨西哥湾、加勒比海和附近的大西洋海域。[②]

依据法律属性，《卡塔赫纳公约》及议定书均具备完备的签署生效程序，

---

① 全永波、叶芳：《“区域海”机制和中国参与全球海洋环境治理》，《中国高校社会科学》，2019 年第 5 期，第 78–84 页。

② 刘哲：《加勒比海行动计划及〈卡塔赫纳公约〉简介》，《世界环境》，2020 年第 4 期，第 41–44 页。

同时含有相应的行动、资金义务、报告评估透明度义务等条款。《卡塔赫纳公约》涉及海上废弃物污染、海床开发污染、特别保护区、海上船舶污染、陆源污染和空源污染，其中特别保护区、海床开发污染和陆源污染方面已形成了相应的文本。“加勒比行动计划”为海洋生态环境治理提供了有利的参考案例，也有利于促进国家与区域间的合作与交流。[①]近年来，拉丁美洲及加勒比海沿岸国家积极回应联合国环境大会实现可持续发展目标的倡议，采用综合方式面对各类污染威胁。2021 年，在拉丁美洲和加勒比地区环境部长论坛第二十二届会议上通过了《拉丁美洲和加勒比生态系统恢复十年行动计划》，总体愿景是计划到 2030 年，拉丁美洲和加勒比国家通过制定政策、计划和实施项目等途径，实现在空间尺度上恢复海洋、陆地生态系统，从而扭转生态系统退化的负面影响等。[②]

三、东亚海

（一）基本现状

东亚海是亚洲区域海洋经济发展的重要海域，亦是海上石油运输的重要通道。东亚海域拥有众多海岛、海湾，其沿岸国家数量众多、人口密集，包括中国、韩国、日本、朝鲜、新加坡、印度尼西亚、菲律宾等国家，东亚海域内拥有丰富的自然资源，然而各国对东亚海域开发和利用过度，日益增加的工业活动、繁重的海上运输任务和不合理的人类活动等导致东亚海域污染严重，各国经济、政治、文化等方面的多元化差异使得海洋环境污染治理理念、机制、行动等方面也存在一定的差异，从而对沿海各国各地区的生活生产、经济发展产生重大影响。据研究显示，东亚海域环境污染的主要来源有以下三大方面。

其一，陆源污染。东亚海区域人口密集，城市化发展较快，海洋经济发达。在不同类型的污染源中，影响最大的是综合性污染源，紧接着是工业污

---

① 刘哲：《加勒比海行动计划及〈卡塔赫纳公约〉简介》，《世界环境》，2020 年第 4 期，第 41–44 页。

② 陈嘉楠：《拉美和加勒比各国共同签署〈布里奇顿宣言〉》，中国海洋发展研究中心，http：//aoc.ouc.edu.cn/2021/0301/c9829a313999/page.htm，访问日期：2023 年 2 月 25 日。

染源，最小的是生活污染源。陆源污染一方面对近海区域产生影响，另一方面则是通过海洋传播，可能会将近海污染问题转化为跨域污染的国际性问题，从而造成国际环境纠纷。较为典型的是 2011 年 3 月 11 日的日本大地震引发了海啸，后来使福岛核电站发生严重的核泄漏事故，流入海洋的辐射性物质引发国际社会恐慌。

其二，船舶和海洋开发污染。东亚海沿岸各国沿海经济发展较快，对于海洋的过度开发与利用，加上一些海洋工程项目、围海造田等导致海洋生态环境破坏。东亚海沿岸存在诸多港口，港口海上作业、船舶往来、石油泄漏等因素造成严重的海洋污染问题。比如2018年1月，发生在长江口的“桑吉”轮与“长峰水晶”轮碰撞事故造成大量凝析油泄露，事故发生海域属于中国的专属经济区。事故发生后，“桑吉”轮剧烈持续燃烧，且持续发生燃爆，燃烧燃爆产生大量有毒气体和浓烟，部分污染物随着海水扩散、难以消除，对海洋生物与环境产生严重损害。

其三，白色塑料污染。近年来，东亚海域塑料污染逐渐加重。据联合国环境规划署统计，每年约有 1100 万吨塑料废弃物流入海洋，至 2040 年可能会增加两倍，超过 800 种海洋和沿海物种受到塑料污染的影响。[①]塑料污染物有的冲到海岸，有的进入海洋，塑料的分解需要相当长的时间，可想而知，白色塑料污染带来的严重性不可小觑。海洋塑料垃圾可以随着洋流漂浮并产生跨界移动，海洋塑料污染不仅对海洋生物和生态环境造成严重损害，还会对沿岸各国的海域生态环境乃至全球海洋生态环境造成严重影响，需要社会各界引起广泛关注与重视。[②]

（二）典型做法

当前东亚海区域对海洋生态环境跨界治理的措施主要包括以下三点。

---

① 联合国环境规划署：《全球生物基经济评估：为绿色未来协同推进政策、创新与可持续发展》技术报告，2024 年 4 月 22 日。

② 顾湘、李志强：《海洋命运共同体视域下东亚海域污染合作治理策略优化研究》，《东北亚论坛》，2021 年第 2 期，第 60–73 页。

其一，东亚海域各国积极构建合作治理机制。联合国环境规划署通过协商合作，推动建立“东亚海协作体”，其职责在于对东亚海域可持续性的综合管理，具体以制定协定、发展规划、行动计划等文件来促进东亚沿岸各国参与生态环境跨界治理，并完善各项保障机制。除此之外，所设立的“东亚海环境管理伙伴关系计划”主要负责处理越过行政界限的东亚海域生态环境问题，管理的重点在于综合管理海岸带。两者致力于推动“东亚海洋保护与可持续发展行动计划”的进行，这对东亚海域环境跨界治理起到举足轻重的作用。1994 年首次实施“防止东亚海域环境污染计划”，中国厦门作为范例之一，在这方面取得了良好的生态环境治理效果，促进了海洋环境的整体改善。“东亚海协作体”与“东亚海环境管理伙伴关系计划”双管齐下，显著提高了东亚海域沿岸各国对海洋环境的高度重视，奠定了东亚海域的跨界合作治理机制。

其二，加强东亚海环境保护的推动性力量，实现跨界合作。根据现实情况分析，东亚海域若是要实现海洋生态环境保护方面的制度性合作，推动性力量是必要环节。从外部推动力来看，联合国环境规划署是领头羊，是推动环境保护与治理的不二之选；从内部推动力来看，东亚海各国中则数中国更为合适。根据国际法律文件，积极推进国际法发展的国家，其利益亦能得到更好的维护和保障，中国在东亚海区域的利益诉求在一定程度上决定了中国所坚持的立场，对于东亚海区域环境合作治理具有重大的推动作用。鉴于东亚海区域的现实因素，其机制建构模式更侧重于借鉴地中海区域的“综合 + 分立”模式，利用与东盟和中、日、韩（10+3）合作机制、落实《南海各方行为宣言》机制等开展跨界生态环境合作。

其三，将东亚海跨界合作纳入联合国海洋治理体系。近年来，东亚海洋合作紧密结合联合国“海洋科学促进可持续发展十年”（以下简称“海洋十年”）愿景，聚焦全球海洋可持续发展进行深入探讨，周期从 2021 年至 2030 年。2021 年 1 月，“海洋十年”正式启动，拉开了基于海洋科技的全球海洋深度治理的巨大变革。[①] 2022 年 6 月，我国申报的联合国“海洋十年”海洋与

① 王欣：《携手“海洋十年”，合作共赢未来——2022 东亚海洋合作平台青岛论坛侧记》，《走向世界》，2022 年第 27 期，第 14–17 页。

气候协作中心获得联合国教科文组织政府间海洋科学委员会批准，成为联合国在全球范围内首批批复的6个“海洋十年”协作中心之一，也是中国唯一获批的协作中心。“海洋十年”的目的是为海洋领域的治理和可持续发展等领域问题探索创新性的应对方案，致力于在人类社会发展的同时实现对海洋生态环境的保护。

四、案例分析小结

从全球治理的角度看，因不同国家经济发展水平以及治理环境能力的差异所在，构建海洋生态环境跨界治理合作机制成为国际跨界环境治理的必经之路。国际上，不同地域的跨界环境治理根据自身不同条件开展程度有高有低，不同区域的海洋生态环境跨界治理模式也存在一定程度的差异，但各个区域跨界治理的模式与经验对于国际间的跨界治理均具有一定的参考意义与借鉴价值。

从波罗的海、加勒比海、东亚海海洋生态环境治理的机制比较分析，“区域海”主要是以基于生态系统的整体性治理为基本治理逻辑，相关经验归纳为三个方面。

其一，环境整体性价值秩序是基础逻辑。推动区域海生态环境跨界治理的关键在于在整体性理念基础上不断规范多边合作治理机制，形成较统一的环境正义观，使区域海的各沿岸国家高度关注海洋生态环境治理，并进一步依据该价值秩序系统性构建本国立法体系。

其二，国家责任规制是制度逻辑。在全球海洋生态环境治理中，存在的较为严重的问题是缺乏全球海洋整体性治理理念，具体表现为国家责任缺失，波罗的海政府间组织与沿海9国形成基于共同防止和控制海洋污染目标所达成的自愿合作，以及之后制定的欧盟波罗的海地区战略，从全局性出发，将主体利益和环境治理结合起来，达成了一致目标；加勒比海国家逐渐形成生态系统恢复十年行动计划以及东亚海区域“东亚海协作体”与“东亚海环境管理伙伴关系计划”的双机制，均体现了国家责任在跨界海洋生态环境治理上的共同负担。但目前的计划和行动均是柔性的合作机制，尚需要通过公约签署和国内立法进一步制度化。

其三，多层级治理机制是运行逻辑。多层级治理需要各国运用海洋治理思维，依照合作共赢理念，基于一致的治理目标展开，如波罗的海不仅签订了《保护波罗的海区域海洋环境公约》(《赫尔辛基公约》)，还签订了石油污染、生物多样性、船舶运输漏油等各个领域的环境协议，同时下设各海事技术组、规划工作组、渔业可持续小组等等，超国家利益模式下的多层级治理成为当前全球环境治理的典范。[①]另外，第四章分析的地中海海洋生态环境合作治理模式，主要是通过发挥联合国环境规划署的主导作用，促使地中海沿岸各国以缔结公约的方式进一步使治理规范化，这对于中国参与的东亚海跨界治理有一定的参考价值，如对于"东亚海协作体"协定的制定，对各个国家明确规范组织架构、权责分配等细则具有一定的导向作用，可考虑对不同领域的海洋生态环境跨界治理采用"议定书模式"。[②]

第三节　全球海洋生态环境突发事件的跨界应对案例研究

当今世界，除一般性海洋环境污染问题外，海上作业、船舶泄漏、核污染等海洋环境突发状况的发生对海洋生态环境跨界治理提出了更加严峻的挑战。海洋环境突发状况的应对越来越成为海洋生态环境跨界治理过程中的重要内容。本节列举了美国埃克森公司油轮漏油事故、墨西哥湾原油泄漏事故、日本福岛核电站核泄漏事故及核污染水排放问题，相关案例可以为海洋生态环境跨界治理应对海洋环境突发状况提供经验与借鉴。

① 全永波、叶芳:《"区域海"机制和中国参与全球海洋环境治理》,《中国高校社会科学》，2019年第5期，第78–84页。

② 全永波、史宸昊、于霄:《海洋生态环境跨界治理合作机制：对东亚海的启示》,《浙江海洋大学学报（人文科学版）》，2020年第6期，第24–29页。

一、美国埃克森公司油轮漏油事故

（一）起因经过

1989年3月24日，美国埃克森船运公司的“瓦尔迪兹”号超级油轮，满载6000万加仑原油，从阿拉斯加驶向加利福尼亚州。在凌晨时分，当油船驶入瓦尔迪兹港往南方向大约40千米处时，突然触礁，从而导致船身出现多处裂口，紧接着有1100万加仑原油从船身裂口中流出来，进而流入威廉王子湾水域。随之可见的是在海面上漂浮的如同黑浪般的溢油，渐渐地形成了一条不断扩大、让人触目惊心的飘油带，整片海域被污染破坏。这次油轮漏油事故是美国历史上最大型的漏油事故。①

（二）发生原因

（1）人为因素。其一，船长让三副单独负责航行值班决定，这是违背联邦政府和航运公司的章程的，是不符合操作规定的；同时考虑到船的航线、浮冰范围的不确定性、附近的暗礁、三副不具备引航的能力等因素，所以船长存在失职是一个最为关键的原因。其二，“瓦尔迪兹”号油轮在通过瓦尔迪兹港的时候，由于船长是处于酒后指挥的状态，其判断力受到严重影响。其三，三副未能在恰当的时机用足够的舵角来改变油轮航向，致使船未能避开暗礁，分析原因可能是由于三副的高强度的工作负荷，导致其身体疲劳，注意力有所分散，因而未注意到暗礁的具体位置。其四，“瓦尔迪兹”号油轮触礁之前在巴士贝岛灯塔所在位置，有指示的红光扇形危险区已经航行了几分钟，可以说明三副或瞭望员均没有关注到暗礁警示标志，这也折射出航行船员的失职或者说缺乏足够的轮班船员，从而酿成重大漏油事故。

（2）人员配备。其一，“瓦尔迪兹”号油轮并无多余的驾驶员可担任航行值班，船员的工作量增加，造成船员精神疲惫、状态不佳，从而导致出现事

---

① 汤国维：《美国超级油轮“瓦尔迪兹”号漏油事件》，《国际展望》，1989年第8期，第8–9页。

故。其二，埃克森船运公司并没有对船长的酗酒行为进行严格监督与惩罚，对于船长或船员的个人不良嗜好并没有制定严格的、有惩戒措施的规章，使之一而再再而三发生，没有树立忧患意识，缺乏责任感与集体感。其三，美国海岸警卫队对油轮上的船员缺乏毒性试验检验，同时并未及时了解安全敏感岗位工作人员具有酒后驾驶的违章材料，未在第一时间解聘不合格驾驶人员。

（3）原油泄漏应急计划。其一，埃列伊斯加管道石油供应公司并无配备装有清除油膜设备的驳船供随时调遣，同时相关部门对其指挥者缺乏使用分散剂和引燃清除油膜的指导。[①]其二，无证据显示联邦政府、海岸警卫队或其他组织在油轮泄漏后的24小时内做出过一定程度的努力或者有效措施。其三，埃列伊斯加管道石油供应公司并没有准确说明在狂风暴雨等自然气象条件下，采用哪种形式的分散剂、撇油器和就地引燃能有效地清除一定程度的石油污染。

（4）船舶交通管理。其一，可发现船舶交通管理的雷达处于正常工作状态，当“瓦尔迪兹”号油轮通过瓦尔迪兹湾时，雷达本身的检测范围并没有因天气或海面情况而有所降低。其二，监视船舶航行是由船舶管理中心的值班人员负责的，值班人员对其船舶只需要进行监视而不需要标定船位。其三，船舶交通公司所运用的通信和微波系统，由于存在设备较为陈旧、缺乏调换的备件等硬件设施，可能存在性能缺失准确性的问题，也会带来一定的不良影响。[②]

（三）产生影响

美国埃克森公司油轮漏油事故之后，给海洋生态环境和渔业带来了毁灭性的打击。至1989年4月上旬，浮油一直蔓延到3100平方千米，不仅破坏了威廉王子湾及其周边海域，还危及了大量的海洋生物及周边动物的生存。根据统计数据，在此次漏油事故中，死亡的鸟类数目是以往类似事件的

① 开夏：《美国历史上最严重的漏油事件》，《航海科技动态》，1996年第5期，第7–12页。

② 同①。

10 倍以上，大概有 30 万至 64.5 万只鸟死于漏油事故，11 种鸟类数目持续下降，一些鱼类呈现基因缺陷，大马哈鱼种群数量一直保持在较低水平，阿拉斯加地区的鲱鱼产业在 1993 年崩溃，以捕鱼为生的渔民因此损失金额高达 600 万美元。1000 米长的海岸线由于原油污染的蔓延性，也可能导致清理污染的工人患上呼吸道疾病。除此之外，患创伤后应激障碍综合征的人员数量比较多，抑郁症患者也增多，受污染地区的暴力犯罪率、离婚率等比例也显著增加。①

为防止此类事件的再次发生，一系列新的法规应运而生。1990 年 3 月，国际海事组织海上环境保护委员会通过了《国际防止船舶造成污染公约》修正案。1990 年 8 月，美国总统签署了《1990 年油污法》。1990 年 11 月，国际海事组织出台了《1990 年国际油污防备、反应和合作公约》，该公约决定在 2010 年至 2015 年逐步淘汰单壳油轮，于 1995 年 5 月 13 日正式生效。同年，美国国会通过了《石油污染法》，设立了处理石油污染的责任基金，健全了应对石油泄漏的针对性措施；阿拉斯加州也成立了专项溢油事故急救队，美国海岸警卫队则配置了先进的卫星跟踪系统②，以便及时获取信息、方便跟踪，确保海上运输安全，这也标志着人类对待溢油事故的态度由被动防范转向积极应对。通过立法的方式，有利于促进以政府和区域组织为主体的海洋生态环境合作机制的形成，并大幅降低世界范围内油轮溢油事故的发生，进而提高油轮运输的安全性与可靠性。

二、墨西哥湾原油泄漏事故

（一）事件回顾

2010 年 4 月 20 日，英国石油公司在墨西哥湾的“深水地平线”钻井平台的作业过程中，突然发生油气泄漏并引发两次爆炸，结果造成人员伤亡，其

① 欧立名:《埃克森漏油事件后果严重》,《福建环境》, 1994 年第 3 期，第 22 页。

② 靳婷:《从英国石油公司墨西哥湾漏油事件看美国环境刑事责任的追究机制》,《中国检察官》, 2010 年第 12 期，第 75–77 页。

中 11 人死亡，17 人受伤。大量油气从 1500 米深处泄漏进入海洋，钻井平台则是在燃烧了大约 36 小时之后，沉入了墨西哥湾。美国海岸警卫队和救灾部门的数据显示，墨西哥湾浮油覆盖面长 160 千米，最宽处 72 千米。在距墨西哥湾石油泄漏点大约 80 千米处的海滩上也发现了泄漏石油的残留。直到 9 月 19 日，采取了一系列石油泄漏的应急措施之后，美国原油泄漏事故救灾小组正式宣布，墨西哥湾油井被永久封存。此次事故造成了至少 70 万吨原油进入海中，随着原油扩散距离的日益增大，所形成的大面积的油膜导致海水含氧量不足，对海洋生物造成了致命的伤害。此次发生在美国墨西哥湾的原油泄漏事故可谓是“美国历史上最严重的石油污染环境事件”，从 2010 年到 2020 年，即使经过了 10 年的自然恢复与人工修复，根据研究表明，墨西哥湾的海洋生态环境仍未恢复到事故发生之前的状态。①

（二）原因分析

其一，钻井平台零部件设施陈旧，缺乏维修保养。这是墨西哥湾溢油事故的直接原因。一些专家认为，英国石油公司并没有做好前期防控、定期检测等工作，对于安装在 1600 米深海的防漏安全阀，基本上没有时间对其进行操控检测。钻井平台常年争分夺秒地在运作，并且考虑到成本经营的因素，鲜有时间花在停工检修或者维修保养上，这才导致出现了严重的石油污染环境事件。

其二，政府监管机制方面存在漏洞。据美国媒体报道，英国石油公司未对海上开采风险给予高度重视，而美国政府也并未采取有效监管。造成监管力度不够的主要原因在于海洋管理体制方面的弊端，体现为联邦层面的多头管理的现象。该溢油事件发生后，美国成立了专门的总统委员会彻查此次漏油事件，同时调研了地方与联邦层面的部门，进行职权与功能方面的明晰、明确、明示。除此之外，政府未能真正起到主导作用。事发后，美国政府未能及时站出来发声，解决问题；将此次溢油事件的责任推给钻井平台负责人，自身参与不够及时，未能发挥主人翁精神，存在诸多问题。

① 董文婉、王彦昌、吴军涛：《墨西哥湾溢油事件生态影响分析》，《油气田环境保护》，2020 年第 6 期，第 47–50 页。

其三，现行海洋生态环境法规较为混乱。随着海上贸易的增多、海上船舶运输的增加，海洋产业的发展也是蒸蒸日上。通过此次事件可发现，缺乏统一、协调的法律法规，海洋航行安全、油矿等资源的开发利用等可能会存在重大风险，没有相应的制度进行防范与应对，这是尤为关键的一个原因。[①]

（三）产生影响

此次墨西哥湾原油泄漏发生在深海 1500 米处，是历史上第一次发生在超过 500 米以上深海的原油泄漏。相比海上航行的油轮，深海的原油泄漏的影响力度更大、危害范围更广、更隐蔽。

其一，破坏了原有的海洋生态环境。大量原油从海底泄漏后，在上升过程中，会以油团或其混合物的形式流动或凝固，也会随着深层洋流漂动，甚至漂向其他大洋。此次墨西哥湾溢油规模大且时间长，对整个海洋环境的影响重大，对水环境、生物系统、岸滩等均造成了严重的污染与破坏，乃至影响到人体正常健康。据美国海洋和大气管理局（NOAA）统计，事故期间有近 1150 只海龟搁浅或被营救，其中超过半数死亡。此外，美国鱼类和野生动植物管理局已经证实，有超过 900 只塘鹅成为这次漏油事故的受害者。在距墨西哥湾更远的岛上，节肢动物数量也比未被污染的地方减少了 50% ~ 75%。[②]具体海洋生物的数据还远不止这些，可想而知墨西哥湾生态系统所受创伤之严重。

其二，影响该区域生活消费和人员健康。不同的海洋生物所生活的环境不同，彼此既独立又有联系，也就是互相成为食物链，同时，原油中存在苯和甲苯等有毒化合物，一旦进入食物链，从低等的藻类一直到高等的哺乳动物甚至人类无一幸免。在漏油事故中，挥发性有机化合物直接影响了救援人员的健康。另外，美国 20% 的海产品来源于墨西哥湾，其中产虾量占据美国的 75%，漏油事故发生后，美国宣布将当地禁渔区域扩大到 2 万平方千米，以免人类食用捕捞上的鱼类后出现健康问题。

① 雷海：《回顾：墨西哥湾溢油的教训和启示》，《中国海事》，2011 年第 9 期，第 11–12 页。

② 《墨西哥湾漏油已过一年：多种动物死亡远超往年》，《科技传播》，2011 年第 9 期，第 26–28 页。

其三，影响当地渔业和旅游业等产业的发展。当时的数据显示，每年墨西哥湾的渔业产值可达18亿美元，这是除阿拉斯加之外的美国第二大渔业市场。毫无疑问，原油泄漏不仅大幅减少当地渔业产值，而且还可能会使当地的经济变为负值。此外，墨西哥湾、亚拉巴马州、路易斯安那州和佛罗里达州等地方的旅游业也受到严重影响。很多当地人以旅游业和渔业为生，当然也会造成有将近15万人失业，这个影响范围和损失力度让人难以想象。①

三、日本福岛核电站核泄漏事故及核污染水排放

2011年3月11日，日本东部地区发生9.0级地震，并且引发海啸。在地震和海啸的双重作用下，福岛第一核电站发生了氢气爆炸，进而导致大规模放射性物质泄漏。大量核燃料和辐射物质进入海水、大气层中，并随着海水和大气流动，造成严重的海洋生态环境污染。2021年4月13日，日本政府宣布决定从2023年起将100多万吨福岛核电站核污染水排放太平洋。此举虽遭到了国内以及邻近国家的强烈谴责和坚决反对，但日本仍在2023年8月将核污染水排放入太平洋。本案例把这两件关联性的事件一起综合分析，关注人类在海洋生态环境跨界污染治理中如何构建制度，开展跨界治理机制的建设，并展现跨界环境治理的国家责任。

（一）原因分析

日本福岛核电站核泄漏事件，除了地震和海啸的发生是自然方面的原因之外，日本核电站的选址也刚好集中分布在地震断裂带，并且靠近海域，所以极易受到灾害的影响。此外，人为因素也是导致核电站泄漏的关键所在，而日本在2023年起排放核污染水则直接体现出国家责任缺失。

其一，应急预案、评估、准备工作等存在一定问题。首先，日本前期所采用的应急方案只能应对小规模的紧急事件，而无法应对此次核泄漏事故；其

① 高峰：《墨西哥湾石油污染，谁是最大受害者》，《中国石化》，2010年第9期，第30–32页。

次，核电站选址不合理，缺乏安全性考量，出现海啸则对沿岸的福岛核电站产生巨大的威胁；再次，应急资源准备不够充分，当地震和海啸损坏了应急供电设施时，核电站所能依靠的备用电池仅供电 8 小时；最后，核电站设备的陈旧与老化造成安全隐患。福岛核电站设备运行以来，机组寿命已达 40 年，长年累月的机器运作使得设备早已老化，也缺乏后期的维修与保养。

其二，各行政机构出现多头负责的现象，缺乏统一指挥领导。当时，日本政府采用的是中央—都（道府县）—市（町村）三级制应急体系。以中央为例，内阁府负责汇总预防信息，制定防灾减灾政策；文部科学省负责核事故应急救援；经济产业省负责生产事故应急救援，等等。各个行政机构在处理核泄漏危机的时候，出现了多头指挥和多头负责的情况[①]，严重降低了核泄漏事故应急处理效率。一直到核泄漏事件愈来愈恶化后，经协商一致，才由内阁府统一指挥。

其三，信息获取渠道不畅，信息缺乏可靠来源。日本发展核电遵循“国策民营”的模式，民企负责核电事业，经济产业省则负责日常管理，从而导致核事故处理部门——文部科学省无法对其进行有效监管，也就导致了收集数据和信息的迟缓与不准确。[②]

其四，应急救援队伍现场救援不力，应急物流运行不畅。首先，日本政府召集的救援队伍由于对核电装备等因素不熟悉，所花费的时间较长，错过有效救援时间；其次，日本政府没能在第一时间调配运输工具进行人力和物资的援助，造成重要的电力设备未能及时到位，整个应急物流系统运行缓慢，从而无法有效地做好核泄漏事故的应急救援。

其五，国际责任不到位。核污染水排放问题关乎全球的公共利益和周边国家的切身利益，理应秉承着负责任、全局观、人类命运共同体的理念谨慎处理，还应与周边国家和国际组织等协商一致，选择恰当的处理方式来有效解决核污染水，从而进一步减少海洋环境污染带来的食品安全、人类健康等损害。日本将核污染水直排入海的方式引起国际社会的争议与反对，是对国际公共利益不负责的表现。[③]

---

① 严亮：《日本应对核泄漏危机的教训及启示》，《经济研究导刊》，2012 年第 7 期，第 209–210 页。

② 同①。

③ 张仕荣、李鑫：《日本核泄漏引发全球治理再思考》，《中国应急管理》，2021 年第 6 期，第 80–83 页。

（二）产生影响

其一，对海洋环境造成严重污染。福岛核电站的大量放射性物质扩散对日本福岛附近地区造成严重的空气污染。随着扩散范围的增大，这些放射性物质随着大气环流在北半球地区扩散，对周边国家产生不可估量的负面影响。核泄漏导致水资源含有大量的放射性物质，受污染的水源和放射性物质通过渗漏对土壤造成不可逆的污染，土壤被侵蚀、植物受伤害，核泄漏导致的核废料的处理问题让海洋生态环境面临更大代价的冲击。

其二，对经济发展造成惨重损失。地震加上核泄漏的发生，对日本的经济发展造成了严重损害。核泄漏事故发生后，向反应堆注入海水冷却的方式，可以起到一定的挽救效果，但同时也腐蚀了各个机组的零部件。受损的机组、事故反应堆及乏燃料池等维修善后处理，都将造成一笔巨大的支出。除此之外，对日本的出口业也造成了不可估量的经济损失，核泄漏发生后，部分国家或地区对其进口产品和食品采取了一定的限制。

其三，对民众身心造成巨大影响。核泄漏事件对于当地民众的身体健康产生直接的影响，大量辐射物质飘散在空气中，自然而然被吸入人体中，人体吸收的辐射量与危害程度是成正比的。长期受辐射照射作用，会使人体感到异常不适，严重时可造成人体器官的损伤，从而会导致各类畸形、早衰、肿瘤等疾病的发生。此外，该事件对民众的心理造成偏激影响，出现“核恐慌”现象。

其四，对各国人民的共同利益造成长期损害。海洋作为全人类的共同家园，是实现可持续发展的新战略空间，对于人类的生存发展具有重大的意义。日本直接将核污染废水排放入海，体现出其缺乏国际责任与公共精神。此外，直排入海的方案虽在短期内解决了日本的核安全需求，但长期来看，核污染水造成的严重危害还是会落到本国国民身上，可能影响日本近海渔业资源的安全性，并一定程度上影响本国国民的身体健康。核污染水也会随着洋流、海流等扩散至太平洋其他区域，在未来的较长时间内更是会对全球的海洋生态环境造成间接影响。

四、案例分析小结

“美国埃克森公司油轮漏油事故”和“墨西哥湾原油泄漏事故”在一定程度上反映了社会责任缺失的现状，突显了公共参与的重要性所在。[①]《联合国海洋法公约》中有对海洋污染的应急计划的规定，其中要求受到影响地区的各个国家按照其能力，与各国际组织进行合作协商，从而尽可能消除海洋污染带来的不良影响并将危害降到最低。因此，各国应及时建立、完善应对油污污染的应急机制，以有效降低海洋污染事件带来的影响，高效处理各类海洋环境污染事故。从事故分析可以看出，避免海洋石油开发中的重大环境事故一般需要具备以下两大条件：技术装备的先进性是外在条件，以防因机器故障或机器老化而造成不良后果；配备高素质的专业化人才是关键因素，专业性人才必须具备强大的气候预警能力和应对海洋外力能力，并定期强化员工岗位特殊性的责任意识，以防因主观因素或人为原因导致不可估量的海洋环境污染。[②]

漏油事故对于各国的教训和警示有以下几个方面：一要加强油船或海上油田的安全监管，及时预防事故发生；二要建立跨部门空间信息平台，准确评估决策，以减少损失；三要加强科技投入和装备建设，并定期检查维修保养；四要牢固树立风险防范意识，建立防污管理长效机制；五要将溢油污染应急体系纳入抗灾防灾体系中，以加强可持续发展；六要建立高效的防污应急中心，进而及时评估损害和赔偿，减少污染损失。[③]

从“日本福岛核电站核泄漏事故”和“日本福岛核污染水排放问题”案例中可以看出，日本与其他海洋国家在突发性海洋环境危机协作应对机制上存在缺失，信息透明性差。日本将核污染水直排入海，不仅仅是基于本国经济利益的考量，还有部分原因在于国际社会缺乏明确约束力的国际制度规章。所以说，国际社会无针对此次事故的国际规则去规制相关国家。对中国乃至全球各国的启发在于以构建海洋命运共同体视角，推动国际社会制定针对核事件的国际公

---

① 徐静、张莉娜：《墨西哥湾石油泄漏警示录》，《国际公关》，2010 年第 5 期，第 22–24 页。

② 吕建中、田洪亮、李万平：《墨西哥湾海上泄漏事故历史分析及启示》，《国际石油经济》，2011 年第 8 期，第 27–32 页。

③ 雷海：《回顾：墨西哥湾溢油的教训和启示》，《中国海事》，2011 年第 9 期，第 11–12 页。

约，加强集体行动，合力推进防范核事故发生，弥补环境国家责任的缺失。

其一，反思人类责任。从自然责任角度来看，人类应该反思所作所为，须在尊重自然规律的条件下从事各项技术活动，协调人与自然之间的关系，而不强求于自然。比如在本次事故中，日本当地在建造核电站之前，并未充分考虑核电站的选址是否合理可行，是否可能受到地质灾害的影响，是否把可能造成的危害后果纳入预防范围之内，以便提前进行把控，预估危害风险，减轻破坏程度。从社会责任角度来看，人类的道德伦理缺失也是一个需要高度重视的关键问题，核事故的发生与东京电力公司只顾经济发展而忽视社会责任有着密切关系。这也呼吁国际社会应该重视技术发生的隐患，提前做好应急措施，更重要的是要培养社会责任、履行国家对于人类社会起码的担当和责任。

其二，反思技术风险与发展方式。现如今，核能已经作为一种新型清洁能源供人类使用，也是人类社会的主要能源之一，核能不仅具有低成本、高效、环保等特点，而且未来能够进一步取代化石能源，助力实施低碳减排。核泄漏事故说明任何技术都会存在一定的漏洞，若不提前预防、把控，在天灾的影响下，更可能存在不可回避的风险问题。同时，对于经济发展与生态环境两者之间的权衡，则更需要理性地思考与解决。

其三，坚持国际安全的理念。日本福岛核污染水的排放，可以说是以牺牲太平洋沿岸国家乃至全球海洋资源来满足自身的核安全需求[①]，这是极不负责任的表现，理应受到谴责。核泄漏事故对中国及各国的警醒作用在于：一要全面践行总体国家安全观，善于运用底线思维，将生态与核安全纳入整体国家安全体系，注重风险防范，做好风险评估，健全综合监管体系；二是完善核应急管理机制和体系，对我国沿海地区核电站启动全面监测工作和应急演练，严守安全红线，确保核电安全有序发展；三是要启动风险防范机制，做好对日本核污染水的风险防范监测，及时做好沿海地区的核辐射监测工作，加强对日本船只、人员和产品的监测工作，并实时记录形成动态评估。[②]

---

① 张仕荣、李鑫：《日本核泄漏引发全球治理再思考》，《中国应急管理》，2021年第6期，第80–83页。

② 同①。

第六章
跨界海洋保护区治理模式与机制创新

海洋是地球最大的生态系统，在这一系统中又分割为诸多小的生态系统。面对海洋环境的严重污染和海洋资源过度开发利用，人类将部分海洋系统连同海洋其他地理区域（如大陆架、海洋生物栖息地等）划定为海洋保护区，便于更好地开展海洋生物的养护和保护。海洋生态系统可能被划定的国家边界或地区行政区域边界而分割，这势必需要海洋保护区跨界治理。各国保护区之间出于国际规则的适用性、国际规范和话语权、市场力量和直接参与政策制定的差异，形成了不同形式的跨界海洋保护区治理模式，基于这些模式形成的海洋生态环境跨界治理机制具有创新性，分析这些治理模式和机制对于实现海洋可持续发展具有重要的意义。

第一节　全球海洋保护区治理现状

从20世纪末开始，海洋保护区的建设在世界范围内日渐兴起。近年来，国家管辖范围以外区域海洋生物多样性的保护和可持续利用日益受到重视，人们越来越一致认为，海洋保护区应被视为一种综合和灵活的海洋管理工具，特别是对某些禁止捕捞活动的海洋保护区，建议作为预防性和基于生态系统框架内一种有用的保护措施。[①]作为跨界资源管理的一种典型方式，跨界海洋保护区

① Mpas P. Marine Protected Areas. Encyclopedia of Marine Mammals，2008，84（4）：696–705.

治理正成为全球或区域实现海洋生态可持续发展的重要手段。

一、全球海洋保护区概况

（一）海洋保护区概念

海洋保护区的概念是在全球对海洋生态环境越发重视，尤其是在人类将特定的生态系统作为重点保护区时提出的。在 1962 年世界国家公园大会（World Conference of National Parks）上，海洋保护区被首次提出，但关于其定义却种类繁多。例如，在空间范围上，有的将其严格限制在海洋水域，而有的则包括一定陆域空间，如海岸带保护区；在保护对象上，有的是指代表性的自然生态系统、珍稀濒危海洋生物物种、具有特殊意义的自然遗迹，也有的是指脆弱生境或濒危物种所在的任何海岸带或开阔海域；在具体类型上，有的是严格意义上的海洋自然保护区，也有的是不同类型的海洋管理区。[①]因此，人类对海洋保护区的认识在此时还是相对模糊的。

世界自然保护联盟（International Union for Conservation of Nature，IUCN）[②]将海洋保护区定义为“任何通过法律程序或其他方式建立的，对其中部分或全部环境进行封闭保护的潮间带或潮下带陆架区域，包括其上覆水体及相关的动植物群落、历史及文化属性”。[③]从这一定义中可以看出，海洋保护区具有三个鲜明特点：一是建立的合法性，保护区是通过法律程序或其他程序建立的，因此海洋保护区的区域范围划定具有规范性、合理性和法定性；二是保护区的范围是以海洋生态系统为单位划定，以保护潮间带或潮下带陆架区域；三是保护区的核心是保护海洋生物以及相关物种和遗产的历史、文化价值。

1988 年，在哥斯达黎加举行的世界自然保护联盟第十七届全会决议案中，

---

① 赵千硕、初建松、朱玉贵：《海洋保护区概念、选划和管理准则及其应用研究》，《中国软科学》，2022 年第 S1 期，第 10–15 页。

② International Union for the Conservation of Nature and Natural Resources website，World Commission of Protected Areas，Transboundary Conservation Specialist Group，accessed on the 25th of March 2015，http：//www.tbpa.net/page.php?ndx=83.

③ 《海洋保护区指南》，国际自然保护联盟发布，1994 年。

进一步明确了海洋保护区的目标："通过创建全球海洋保护区代表系统，并根据世界自然保护的战略原则，通过对利用和影响海洋生态环境的人类活动进行管理，来提供长期的保护、恢复、明智地利用、理解和享受世界海洋遗产"。[①] 因此，海洋保护区是对海洋遗产的特殊保护，包括海洋生物以及物质和非物质海洋文化遗产物。

（二）跨界海洋保护区的概念与特征

由于海水和物种跨国家管辖范围转移，这就容易出现生态边界与政治边界的冲突[②]，大多数海洋生态系统具有跨界属性。因此，在某种程度上，最有效的海洋保护区可以是包括邻国之间或相邻行政区之间的某种跨界合作。通过研究认为，开采跨界自然资源的国家面临过度开采的强烈诱因，因为竞争性开采往往比遵守合作协议更有吸引力，建设跨越两国水域的跨界海洋保护区，可以克服各国之间的不合作状态，而且对于低生长速率的物种来说是最有利的。[③]

跨界海洋保护区包括国家之间跨边界的海洋保护区，还包括国家内部不同行政区之间的跨边界海洋保护区。国外学者主要关注的是跨越国家边界的海洋保护区。按照世界自然保护联盟的定义，跨界自然保护区就是跨越一个或多个国家或国家内不同行政区的陆地或海洋区域，与一般保护区相比，其特殊之处在于不同的管理机构通过法律或其他有效手段进行合作管理。[④] 奥尔多·奇尔科普将跨界海洋保护区定义为由邻国共同建立的海洋保护区，其区域跨越邻国共同的海上边界。[⑤] 在没有划定的海洋边界的情

① 陈力：《南极海洋保护区的国际法依据辨析》，《复旦学报（社会科学版）》，2016年第2期，第152–164页。

② 石龙宇、李杜、陈蕾，等：《跨界自然保护区——实现生物多样性保护的新手段》，《生态学报》，2012年第21期，第6892–6900页。

③ Costello C，Molina R. Transboundary Marine Protected Areas. Resource and Energy Economics，2021，65（2）：101239.

④ 同②。

⑤ Grilo C，Chircop A，Guerreiro J. Prospects for Transboundary Marine Protected Areas in East Africa. Ocean Development & International Law，2012，43（3）：243–266.

况下，跨界海洋保护区可能会涵盖两国各自认定的海洋边界区域（无论是否有争议）。

区别于一般的海洋保护区或海洋公园，跨界海洋保护区具有自身特征。

一是空间分布上的跨界性。保护区要跨越两个甚至更多行政区或国家之间的海上或沿岸政治边界线。因此，一些大型海洋生态系统因人为划定政治边界而被赋予跨界属性。如东非海洋自然保护区包括科摩罗、肯尼亚、马达加斯加、毛里求斯、莫桑比克、坦桑尼亚以及塞舌尔等国家。海洋保护区的“空间跨界”根据不同的海洋生态系统空间尺度有所不同。大型海洋生态系统的跨界是全球性的，如联合国建立的“水球”治理计划，《BBNJ 协定》中公海保护区与一国内的保护区的跨界治理问题。次大型海洋生态系统的跨界是洲际的，如南极罗斯海海洋保护区由 24 个成员国以及欧盟组成。中型海洋生态系统的跨界是两个或两个以上国家的共同区域边界（包括陆地边界和海洋边界），如北美海洋保护区和海龟群岛遗产保护区等由两个及两个以上国家的共同区域边界组成，这也是目前最多的跨界海洋保护区。还有一类是跨行政区的小型海洋生态系统，如目前世界上有近 50 处跨界海洋保护区，这些保护区主要基于海洋物种保护、海洋栖息地保护、海洋景观开发、区域海洋事务管理等设立[①]，对海洋生物多样化和海洋资源可持续发展具有显著意义。

二是管理方式上的复杂性。由于海水的连通性使海上边界更具模糊性。尽管跨界保护区倡议的吸引力正在增强，但寻求促使两个或多个国家进行保护可能是一项复杂的工作[②]，除非存在其他可以带来的社会、经济或政治利益，这些利益可以激发并维护政府的意愿[③]，保护区才能形成跨界合作。因此，跨界海洋保护区在管理上比一般的海洋保护区或海洋公园要复杂得多。它涉及不同国家、区域以及利益相关者，在合作管理过程中会受各种因素影响，如

---

① Cicin-Sain B, Belfiore S. Linking marine protected areas to integrated coastal and ocean management: A review of theory and practice. Ocean & Coastal Management, 2005, 48 (11), 847–868.

② Westing A H. Establishment and management of transfrontier reserves for conflict prevention and confidence building. Environmental Conservation, 1998, 25 (2): 91–94.

③ Mackelworth Peter. Peace parks and transboundary initiatives: implications for marine conservation and spatial planning. Conservation Letters, 2012, 5 (2): 90–98.

各合作方利益与价值观的契合程度，各管理方政府的支持力度[①]，以及相互监管的联合程度等。

三是目标追求上的可持续性。大多数跨界海洋保护区的建立是基于维护生物多样化、共同的环境治理、维护海上边界的安全等可持续发展目标。如1996年菲律宾和马来西亚共同建立海龟群岛遗产保护区就是为了保护地区海龟生物，1997年建立的中美洲珊瑚礁系统保护区是为了保护中美洲海岸线国家的珊瑚礁。不少跨界海洋保护区的建立往往是基于海洋跨界种群在迁徙过程中，高度流动的物种跨越多个管辖边界，当确定个体聚集的关键栖息地时，这些区域可以成为海洋保护区的理想候选区域。[②]

跨界海洋保护区的建立，不仅促进了区域间的合作，也维护了地区间的和平。[③]可以看出，跨界正慢慢成为海洋保护区发展的一个方向，呈现出跨区域、领域、国界的跨界属性。

（三）跨界海洋保护区的历史及现状

1924年，波兰和捷克斯洛伐克签署了《克拉科夫议定书》，开拓了建立“边境公园”的国际合作概念，并形成了三个联合公园区。在创建这些保护区时，没有表明通过自然促进和平是建立的目标。相反，保护区被看作是一个保护跨越国际边界的自然景观的机会。“边界公园”倡议也是通过联合管理“集体”物品，减轻第一次世界大战造成的边界争端冲突所开展的尝试。与此同时，北美也出现了类似的保护区，1932年加拿大和美国边界的沃顿冰川国际和平公园的建立是为了防止边界区域的集体冲突，它是第一个正式宣布的国际和平公园。

---

① 吴信值：《国际和平公园：概念辨析、基本特征与研究议题》，《地理研究》，2018年第10期，第1947–1956页。

② I García-Barón，Authier M，Caballero A，et al. Modelling the spatial abundance of a migratory predator：A call for transboundary marine protected areas. Diversity and Distributions，2019，25（3）：346–360.

③ Sandwith T，Shine C，Hamilton L，et al. Transboundary protected areas for peace and co-operation. Transboundary protected areas for peace/The World conservation Union. UICN Gland，Switzerland，2001.

随着人类社会对自然资源的开发和破坏加剧，尤其是那些国界线上的土地和海洋正在被战争、无限制开发而破坏，世界自然保护联盟认识到这个存在争议的区域亟须开展跨界养护。20 世纪 40 年代，世界自然保护联盟设立了一个全球跨界养护网络和全球技术合作网络。全球技术合作网络就跨界养护计划的所有方面提供知识支持和管理指导[①]，该网络提到了诸如“跨界保护区”“跨界自然资源管理区”“和平公园”“生态走廊”等术语，其中“跨界保护区”和“和平公园”两个主题词相对能够代表建立跨界自然资源管理和养护的核心理念，即建立一个跨界保护区是为了通过自然促进和平，提升资源可持续性。

“跨界海洋保护区”概念是 2001 年由 Sandwith 等提出的，认为跨界海洋保护区是“跨越国家、省、区、自治区和（或）超出国家范围的区域，涉及国家以下单位之间一个或多个边界的海洋区域，其组成部分致力于保护和维护海洋生物多样性，以及海洋自然和相关文化资源，并通过法律或其他有效手段开展合作”。[②]

国际海洋和平公园是跨界海洋保护区的一个特殊概念，是为建立和平和改善国家之间的关系而开展的一项相对容易达成共识的合作项目。如约旦和以色列之间的红海海洋和平公园是 1994 年和平条约的一部分，它促进了国家之间的合作，以保护跨界珊瑚礁和旅游业发展。再如瓦登海国家公园，其不但维护了区域和平，也对海洋生物多样化、区域环境污染治理以及海事管理做出了规定。还有一些海上边界存在争议或需要建立海上和平地区的也会提议建立海洋和平公园，如韩国提议建立一个韩国和朝鲜的海洋和平公园，以共同促进保护与和平解决边界争端。

目前，世界上拥有跨国界海洋保护区近 50 处，分布在全球各海洋区域。这些海洋保护区对维护海洋生物多样化，促进区域和平做出了贡献（表 6–1）。

---

① GTCN.（2012）.Global Transborder Conservation Network.Information. Retrieved from http：//www.tbpa.net/.

② Sandwith T，Shine C，Hamilton L，et al. Transboundary Protected Areas for Peace and Co-operation. Best Practice Protected Area Guideline Series No.7. Gland：IUCN，2001.

表 6–1　全球主要跨国界海洋保护区基本状况

名称	所属国家	成立时间	国际协议
沃特顿冰川国际和平公园	美国和加拿大	1932年	关于建立沃特顿冰川国际和平公园的协议
瓦登海国家公园	荷兰、德国和丹麦	1982年	保护瓦登海联合宣言
博尼法西奥河口国际海洋公园	法国和意大利	1992年	关于博尼法西奥河口双边保护议定书
红海海洋和平公园	以色列和约旦	1994年	以色列、约旦和美国关于建立红海海洋和平公园的三方协定
海龟群岛遗产保护区	菲律宾和马来西亚	1996年	关于建立龟岛文化遗产保护区的协议备忘录
中美洲珊瑚礁系统保护区	洪都拉斯、危地马拉、伯利兹和墨西哥	1997年	关于在墨西哥、伯利兹、危地马拉和洪都拉斯之间建立珊瑚礁保护区的宣言（图卢姆宣言）
地中海海洋哺乳动物的佩拉戈斯保护区	摩纳哥、意大利和法国	1999年	关于海洋哺乳动物保护协定
北美海洋保护区	加拿大、美国和墨西哥	1999年	北美环境合作协定
东非海洋保护区	以莫桑比克、坦桑尼亚和肯尼亚为主体	2000年	缔结建立海洋和沿海跨界保护区和资源区的协议
东部热带太平洋海洋廊道保护区	哥斯达黎加、巴拿马、哥伦比亚和厄瓜多尔	2004年	关于东部热带太平洋海洋廊道保护区成立宣言
珊瑚大三角区	印度尼西亚、马来西亚、巴布亚新几内亚、菲律宾、所罗门群岛和东帝汶	2009年	珊瑚大三角区域宣言和行动计划

注：1. 本表根据相关论文和网站数据整理而成。[①②]

2. 沃特顿冰川国际和平公园包括以陆地为主的加拿大的沃特顿湖国家公园和美国冰川公园，但是和平公园通过的冰川水和生物群落流向附近的海洋。

① Mackelworth Peter . Peace parks and transboundary initiatives：implications for marine conservation and spatial planning. Conservation Letters，2012，5（2）：90–98.

② Guerreiro J，Chircop A，Grilo C，et al. Establishing a transboundary network of marine protected areas：Diplomatic and management options for the east African context. Marine Policy，2010，34（5）：896–910.

二、跨界海洋保护区治理的现状

跨界海洋保护区跨界发展大致可以分为三个阶段。20 世纪 70 年代之前是海洋保护区跨界治理的早期实践阶段，这一时期的跨界海洋保护区是基于政治性动力建立起来的，力求实现区域的和平。随着人们认识的进一步提高，以及对可持续性发展的重视，人们开始强调跨界海洋保护区的协调治理。20 世纪 70 年代之后，海洋保护区跨界治理步入综合治理阶段，追求实现专业化和综合性治理效果。进入 21 世纪以后，在全球化的推动下，为防止“公地悲剧”的发生，国家之间进一步紧密合作，致力于探索跨界海洋保护区的多元治理。

（一）跨界海洋保护区的早期实践

Peter Mackelworth 教授认为，国家之间建立海洋保护区跨界治理的动机主要有 17 种，分别是以以往成功的举措为基础、确保各国之间持续的和平关系、为国家间的谈判创造一个切入点、创造共同的合作机会、培养信任、缓和战后的边界争端、缓和稍有紧张的地区局势、促进地方和解及加强区域认同和民间社会合作、建立高水平的支持系统、提升涉案国家的国际形象、加强安全、独立便利化、嵌套在更广泛的合作框架内、提供一个国家间都能接受的战略冲突处理机制、国家管辖外海域与国家海洋保护的利益结合、区域共享海域资源、提供一个大家都能接受的谈判契机。从 Peter 教授提供的 17 种动机来看，跨界海洋保护区的建立大多出于政治性动机。沃特顿冰川国际和平公园（Waterton Glacier International Peace Park）的建立最具代表性。1932 年，在民间社会团体的压力下，美国和加拿大政府都颁布了一项法案，将沃特顿冰川国际和平公园指定为国家和平公园。1959 年签订的《南极条约》是多边和平公园的基石以及科研与保护实践的合作典范。

早期阶段尤其是 1970 年之前，多数跨界海洋保护区的建立是为了实现区域的和平。因此，早期的跨界海洋保护区带有明显的政治色彩，但是其主要目的在于实现区域的海洋生物多样化。

（二）跨界海洋保护区的综合性治理阶段

随着人类对可持续发展的进一步认识，全球环境可持续治理成为共识。1971 年 2 月，在伊朗的拉姆萨尔召开了“湿地及水禽保护国际会议”，会上通过了《关于特别是作为水禽栖息地的国际重要湿地公约》，该公约明确提出海洋系统是湿地最重要的类型，应当建立湿地保护区域使其成为鱼类和水禽等生物栖息、活动及繁衍的重要场所。1972 年 10 月至 11 月，联合国教科文组织在巴黎举行了第十七届会议，成员国签署了《保护世界文化和自然遗产公约》，明确了重要的海洋生物自然遗产对于维护人类共同遗产的重要性。在 1974 年，联合国环境规划署启动了区域海洋计划，就开始促进环境合作，尽管它们最初更侧重于防止污染而不是保护。1979 年 6 月 23 日，世界主要国家在德国波恩签订了《保护野生动物迁徙物种公约》，公约涵盖许多受野生动物非法交易严重影响的标志性迁徙物种，如海龟、鲨鱼和鸟类。《保护野生动物迁徙物种公约》召集国际社会共同应对这些野生动物在其每年迁徙途中面临的诸多威胁，包括非法交易构成的威胁。1992 年 6 月 5 日，在巴西里约热内卢举行的联合国环境与发展大会上签署了《生物多样性公约》，公约旨在保护濒临灭绝的植物和动物，以最大限度地保护地球上的多种多样的生物资源。

人类普遍认为，地球是一个大型的海洋生态系统，人类共处一片海洋。海洋的流动特性造就了海洋生物的产卵、生产、周期性的定向往返移动洄游、生活栖息。1984 年，世界自然保护联盟和联合国环境规划署引入了大海洋生态系统的概念，在全球范围内划定了 64 个沿海生态系统。自 1994 年以来，全球环境基金就一直在使用大海洋生态系统作为促进海洋和沿海地区各个部门和地区整合的手段。地球各大洲掀起了一股建立跨国界海洋保护区的热潮。如第二次世界大战后，来自丹麦、德国和荷兰的科学家证明了瓦登海作为欧洲最大的野生海洋潮间带生态系统在海洋生物多样化保护中的重要地位，区域非政府组织也对此提倡保护。1982 年，丹麦、荷兰和德国三方就建立瓦登海国家公园达成协议，他们就同一片海域开展海洋生物保护、海洋水环境治理、国际船污治理等系列生态系统服务问题协商一致，并组建了瓦登海管理委员会和秘书处。1996 年建立的海龟群岛保护区、中美洲珊瑚礁系统保护区以及地中海海洋哺乳动物佩拉戈斯保护区都是在全球一系列可持续发展公约签订的大背景下建立起来的。

这一时期的跨界海洋保护区治理开始实现了区域协调治理，由区域内相关国家建立管理委员会和秘书处，实现专业化和协作化管理。如瓦登海国家公园和红海海洋和平公园都建立了管理委员会和组织秘书处或技术秘书处。这些组织的建立有效地保障了跨界保护区工作的开展，提升了保护区的工作效率和维护海洋可持续发展的水平。然而，综合性治理必须依靠跨界各国的协同，合作不畅是部分跨界海洋保护区面临困境的原因，如本格拉洋流大型海洋生态系统受到中等至高强度的捕捞、采矿和许多其他人类压力的影响，通过研究安哥拉、纳米比亚和南非目前的社会经济发展举措，所有这些压力还会进一步加剧。[①] 可持续合作的理念应成为跨界海洋保护区治理的基本思路。

（三）跨界海洋保护区可持续合作治理阶段

进入 21 世纪以来，人类进入了一个和平与经济合作不断兴起的新阶段，全球化和区域合作已为跨界行动做出了贡献。随着国家间联系的进一步紧密，以及探求更广泛的合作，“绿色外交”、可持续的合作开发成为启动和维持跨界海洋保护区和海洋和平公园的动机和组织机制。

自 1997 年以来，世界自然保护联盟推动了“公园促进和平”倡议，以此作为加强区域合作的工具。特别是由于技术允许对海洋资源进行更大规模的勘探和开发，并且海事国家宣布对更广泛的地区追求航行自由，国家边界上的冲突越来越多。在海洋领域中，越来越多的国家提出了跨界保护倡议，其中也有一部分具有非保护方面的内容，例如促进和平、解决共同的问题或创

① Kirkman S P，Holness S，Harris L R，et al. Using Systematic Conservation Planning to support Marine Spatial Planning and achieve marine protection targets in the transboundary Benguela Ecosystem. Ocean & Coastal Management，2019，168（2）：117–129.

造共同合作开发的机会。[①]

为了更有效地实现海洋保护区跨界治理，区域国家之间开始建立海洋生物保护、区域环境治理、沿岸旅游业发展等功能在内的多元化海洋保护区跨界治理，防止出现“公地悲剧”。如2000年在东非共同体的推动下，以莫桑比克、南非和坦桑尼亚为主体的东非国家缔结了海洋和沿海跨界保护区和资源区，这个保护区不仅仅是一个海洋生物多样化保护和养护的区域，更是一个广泛的旅游区域，为边界国家地区迎来了众多的旅游者，保护了环境也带来了利润。2004年4月2日，哥斯达黎加、巴拿马、哥伦比亚、厄瓜多尔达成了东部热带太平洋海洋走廊计划。该计划的提出有利于打击非法捕捞，从而保护太平洋地区的生物多样性，建立可持续经济发展模式。除了作为大量海洋物种的觅食地、繁殖地和栖息地，该“海洋走廊”还具有很高的商业价值（渔业、旅游业等），实现了区域环境保护和经济发展。近几年，肯尼亚和坦桑尼亚之间拟建立跨界保护区，重点保护红树林种群的遗传多样性和连通性。东非红树林生态系统由复杂的河口、海岸和海湾组成，生态系统往往跨越行政管理边界，需要跨界保护规划举措，但跨界红树林区域的保护和管理在很大程度上仍与每个海湾的水文连通性相关，因此必须坚持多地合作养护和管理[②]，构成跨界保护区系统的多区域可持续合作。

三、跨界海洋保护区治理的法律框架

国际、区域和双国法律规则对海洋保护区跨界治理的有效性有一定制约，这关系着国家间或区域间的利益，尤其是国际条约，既是划定海上边界的重要依据，也是达成跨国界海洋保护区的国际法支撑。尽管全球性国际条约为建立跨界海洋保护区起到了积极作用，但是在海洋保护区跨界治理中区域和

---

① Mackelworth Peter. Peace parks and transboundary initiatives：implications for marine conservation and spatial planning. Conservation Letters，2012，5（2）：90–98.

② Triest L，Stocken T，Sierens T，et al. Connectivity of Avicennia marina populations within a proposed marine transboundary conservation area between Kenya and Tanzania. Biological Conservation，2021，256（4）：109040.

双边协议更有效。[①]可见，双边合作仍是最有效的政治和法律手段。

（一）国际公约

跨国界海洋保护区存在于各国海上边界线周围的区域，或存在于具有争议性的海域，或既有各国内部海洋保护区，也有争议性的海域。国家边界范围区的海洋保护区更多地基于共同海洋生态系统的生物多样化养护以及海洋资源、文化价值的保护，共同的国际海事航行规则、海洋污染治理等，而争议性区域内的海洋保护区除了具有上述功能需要外，还存在需要具有各国普遍可以遵循的国际法支撑或历史性权利支撑，以实现自然促进和平。由此，国际法成为海洋保护区跨界治理的重要法律工具。一般而言，《联合国海洋法公约》《生物多样性公约》《保护世界文化和自然遗产公约》《关于特别是作为水禽栖息地的国际重要湿地公约》《保护野生动物迁徙物种公约》《濒危野生动植物种国际贸易公约》《国际捕鲸管制公约》《国际防止船舶造成污染公约》《1990年国际油污防备、反应和合作公约》《国际水道非航行使用法公约》等国际公约均涉及跨界保护区建立和治理问题。国际上大多数涉海国家是上述公约的缔约国，这些公约作为各国履行的国际规范，对于建立跨界海洋保护区具有国际法指导意义。

《联合国海洋法公约》（以下简称《公约》）要求各缔约国应以互相谅解和合作的精神解决与海洋法有关的一切问题，这种精神为建立海洋保护区跨界治理提供了国际性准则。《公约》也提出应该基于生态系统的整体性来考虑海洋区域的种种问题。《公约》第一九四条第五项指出，为防止、减少和控制海洋环境污染的措施“应包括为保护和保全稀有或脆弱的生态系统，以及衰竭、受威胁或有灭绝危险的物种和其他形式的海洋生物的生存环境，而有必要的措施”。同时，《公约》还提出国际社会要加强全球合作、区域合作来维护海洋生态环境。

---

① José Guerreiro，Aldo Chircop，David Dzidzornu，et al. The role of international environmental instruments in enhancing transboundary marine protected areas：An approach in East Africa. Marine Policy，2011，35（2）：95–104.

《生物多样性公约》在支持开展跨界海洋保护区建设工作中起着关键作用，其主要任务之一是为海洋生物多样性的维护提供科学而适宜的技术信息支持。[①]《生物多样性公约》第八条提出，各国应“建立保护区系统或需要采取特殊措施以保护生物多样性地区”，同时，该条款就跨界合作提出了概念性意见。《生物多样性公约》第二十二条强调，在海洋环境上不得抵触各国在海洋法下的权利和义务，这为海洋保护区跨界治理奠定了法律基础。《关于特别是作为水禽栖息地的国际重要湿地公约》《保护野生动物迁徙物种公约》《濒危野生动植物种国际贸易公约》提出了在红树林、珊瑚礁和海草床的沿海湿地建立海洋保护区，对濒危野生动植物（如海豚、鲸鲨等）划定庇护所，以支持该地区的生物越境保护。《保护野生动物迁徙物种公约》和《关于保护和管理印度洋及东南亚海龟及其栖息地的谅解备忘录》呼吁开展区域和国际合作，“……在利用生态系统建立海洋保护区跨界治理方面，而不是政治界限”。《国际防止船舶造成污染公约》等规定了各缔约国保证实施其承担区域海洋环境清洁的义务，以防止由于违反公约排放有害物质或含有这种物质的废液而污染海洋环境。《国际防止船舶造成污染公约》等国际公约的条款将成为跨界海洋保护区内环境治理的重要工具，并赋予这些地区国际地位。[②]

联合国已经通过的 BBNJ 协定将成为在可预见的未来养护和可持续使用海洋保护区的基础。BBNJ 协定倾向于基于使用环境影响评估来确保海洋生态系统的可持续性。该进程还将促进有效治理国家管辖范围以外地区所需的所有区域和全球利益攸关方的参与。[③]

（二）区域条约与协议

跨界海洋保护区的建立应该注重当事国或相邻国家的利益，但是在一些

① 联合国海洋法专题网页，https：//www.un.org/zh/globalissues/oceans/biodiversity.shtml。

② Chircop A，2005. Particularly sensitive sea areas and international navigation rights：trends，controversies and emerging issues//Davies I. Issues in International Commercial Law. Aldershot: Ashgate Publishing，2005：217–243.

③ Hassanali K，Mahon R. Encouraging proactive governance of marine biological diversity of areas beyond national jurisdiction through Strategic Environmental Assessment（SEA）. Marine Policy，2022，136：104932.

保护区也有第三国力量的参与，尤其是在欧洲、非洲和美洲的跨界海洋保护区中，区域联盟组织对保护区的影响很大。[①]跨界海洋保护区沿海国通过签署区域性条约、协议或行动计划的方式促进跨界治理机制的形成。

一般而言，由于跨界海洋保护区所在国家是区域组织的成员国，这些成员国需要遵循区域组织的环境规范，以满足区域一体化发展的需要。如瓦登海国家公园的管理规范中欧盟处于第三方的角色，对瓦登海理事会、管理委员会运行以及海洋湿地、滩涂的保护起到指导作用。其中欧洲经济委员会对瓦登海区域具有指导义务，1992 年发布的《迈向可持续发展：欧洲共同体有关环境与可持续发展的政策和行动计划》适用于瓦登海。再如坦桑尼亚和莫桑比克是《非洲自然和自然资源保护公约》的缔约国，需要遵守公约的有关规定，但是南非并不是。《东非地区保护、管理和发展海洋和沿海环境行动计划》《关于在东非区域应对紧急情况下合作打击海洋污染的议定书》《关于东非区域保护区和野生动植物的内罗毕议定书》《保护、管理和发展东非地区海洋和沿海环境的内罗毕公约》等对东非海洋保护区的管理具有实际指导作用。此外，非盟的有关缔约国之间协调自然资源和环境保护政策的一般规定以及东非共同体制定的野生动植物保护政策和“跨界保护区共同管理计划”也适用于其管理（尽管只有坦桑尼亚是东非共同体的缔约国）。[②]

（三）双边或多边合作协议

相关国家的集体行动对环境可持续发展起到至关重要的作用。[③]建立跨界海洋保护区需要相关国家基于一致的行为达成，因此保护区各国间达成双边或多边协议对跨界海洋生态保护合作具有最直接的作用。表 6-1 显示了各国达成建立跨界保护区的双边或多边协议，这些协议承认共享环境国家间的

① Balsiger J，Prys M. Regional agreements in international environmental politics. International Environmental Agreements Politics Law & Economics，2016，16（2）：239–260.

② Guerreiro J，Chircop A，Dzidzornu D，et al. The role of international environmental instruments in enhancing transboundary marine protected areas：An approach in East Africa. Marine Policy，2011，35（2）：95–104.

③ Yi H T，Suo L M，Shen R W，et al. Regional Governance and Institutional Collective Action for Environmental Sustainability. Public administration review，2018，78（4）：556–566.

协调合作关系，并寻求在共享环境目标的基础上建立共同的规范。同时，各国根据保护区具体的海洋生物、海洋环境以及进一步合作达成具体协议。如2000年7月1日坦桑尼亚和莫桑比克达成了建立姆特瓦拉湾–鲁伍马河口海洋公园，以保护红树林、岩石和沙滩海岸线；2000年莫桑比克、南非和斯威士兰达成了《跨境保护资源区总议定书》，该议定书界定了跨界保护区和资源区的范围及各国义务。

四、跨界海洋保护区治理存在的问题

跨界海洋保护区作为海洋保护区跨界治理的重要形式，是保护海洋生物多样化、维护海洋生态环境稳定的有效手段，然而在跨界海洋保护区的建设、运行与管理过程中，法规条约、管理体制与主体协作等方面存在的一些桎梏仍然制约着跨界海洋保护区的建设与发展。

（一）制度规范缺乏刚性

从现有的跨界海洋保护区的建设状况来看，大多数保护区都达成了海洋生物多样化、海洋污染防治、野生动物保护、海洋生态系统维护等具体的协议，在大型海洋生态系统内实行统一的保护政策，但是还有很大一部分保护区存在法规条约不完善问题，主要表现在以下四个方面。

第一，“软法”缺乏约束力。大多数跨界海洋保护区的建立是基于共同的海洋生物保护，但是达成的协议往往缺乏有效的约束性条款，只在原则上、国际道义上和国际条约的履行上做了规定。“软性”的规定无法约束和制止不法利益者的侵害，无法保护区域内的企业、渔民、社会组织等相关方的利益，也不利于区域海洋环境可持续发展和海洋生物多样化养护。如海龟群岛遗产保护区还存在对海龟的捕杀；中美洲珊瑚礁系统保护区过度开发旅游业，导致沙滩、湿地的破坏。

第二，区域内国家法律法规不统一。一些保护区的国家从本国利益出发，建立了海洋国家公园或遗产保护区，对区域内的海洋资源实行严格的保护，但对于整个生态系统内的海洋保护没有做出规定，这可能会造成越境损害。如东非海洋保护区相关国家对于边界内的海洋公园实行了严格的保护政策，但部分国家对于同一海洋生态系统内未跨界的生态损害没有严格规定，导致一国滥用海洋资源危害到其他国家的利益。

第三，保护区制度不完善。跨界海洋保护区本质上是一个大型的海洋生态系统，不仅仅是海洋生物的养护和保护，还是沙滩、湿地、滩涂以及区域海的环境防治，因此，海洋保护区不仅要建立有关海洋生物多样化、野生动植物的养护和保护的双边或多边协议，也需要建立保护区内国际船舶污染防治、海岸线环境防治等具体的协议，以利于保护区可持续发展。然而，目前一些保护区仅规定了区域内海洋生物的多样化保护，对保护区内的环境防治，特别是滨海旅游业发展的协调统一尚未做出具体规定。

第四，国际规范的遵守度不统一。区域规范或国际条约对跨界保护区的建设具有指导意义，但是部分国家没有加入相关公约，没有成为缔约国，因此，对国际或区域的条约采取不遵守的态度，对跨界海洋保护区的深度合作和统一行动造成不利影响，同时由于区域内各国对跨界海洋保护区相关国际法的理解不同，导致保护和养护的质量不统一，势必造成合作的不持续性。

（二）国家自利性影响跨界管理体制

第一，国家间利益冲突增加。跨界海洋保护区相关各国基于国家利益最大化的角度出发，在保护区达成集体行动后，各国实行了严格的保护行动，但是极有可能造成保护区国家间利益的不平衡或冲突。这种利益冲突主要表现为两个方面。一是向本国保护区外追求利益。各国对保护区的严格规定可能会造成区域内利益的损害，然而对保护区外的国家或地区并没有执行具体的惩治规定，势必放任其他利益主体损害本区域外的海洋资源。二是向保护区追求利益。部分国家或地区划定了一定范围的跨界海洋保护区，但是对于保护区外或周边的海洋资源的养护和保护并没有做出严格规定，这极有可能导致一些利益主体损害保护区周边的海洋资源，长久来看也将影响保护区的生物多样化。

第二，管理体制不健全。目前瓦登海国家公园、北美海洋保护区等跨界海洋保护区已建立了理事会、联合管理委员会等专门的组织机构，对区域内的相关问题进行协调处理。但是也有部分保护区由于没有建立完善的管理体制，极大地影响海洋生态保护的完整性。大多数保护区国家对其自身边界内的国家公园建立了管理体制，但是在整个跨界保护区内没有形成可协调、合作保护的管理体制，这势必影响跨界海洋保护区的长期管理。

第三，海洋环境执法机制不完善。跨界海洋保护区相关各国对执法主体与执法机制建设的认识存在较大差异。从执法主体来看，一般采用的是森林警察或者海岸警卫队，以及环保卫士等政府主体开展执法；从执法机制来看，他们对执法往往停留在本国保护区的范围内，缺少联合执法和多元参与执法的机制。本研究在对 32 个跨界海洋保护区的分析中发现，仅有 4 个建立了联合执法体制，大多数缺少执法或联合执法机构，这样降低了保护区的管理效率。

（三）多重因素造成跨界治理难度增大

第一，保护区的建立对多个参与主体产生利益影响。建立跨界海洋保护区必然在短期内对企业和居民的随意陆源排放行为、捕捞作业、海洋资源开发和利用等进行约束，并促使政府间进行跨界商谈，形成合作协议，均会在一定程度上增加各方的投入成本、减少收益。作为企业，保护区的环保标准对其发展的容量和技术条件做出了更高要求，同时环保服务付费也增加了企业成本，企业短期利润下降。因此，保护区内企业尤其是旅游企业必然在自觉遵守环保规则上大打折扣，可能会不自觉地对保护区的海洋生物资源、沿岸和海洋生态环境等造成破坏。

第二，保护区需要兼顾基本的社会需求和生存。对于保护区居民尤其是渔民，海洋生物是他们赖以生存的基本资源，为了获得最大利益，部分渔民就会无限制地捕获海洋生物资源，这样也可能造成保护区资源的损害。然而，渔民和一般企业主不同，渔业权实际上是生存权，是基本权利，当生态保护主义者对所有渔业行为反对时，实际上也限制了小规模渔民进入渔场的机会，因此，这类人群参与沿海渔业生产和治理应当得到利益的兼顾，并在政策议程、管理做法和监测战略的制定上得到体现。[①]但这也给实现与对其他社会主体的环境政策间的平衡增加了难度。

第三，保护区设置需要顾及相应的自然因素。有研究认为，在设计、规划和实施海洋保护区时需要考虑气候变化的重要性，并确定了将气候变化因素纳入海洋保护区的机制。BBNJ 协定已开放签署，在相关国家批准实施过程中应充分考虑气候变化的潜力，同时需要改进国家一级管理海洋保护区的框架，以应对气候变化。[②]部分学者研究还发现，在海洋捕捞过程中对海鸟群体的威胁很大，如企鹅还可能会季节性地进行跨界迁徙，需要通过建立统一的法律框架来确定国家管辖范围以外的海洋保护区，以及促进对采掘活动的预防性做法。[③]因此，相关的因素对跨界海洋保护区的设立和政策工具均有一定影响。

（四）科层制在应对跨界海洋保护区难题上存在治理失灵

20 世纪初德国社会学家马克斯 · 韦伯（Max Weber）基于“现代理性”最早提出并阐释了“科层组织”的组织形态，最终形成了与现代社会相适应的科层制理论（Olsen, 2005）[④]。“每一个国家的行政管理都是以科层的方式组织起来，以实现管理组织的基本功能，实现对国家的管理。”[⑤]历史发展证明，在工业社会低度复杂性和不确定性条件下，以专业化、等级制、规则化、技术化为主要特征的科层制，运用法理型权威实施管理，通过构建的规则制度体系应对所有权变，能够自发达成目标协同性，对确定环境下的线性管理具有

① De Araujo L G，De Castro F，Freitas R D，et al. Struggles for inclusive development in small-scale fisheries in Paraty，Southeastern Coast of Brazil. Ocean & Coastal Management，2017，150（12）：24–34.

② Vijayaraghavan V. Marine Protected Areas on the Uncertian Frontiers of Climate Change. The environmental law reporter，2021，51（2）：10116–10135.

③ Thiebot J B，Dreyfus M. Protecting marine biodiversity beyond national jurisdiction：A penguins' perspective. Marine Policy，2021，131（10）：104640.

④ Olsen J P. Maybe It Is Time to Rediscover Bureaucracy. Journal of Public Administration Research and Theory，2005，16（1）：1–24.

⑤ Gerhardinger L C，Godoy E A S，Jones P J S，et al. Marine Protected Dramas：The Flaws of the Brazilian National System of Marine Protected Areas. Environmental Management，2010，47（4）：630–643.

较强的治理绩效。然而，在不确定性环境下非线性管理方面，科层制因烦琐的规章和形式化的程序导致前瞻性、灵活性、有效性不足，无法适应快速变化的外部环境，特别是其存在的协调难题导致其无法有效治理大量涌现的跨界公共事务。因此，科层制因缺乏灵活性且无法有效协调跨组织、跨地区、跨领域的主体利益关系而日渐式微，调整组织结构，再造治理功能，构建一种与复杂社会相适应的新组织模式显得尤为必要。

随着全球海洋生态危机越来越凸显，在 1958 年联合国第一次海洋法会议达成《领海及毗连区公约》后，各国在划定海域内开展海洋生物多样化保护。世界国家公园大会（World Conference of National Parks）首次提出海洋保护区（Marine Protected Area，MPA）的概念。由此，各国纷纷建立了海洋保护区、海洋管理区或海洋公园等形式的保护区。数据显示，1970 年全球仅有 27 个国家建立了 118 个海洋保护区，到 2024 年 1 月全球已建立了 18 720 个海洋保护区，占全球海洋面积的8.16%[①]。在这些海洋保护区中，各国基于各自的法律和实践形成了政府主导、多元主体参与的海洋保护区治理体系，如依照《1975 年大堡礁海洋公园法案》，澳大利亚实施以政府管控为主的治理模式。这种海洋保护区治理体系建立在科层制基础之上，以“统一领导、综合协调、分类管理、分级负责、属地管理”为基本特征。

尽管这种以政府为中心、以行政管辖权为基础、以专业划分为依据的海洋保护区治理模式，在治理不涉及跨地区和跨领域、主体属性单一、利益层次简单的海洋保护区时效果较好，但在治理具有跨域性、系统性、溢出效应的跨界海洋保护区时，其具有的区域封闭、部门分割、条块分治、协调困难等碎片化问题日益显露。

具体来讲，传统科层制海洋保护区治理模式与跨界海洋保护区治理之间形成了强大的结构性张力，主要表现为：分类管理与跨职能部门属性间、分级负责与跨行政层级属性间、属地管理与跨行政区域属性间存在冲突，导致不同国家、不同层级政府、不同职能政府、公私部门之间的权责划分与关系协

① UNEP-WCMC，IUCN. Marine Protected Planet [On-line]UNEP-WCMC and IUCN，Cambridge，UK（2023），Available at:https://www.protectedplanet.net/en/resources/calculating-protected-area-coverage，Accessed Jan 2024.

调陷入困境，政府、市场与社会间关系断裂，治理主体间信息传递和资源共享不畅，特别是在利益补偿机制缺乏的情况下治理主体间的合作治理不可持续，跨界海洋保护区治理由此陷入失灵境地。

第二节 跨界海洋保护区治理模式

由于海洋保护区跨界治理牵涉的主体多元、应对的问题复杂，需要应用科学的治理模式来实现有效的海洋保护区跨界治理，现行的跨界海洋保护区治理模式主要有“跨界网络治理”和“协调合作”两种治理模式，这两种模式都是基于多主体的协同参与，并在多种运行机制的支撑下构建起来的，在跨界海洋保护治理领域的应用中发挥着不同的功能，本节就两种模式的运行机理进行阐述并着重针对其运行机制展开分析。

一、海洋保护区“跨界网络治理”模式

跨界海洋保护区的复杂属性使得再完美再精准的分工制度体系都无法有效应对，建立在科层制基础上的公共危机治理模式存在一定程度的治理失灵。因此，需要构建与跨界海洋保护区现实特性相适应的治理模式，网络治理模式成为一种选择。

（一）网络治理是治理跨界事务的重要政策工具

随着经济全球化、区域一体化、信息智能化时代的来临，全球公共事务的复杂性显著增强，这对社会治理形成了巨大挑战，传统的科层制治理模式陷入困境。网络治理理论因其卓越的有效性而日渐崛起，成为继新公共管理、新公共服务和治理理论兴起之后出现的一种新的公共治理模式。Kickert 将网络视为治理的新形式，认为网络是用来说明相互依存的行动者之间的关系模

式，有效的治理就在于有效的网络管理。[①] Rhodes 也指出，治理作为一种自组织的网络不同于市场和科层的治理结构，政府的重大挑战在于通过网络构建合作的新模式。[②]可以看出，全球公共事务领域的网络治理被认为是治理的新形式，其本质在于构建具有操作性的互动合作框架，形成整合机制。综合来看，网络治理是在网络化的组织环境系统中，为实现和增进公共利益，政府与非政府部门（私营部门、第三部门或公民个人）等众多主体彼此合作，在相互依存的环境中分享公共权力，共同管理公共事务的过程。[③]

具体来讲，网络治理理论的核心内容包括四个方面。①主体多元。网络是由政府、企业、非政府组织、公民等多中心的公共或私人的多元行动主体构成，这些性质不同的主体均作为网络节点而存在，并依据比较优势承担不同的角色和责任。②公共价值。政府部门和非政府部门（私营部门、第三部门或公民个人）等众多公共行动网络主体的形成、发展、运作均以共同目标为行动指南，形成优势互补的资源交换，以实现公共利益、践行公共价值。③协同行动。网络治理的基本运作机制是信任与合作，组织间在相互信任和共同规则的基础上，通过对话、协商、谈判等持续互动，其协同不是自上而下的行政命令式协同，而是平等相处、相互尊重的自愿式协同。④资源共享。网络治理的基本关系是网络中的行动者之间彼此依赖，通过资源共享发掘和整合社会资源。⑤共同规则。网络中的成员必须遵守共同规则，这些规则约束着网络成员的权利和责任。

（二）网络治理理论与跨界海洋保护区治理的内在契合性

网络治理的核心内容与跨界海洋保护区治理高度契合，有效回应了跨界海洋保护区治理的失灵问题，成为跨界海洋保护区治理模式的理想选择。首

---

① Kickert W J M，Klijn E H，Koppenjan J F M. Managing Complex Networks：Strategies for the Public Sector. London：Sage，1997：1–13.

② Rhodes R A W. Understanding governance：policy networks，governance，reflexivity and accountability. Buckingham: Open University Press，1997：666.

③ 陈振明：《公共管理学 —— 一种不同于传统行政学的研究途径》，中国人民大学出版社，2003 年版，第 86 页。

先，两者在治理理念上契合。跨界海洋保护区治理不仅要求提高效率，更要追求公共性，而网络治理注重调和工具理性与价值理性的关系，它修正了传统科层制过于追求效率的“理性”精神和新公共管理倡导管理主义的功利取向。其次，治理主体契合。跨界海洋保护区治理需要构建一个基于功能与资源互补的多元主体参与的治理体系，而网络治理反对政府部门存在的视野狭隘、部门主义和各自为政的弊端，强调政府、市场与社会等多元治理主体的整合，从而将整个治理主体联结起来[①]。第三，治理机制契合。跨界海洋保护区治理需要治理主体间进行有效的协调与整合，为此需要建立以协同为核心的治理机制。网络治理主张加强政府间、部门间以及政府内外组织间的协作，通过协调机制、维护机制和信任机制的建立和落实，实现跨机构、跨部门的网络化运作。第四，治理结构契合。跨界海洋保护区治理需要打破传统的科层制组织结构，建立一种扁平化、弹性化、虚拟化的治理结构。网络治理主张充分运用现代信息技术进行组织结构的纵横向与功能的整合，建构一个超越分工、动态化、整体型的网络治理结构，从根本上克服科层制组织结构的缺陷。

（三）跨界海洋保护区网络治理模式的逻辑体系

所谓跨界海洋保护区网络治理模式，是指政府、市场、社会等多元治理主体，跨越国家边界、行政区域边界、职能部门边界以及公私组织边界，为有效治理跨界海洋保护区形成的共享资源、合作保护的网络系统。这种模式强调各个节点主体之间在空间上呈离散状态，遵循整体协同规律，在节点主体的信息互动与利益协商过程中不断建构、解构与重构，从而实现资源整合，形成持续开放、动态共享的“生态”网络系统。跨界海洋保护区网络治理模式是一项高度复杂的系统工程，需要综合协调多个国家、多个层级、多个部门并动员区域社会力量，通过建立信任、平等协商、资源共享、相互合作等，有效整合各类资源，释放多元治理主体力量，发挥系统效应。

---

① Xabier itcaina, Jean-Jacques manterola.Towards Cross-Border Network Governance? The Social and Solidarity Economy and the Construction of a Cross-Border Territory in the Basque Country. Routledge, 2013, 23-29.

具体而言，跨界海洋保护区网络治理模式（图 6–1）具有如下四个基本特征。①主体多元。跨界海洋保护区网络治理模式在承认各个治理主体资源优势与功能互补的前提下，理顺整个保护区国家间横向关系和保护区内部纵向关系，通过签订协议、组建区域联盟和搭建信息平台，引入政府、企业、第三部门、公民等多元主体，构筑了一个多元主体参与的协作网络。②层次多重。跨界海洋保护区网络治理模式包含三个层次：一是各个保护区纵向层面的政府间合作治理，包括中央和地方海洋管理部门以及环保、渔业、海事、土地、林业和财政等相关政府部门的上下级合作；二是保护区横向层面的国家政府间伙伴治理，即不同国家以平等协商而结成利益共同体，共同维护跨界海洋保护区；三是跨部门协作治理，即整个保护区内国家、政府、企业、第三部门（包括非政府组织和国际组织）和公民的战略性伙伴关系。③交叉互动。跨界海洋保护区网络治理模式组织结构纵横交错，每个治理主体都是其中的一个节点，各自基于利益偏好和政策目标，充分发表利益诉求，并在行为上相互制约，从而在相互渗透、交叉互动中形成分布均衡的空间网络结构。④集体行动。基于集体理性，保护区内相关政府和组织会根据层次、性质、影响范围等不同而采取统一行动、集中反映，以公平协商为原则，实行集体决策、分级指挥、统一监督。

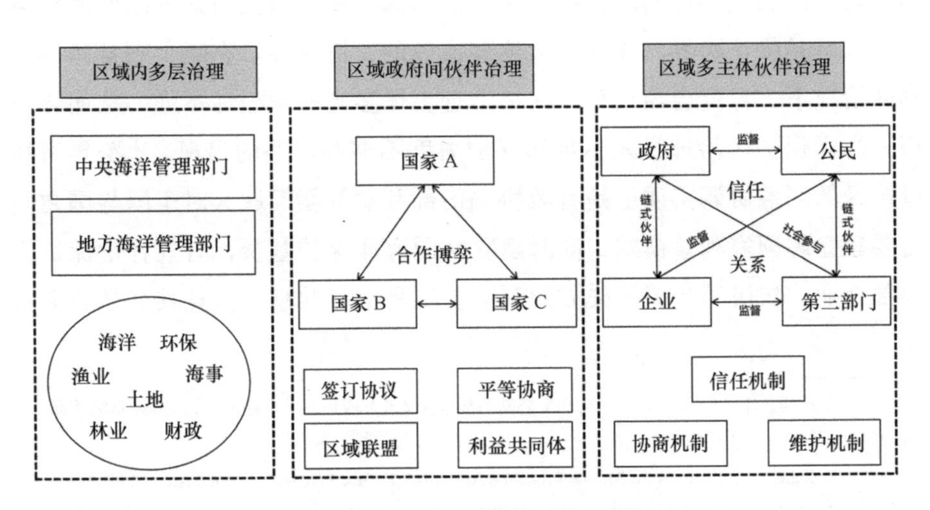

图 6–1　跨界海洋保护区网络治理模式

二、海洋保护区跨界治理的“协调合作”模式

（一）“协调合作”模式的内在机理

跨界海洋保护区是一个国家间的特殊区域合作组织，其宗旨是维护海洋生物多样化、保护海洋生态环境。“跨界”意味着国际合作。合作是跨界保护区的核心内容和先决条件，没有合作就构不成完整的跨界保护区了。[①]如《联合国海洋法公约》对具有“跨界”性质的区域海的合作提出加强当事国之间的利益协调合作。公约提出这一原则是基于“区域海”的治理而产生的，这一部分在上一节中我们已经做了深入论述，此处不再赘述。需要特别指出的是，对于区域海内的问题，采取协调合作始终是跨国界海洋生态环境治理的第一选择。世界自然保护联盟对于跨界海洋保护区的治理也提出了“协调合作”方法，强调在跨界海洋保护区的情况下，治理框架需要包括双边或多边协调合作的法律安排。[②]

协调合作机制是海洋保护区跨界治理的重要机制之一，主要协调参与主体的利益关系，使相关者的利益达成一致，进入集体行动轨道。主要关注两个方面内容。一是利益协调。在跨界海洋保护区治理过程中，国家与国家之间的利益协调问题，各国保护区内部企业、居民与地方政府的利益协调问题是保证跨界海洋保护区治理成效的关键所在。在缺少利益协调机制的情况下，肯定会导致某个网络治理主体参与的积极性不强，从而导致跨界海洋保护区治理投入不足和保护力度不够等问题的出现。[③]跨界海洋保护区的利益协调实质上是有效协调内部利益补偿问题。对于国与国之间需要建立超国家利益模式，同时建立共同海洋保护基金，有效补偿保护区内部企业、居民等相关损失方的利益。二是信息共享。信息共享是协调机

① 王献溥、郭柯：《跨界保护区与和平公园的基本含义及其应用》，《广西植物》，2004 年第 3 期，第 220–223 页。

② Kelleher G. Guidelines for Marine Protected Areas. IUCN Best Practice Protected Area Guidelines Series No.3（Gland，Switzerland and Cambridge，UK：IUCN/WCPA，1999）.

③ 易志斌：《跨界水污染的网络治理模式研究》，《生态经济》，2012 年第 12 期，第 165–168 页。

制一个重要组成部分。在跨界海洋保护区治理过程中，要加强跨界海洋保护区内部的各国信息分享，如海洋污染环境监测、多样化物种调查、稀濒危物种长期跟踪监测等。同时，开展联合监测，并与国内监测信息的分享相结合。

因此，“协调合作”是在尊重当事国利益的基础上，采取利益平衡的原则达成合作意向。区域政府协调合作机制，是指通过有目的的制度安排而形成的区域内多元政府主体之间相互联系和相互作用的模式。[①]跨界海洋保护区的核心内涵是将区域内特有的海洋生态作为治理的技术基础，把区域范围内的单个海洋保护区作为治理的主要参与者，并将生态环境的保护需要和保护区治理主体的发展进行综合评估，进而及时调和国家主体间的环境利益关系。如果国家是多个区域协定的伙伴，也可能产生协同效应[②]，这可能导致由于共处同一海洋生态系统面临相同的海洋保护问题而结成联盟。

跨界“协调合作”机制实质上是跨界海洋保护区相关治理主体与政府之间的相互依存，需要构建出一个区域海洋生态环境的公共管制体制，且促使跨界保护区治理网络体系的形成。海洋保护区跨界治理的协调合作包括海洋自然资源保护，以旅游业和渔业为重点的海洋生物多样性的可持续利用，海洋保护区管理，共同区域生态系统、保护区内濒危物种保护，以及海洋保护区间利益相关方的参与等。

（二）海洋保护区跨界治理的协调合作机制

按照褚添有等（2012）的观点，区域协调合作机制不外乎动力机制、组织机制和约束机制。[③]

第一，动力机制。区域合作实质上就是追求实现区域共同利益，只有利

---

① 褚添有、马寅辉：《区域政府协调合作机制：一个概念性框架》，《中州学刊》，2012年第5期，第17–20页。

② Asheim G B，Froyn C B，Hovi J，et al. Regional versus global cooperation for climate control. Journal of Environmental Economics & Management，2006，51（1）：93–109.

③ 同①。

益共享，才可能有稳定的、长久的合作。跨界海洋保护区的形成到发展都存在于基于利益平衡的“协调合作”中。红海海洋和平公园于1994年在以色列和约旦之间的亚喀巴湾北部建立，以色列、约旦和美国签署了《关于建立红海海洋和平公园的三方协定》，该协定使关系正常化，并促进了有关珊瑚礁和海洋保护的海洋生物学研究的协调。澳大利亚与巴布亚新几内亚于1978年签署的《托雷斯海峡条约》，经过十多年的谈判，协调解决了许多政治、法律和经济问题，促进了多个经济和政治合作。由此可见，利益协调的动力是跨界海洋保护区的天然印记。

第二，组织机制。组织是一个团体得以保持稳定发展的关键，也是协调发展过程中出现的问题的有力保障。海洋保护区跨界治理的核心要素是形成一套组织机制。目前，大多数跨界海洋保护区建立了管理委员会（一般为环境部长级管理委员会，如瓦登海保护区、东非海洋保护区）、联合管理机构（如红海海洋和平公园、海龟保护区、北美海洋保护区）、秘书处或技术秘书处（如地中海保护区）等机构（表6–2）。瓦登海保护区是组织机构建设比较完善的一个保护区组织。自1978年以来，丹麦、德国和荷兰一直将合作保护瓦登海作为一个生态实体，简称三方瓦登海合作社。

表6–2 主要海洋保护区跨界协调合作治理的主要模式

名称	协调合作进程	协调合作模式
红海海洋和平公园	由美国国家海洋和大气管理局管理，由美国国际开发署资助	建立美国、约旦和以色列联合管理机构
海龟群岛遗产保护区	马来西亚和菲律宾于1996年签署了协议备忘录；与世界自然基金会苏鲁–苏拉威西海计划开展合作	两国代表组成的联合管理委员会和一个合作管理框架
瓦登海国家公园	1997年三边签订瓦登海合作计划；2010年瓦登海计划将所有相关的欧盟指令纳入了管理范围	瓦登海管理委员会、理事会，设立秘书处负责协调管理
地中海国家哺乳动物遗产保护区	1991年，该地区由地方和国家非政府组织推动，得到了摩纳哥亲王和法国、意大利环境部长的支持；1999年签署建立协议；2000年被认可为欧盟自然网络的一部分	没有管理委员会，设立技术秘书处

续表

名称	协调合作进程	协调合作模式
北美海洋保护区	2004年1月，美国国家海洋和大气管理局指定国家海洋保护区中心为美国政府牵头，以帮助开发北美海洋保护区。2008年10月，三国伙伴关系举行会议确定“巴哈到白令”保护区域	设立理事会和秘书处

注：本表是作者根据相关论文[①]和网站数据整理而成的。

第三，约束机制。要促使跨界海洋保护区实现保护、养护和管理的职责，必须建立一整套制度体系。一般而言，各跨界海洋保护区在建立之初都出台了一个协议文件，对保护区的职责做出了制度安排。随着保护区的发展，保护区的各方通过每两年或三年固定的会议协商机制，进一步出台具体的保护规则，主要包括：制定海洋生物多样化的合作机制；开展联合海洋生态环境调查或生物长期监测；明确有关违反区域合作的处理条款，应承担的责任与经济赔偿规定；建立协调区域合作冲突的组织，负责区域海洋保护合作中矛盾和冲突的裁定；建立海洋生态补偿机制，设立海洋保护基金，对保护区内的企业、居民做出生态补偿。BBNJ 协定第十六条明确了“需要保护的区域”“通过建立区域管理工具，包括海洋保护区，来确定需要保护的地区的指示性标准……”。另外，欧盟等实施的海洋空间规划，可与海洋保护区机制和其他措施一起作为区域性海洋保护区治理的制度依据。[②]

第三节　海洋保护区跨界治理案例分析

治理模式选择与应用必须基于地区的实际情况出发，形成适宜的治理模式，并构建相应的治理机制，才能收获良好的治理成效。多年来，全球范围内的跨界海洋保护区治理形成了诸多的经验和机制，本节就东非海洋保护区、

① Mackelworth Peter. Peace parks and transboundary initiatives：implications for marine conservation and spatial planning. Conservation Letters，2012，5（2）：90–98.

② Gw A，Kmg B，Dej C，et al. Marine spatial planning in areas beyond national jurisdiction. Marine Policy，2019，132（10）：103384.1–103384.12.

瓦登海国家公园的基本情况进行概述，进一步探索两个地区在不同治理模式下的运行实践。

一、东非海洋保护区的治理模式："跨界网络治理"

（一）东非海洋保护区概况

东非海洋保护区位于非洲东南部沿海区域，其占沿海和浅海区域面积超过 480 000 平方千米，并沿着非洲大陆的东部海岸延伸约 4600 千米。该保护区包括从北部的索马里到南部的南非的每个国家的部分或全部领水，以及 200 海里专属经济区以外的国际水域，涉及国家主要包括索马里、肯尼亚、坦桑尼亚、莫桑比克和南非等。[①]

东非海洋保护区支持动植物的多样性，包括印度洋上一些最多样化的珊瑚礁、红树林、沙丘、海草床以及沿海生境。东非海洋保护区的物种多样性很高，有 1500 多种鱼类、200 多种珊瑚、10 种红树林、12 种海草、1000 种海洋藻类，以及几百种海绵物种等。东非海洋保护区维持着 2200 万来自不同文化背景的沿海人口，生物资源对沿海和内陆居民的福祉至关重要。在农村地区，大多数沿海社区参与了各种各样的经济活动，包括捕鱼、红树林采集、盐生产和珊瑚开采。渔业是该区域主要的商业活动。随着人们对滨海旅游业越来越感兴趣，东非海洋保护区带来的外汇收入已占肯尼亚、坦桑尼亚和莫桑比克外汇收入的很大一部分。[②]

然而，巨大的鲸鱼种群和宝贵的渔业物种，以及重要的海草床和珊瑚礁生境正在退化。建筑业对红树林等材料的需求不断增大导致了环境的破坏，过度捕捞也是东非海域的严重威胁。例如，在肯尼亚，大多数鱼类严重过度捕捞，使用刺网和炸药等破坏性方法。这些活动破坏了海洋生态平衡，减少

---

① 有文献将东非海洋保护区划定为：科摩罗、肯尼亚、马达加斯加、毛里求斯、莫桑比克、坦桑尼亚和塞舌尔。Francis J，Nilsson A，Waruinge D. Marine Protected Areas in the Eastern African Region：How Successful Are They?. AMBIO：A Journal of the Human Environment，2002，31（7）：503–511.

② East African marine ecoregion，世界自然基金会网页，https：//wwf.panda.org/? 6704/ Fact-Sheet-East-African-marine-ecoregion。

了当地居民的生计机会和粮食安全，严重损害了作为未来“苗圃”的珊瑚礁和海草床等海洋生境。在东非海岸线的许多地方，海龟被宰杀以获取肉、蛋和龟壳，导致海龟筑巢数量迅速下降。①

（二）“跨界网络治理”模式在东非海洋保护区中的运用

东非沿海狭长的4600千米同处于一个大型海洋生态系统，其周边包含着索马里、肯尼亚、坦桑尼亚、莫桑比克和南非等国。从1965年开始，莫桑比克就建立了英哈卡岛与葡萄牙动物保护区（Ilhas da Inhaca e dos Portugueses Faunal Reserve）。在20世纪60年代后期和70年代，肯尼亚和坦桑尼亚建立了许多由政府管理的海洋公园和保护区，这些海洋保护区通常很小，并且侧重于单个物种或栖息地。②到20世纪90年代，更大、分区的海洋保护区被认为对海洋保护更为有效，各保护区开始了整合、扩容、扩区，一些相对大型的海洋保护区或海洋公园开始形成。东非国家日益认识到，有必要采取一种系统的方法来指定和管理海洋保护区，使用海洋保护区网络治理工具，构建跨界海洋保护区网络引起了东非国家的兴趣。③到了2000年，肯尼亚、坦桑尼亚、莫桑比克在各自的分界线上建立了4个相对比较大的海洋公园（或保护区），这些海洋保护区形成国与国的连接，一个大型的东非海洋保护区正式形成。该区域目前的趋势是实现海洋保护区跨界网络治理，以确保连通性和有效管理。④海洋保护区跨界网络治理模式正在东非海洋保护区运行。具体体现如下。

第一，形成跨界网络治理、构建维护机制。东非海洋保护区形成之前已经成立了众多的以“海洋生态区”“海洋保护区”“海洋公园”“海岸公园”“国

---

① Wells S，Burgess N，Ngusaru A. Towards the 2012 marine protected area targets in Eastern Africa. Ocean & Coastal Management，2007，50（1/2）：67–83.

② 同①。

③ Chircop A，Francis J，Elst R V D，et al. Governance of Marine Protected Areas in East Africa：A Comparative Study of Mozambique，South Africa，and Tanzania. Ocean Development & International Law，2010，41（1）：1–33.

④ Guerreiro J，Chircop A，Grilo C，et al. Establishing a transboundary network of marine protected areas：Diplomatic and management options for the east African context. Marine Policy，2010，34（5）：896–910.

家公园”命名的保护区，众多的保护区构成了网络治理的区域节点。这些海洋保护区管理主要采取两种方法：一是当地社区和政府共管，二是政府将管理委托给私人部门（公司）。但是这些区域出现明显不同的管理规定，如在肯尼亚，国家海岸公园禁止捕鱼和开采任何物种，但允许娱乐；而在坦桑尼亚，海岸公园被划分为广泛用途，包括捕鱼、娱乐、开采等。在肯尼亚，海洋保护区允许非破坏性的捕鱼形式；在坦桑尼亚，海洋保护区是禁捕区。[①]为了统一管理，也为了实施更好的东非共同体，2000 年肯尼亚、坦桑尼亚、莫桑比克和南非等国家签署了多项双边合作协议，共同组建了东非海洋保护区域，而后其他国家也加入这一行列。目前，肯尼亚、坦桑尼亚、塞舌尔以及马达加斯加的大多数海洋保护区的管理队伍和委员会已成立。肯尼亚的所有海洋保护区均有监事会，坦桑尼亚的海洋保护区，如马菲亚和姆纳兹湾既有监事会也有咨询委员会来指导活动。[②]东非许多海洋保护区还组建了多元化的执法机构。这些国家也建立了很多规章制度，并与相邻跨界海洋保护区进行协调处理[③]，海洋保护区管理能力大幅度提高。这些统一的行动和完善的组织机构、执法机构和规章制度使东非海洋保护区得以形成与发展。

第二，构建跨界网络治理的信任机制。东非海洋保护区内国家间出于落实《生物多样性公约》的需要，实现海洋生物多样化的主要目的，大多建立了国家间的合作关系。特别是作为国际公约的缔约国，他们参加了这些公约，在一定程度上代表他们具有履行这些国际法的责任和公共精神。这些国家基本上都是《联合国海洋法公约》的缔约国，也是《濒危野生动植物种国际贸易公约》《保护野生动物迁徙物种公约》和《关于特别是作为水禽栖息地的国际重要湿地公约》的缔约国。[④]莫桑比克、南非和坦桑尼亚等国家还是 1985 年《保护、管理和发展东非地区海洋和沿海环境的内罗毕公约》和 1985 年《关于东非区

① Wells S，Burgess N，Ngusaru A. Towards the 2012 marine protected area targets in Eastern Africa. Ocean & Coastal Management，2007，50（1/2）：67–83.

② Francis J，Nilsson A，Waruinge D. Marine Protected Areas in the Eastern African Region：How Successful Are They?. AMBIO：A Journal of the Human Environment，2002，31（7–8）：503–511.

③ 同①。

④ 王前军：《对话与合作：环境问题的国际政治经济学分析》，华东师范大学博士学位论文，2006 年。

域保护区和野生动植物的内罗毕议定书》的缔约国，也是 2000 年《非洲联盟组织法》、1991 年《建立非洲经济共同体条约》和 1992 年《南部非洲发展共同体条约》的缔约国，以及《南部非洲发展共同体条约》的野生动物保护和执法议定书、渔业议定书的协议国。[①]这些国家不仅在《非洲联盟组织法》《建立非洲经济共同体条约》和《南部非洲发展共同体条约》的框架下建立了伙伴关系，更是在东非共同体的框架内形成了蓝色伙伴关系。可以这样说，协议的签订表达了这些国家对跨界海洋保护的政治意愿，包括与邻国合作的意愿。

第三，构建跨界网络治理的协调整合机制。整合机制是协调合作一体化的过程，这一过程并非两个单元简单的“合并”，而是通过“解构”与“重构”实现既定目标。东非海洋保护区是一个狭长的地理区域，是两两国家边界相邻。因此，需要协调好两国之间的海洋保护区治理问题。这并不是简单的两个或三个保护区的“合并”，而是通过解构被行政分割的生态系统，破除国家间的公园围墙，重构基于海洋生态系统的海洋保护体系。这种治理机制在东非海洋保护区的国家间进行了广泛实践。其一，坦桑尼亚—莫桑比克边境地区。两国共同的海域存在着海龟、鲸、海豚等海洋动植物以及珊瑚礁生态系统，涉及渔民的生产和生活，也涉及海洋公园的旅游发展等问题。由于两国当地的居民十分贫困，海洋是他们赖以生存的资源。为了解决贫困，这些地区进行了渔业资源捕捞、海洋矿产开发、海洋旅游业发展等，这在一定程度上对于减少贫困是有益的，但是对于海洋生物多样性就是灾难。尤其是两国面临海洋生物争夺的问题，因此协调两国海洋资源问题成为跨界海洋保护的重点。2002 年，两国决定在边界处设立 Quirimbas 国际公园，共同养护海洋生物。[②]其二，莫桑比克—南非边境地区。两国之间没有清晰的边界，但是划定了一个狭长的海洋保护区。这里拥有广阔的湿地、沙滩和珊瑚礁，也拥

① Chircop A，Francis J，Elst R V D，et al. Governance of Marine Protected Areas in East Africa：A Comparative Study of Mozambique，South Africa，and Tanzania. Ocean Development & International Law，2010，41（1）：1–33.

② Guerreiro J，Chircop A，Grilo C，et al. Establishing a transboundary network of marine protected areas：Diplomatic and management options for the east African context. Marine Policy，2010，34（5）：896–910.

有海龟、鲸、海豚等海洋生物。这里是繁华的海洋旅游地，人们会在这里开展潜水、海钓、捕鱼等滨海休闲与娱乐活动，但是过度的旅游开发，使得共同边界的海洋公园面临环境危机。为了科学开发，两国提出了“卢邦博旅游路线”发展倡议，扩大了海洋公园的面积，以及对海洋公园扩容的提升计划。在边境地区，两国政府都采取了保护措施。2000 年，莫桑比克与南非签署议定书，建立“Lubombo Ponta do Ouro-Kosi”海洋和沿海跨国界保护与资源区。莫桑比克、南非和斯威士兰王国也签订了《跨边界保护和资源区一般性议定书》。[①] 2002 年，南非、莫桑比克和津巴布韦三国总统签署协议，将相邻的南非克鲁格国家公园、津巴布韦戈纳雷若国家公园和莫桑比克林波波国家公园合三为一，成立大林波波河跨国公园。[②]

二、瓦登海国家公园的治理模式:“协调合作”机制

（一）瓦登海国家公园（保护区）概况

瓦登海指的是欧洲大陆西北部到北海之间的一块浅海及湿地。瓦登海北起自丹麦南部的海岸，向南至德国海岸后又转向西到荷兰，与北海之间被弗里西亚群岛分开，全长约 500 千米，总面积约 10 000 平方千米。瓦登海为温和且相对平坦的沿海湿地环境，物理和生物之间的复杂反应形成了众多过渡性栖息地，包括潮汐沟渠、暗沙、海草地、贻贝海床、沙洲、泥滩、盐沼、河口、沙滩和沙丘。瓦登海拥有丰富的生物多样性资源，该地区生活着无数的植物和动物物种，包括海洋哺乳动物，如港湾海豹、灰海豹和港湾鼠海豚，同时也是多达 1200 万只鸟类每年的繁殖和迁徙地。

1990 年 4 月 9 日，瓦登海国家公园建立，面积 137.5 平方千米，该国家公园在 1992 年被联合国教科文组织列为生物圈保护区。2009 年，瓦登海的荷兰和德国部分被联合国教科文组织列入世界遗产，2014 年扩展至丹麦的部分。

---

① Guerreiro J，Chircop A，Grilo C，et al. Establishing a transboundary network of marine protected areas: Diplomatic and management options for the east African context. Marine Policy，2010，34（5）：896–910.

② 王群：《非洲大陆打造“超级公园”》，《生态经济》，2003 年第 3 期，第 4–10 页。

（二）“协调合作”机制在瓦登海国家公园治理模式中的应用

（1）瓦登海国家公园建立的动力机制。自1978年以来，丹麦、德国和荷兰一直在合作保护瓦登海，目的是尽可能建立一个自然和可持续的生态系统，使自然过程不受干扰地进行。合作以1982年首次签署并于2010年更新的《保护瓦登海联合宣言》为基础，《保护瓦登海联合宣言》是一份意向声明，概述了合作的目标和领域以及其机构和财务安排。在过去的40多年中，三方合作促进了政治、自然保护、科学和行政合作伙伴以及地方利益相关者之间的合作与交流。这种基于生态系统的跨界合作是瓦登海被确定为世界遗产的先决条件。瓦登海组织的主要合作目标：一是将瓦登海作为生态实体进行共同管理保护；二是与国家和区域当局以及科学机构合作，监测和评估瓦登海生态系统的质量，作为有效保护和管理的基础；三是在保护、养护和管理方面与其他海洋场所开展国际合作；四是通过提高认识的活动和环境教育，使公众参与瓦登海的保护；五是在自然和文化价值方面确保瓦登海地区的可持续发展。①

（2）瓦登海国家公园的组织机制。瓦登海三边合作组织机制包括两个层次的决策：三边政府理事会和瓦登海委员会。瓦登海三边政府理事会由负责瓦登海事务的丹麦、荷兰和德国部长组成，每三到四年开会一次。在三边政府会议上，他们在政策、协调和管理方面讨论了合作的总体方向。瓦登海委员会是三方合作的日常和办事机构。它在三边政府会议之间运行和监督瓦登海三边政府理事会的工作，准备、通过和实施瓦登海计划以及政策和战略（图6–2）。

瓦登海委员会设立秘书处，位于威廉港，由瓦登海国家丹麦、德国和荷兰于1987年成立。瓦登海秘书处主要职责是协调、促进和支持合作活动，负责部长级会议、瓦登海委员会会议和三边工作组的文件的准备和编制；收集和评估有关整个瓦登海的监测、保护和生态状况的信息；合作产生并发表报告；通过社会交流和环境教育，让公众参与整个瓦登海地区的保护。2006年，瓦登海委员会成立了国家公园管理局，负责两个国家海洋公园的运行。

① 参见瓦登海官方网站的介绍，https：//www.waddensea-worldheritage.org/trilateral-wadden-sea-cooperation.

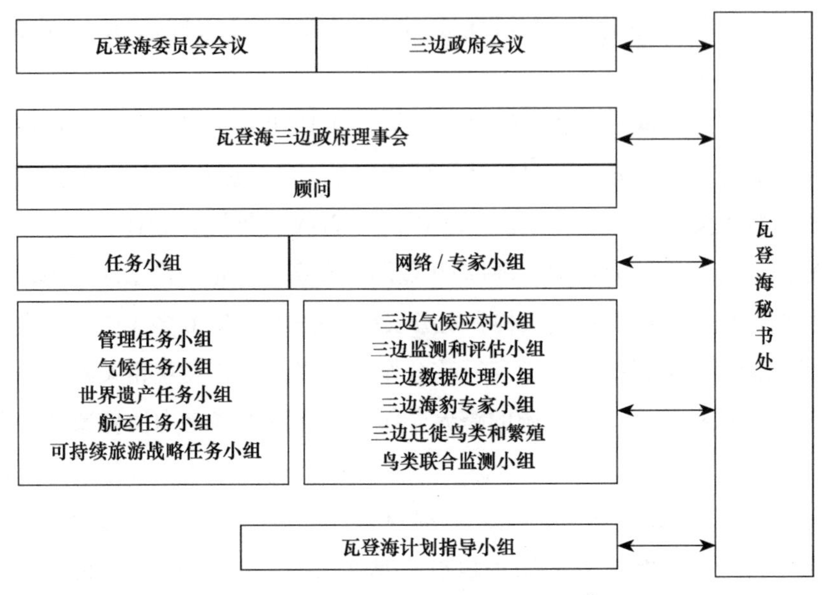

图 6–2　瓦登海三边合作组织结构①

（3）瓦登海国家公园的约束机制。瓦登海之所以能够取得良好的治理成效，与其形成一整套约束规范机制分不开。国际上，双边或多边协议是约束国家间的政治行为的法律工具。瓦登海三边合作组织在不同历史时期采用了协议、法律、计划等国际规范来约束三国的共同环境行为。1978 年，在荷兰海牙举行的第一届瓦登海保护三边政府会议，尽管瓦登海组织还未形成，但是三国已经明确了自身在保护瓦登海中的职责。1982 年成立之初三国就签署了《保护瓦登海联合宣言》，明确了三国的责任和义务，瓦登海受到了三国政治协议的共同保护。1991 年，出台了《瓦登海养护海豹协定》，对该区域海洋生物养护出台了第一个国际法。1997 年，在德国史塔德举行的第八届瓦登海会议上通过了三边瓦登海计划，旨在实现和维护瓦登海的地貌和生物完整的栖息地，以保护海洋生物多样性。2018 年 5 月 18 日，区域国家达成《吕伐登宣言》，以确保保护和养护瓦登海生物多样化和美丽的滩涂，同时促进整个瓦登海地区的可持续区域发展。2019 年 6 月 30 日的三边瓦登海论坛上，环保非

① 参见瓦登海官方网站的介绍，https：//www.waddensea-worldheritage.org/trilateral-wadden-sea-cooperation。

政府组织、瓦登海研究部门和可持续旅游业部门的代表与瓦登海三边合作组织达成了一项关于建立“支持教科文组织瓦登海世界遗产的三边合作伙伴关系”的协议，主要目标是保护世界上最大的滩涂系统。2020年出台了瓦登海航道计划，有效规范出入瓦登海的国际船舶以及治理船舶污染。这系列协议的出台，既体现了国家间的政治支持，也有效约束了区域环境行为。

三、海洋保护区跨界治理的实践启示

无论是国家之间、区域之间，海洋生态系统的跨界保护与合作是针对海洋生态系统问题的一种解决方法，它涉及多个国家和地区之间的合作和协调，力图通过共同行动保护海洋生态系统的可持续发展。瓦登海保护区的实践经验给全球跨界海洋生态治理现代化以启示。在跨界海洋保护实践中，建立具有多层次、全方位的跨界海洋生态治理机制无疑是实现海洋治理与保护目标的关键。要实现这一机制，必须从以下几个方面进行把握。

一是健全多层级的组织机构。首先，跨行政区域组织方面，建立跨界海洋保护区管理委员会。委员会旨在通过构建各级政府、海洋相关部门以及社会各界利益表达与平衡的平台，在区域内地方政府、各涉海部门以及企业和社会公众之间形成稳定的利益协调机制，并从整个海洋保护区治理的角度出发，制定各主体必须遵从的具有法律约束力的决策。建立跨界海洋保护区管理委员会将有利于打破按行政区划实行的地方和部门的分割管理，一定程度上削弱地方保护和部门保护，减少区域内的外部性转嫁，减少各主体间的利益冲突，提高区域治理的管理效率。其次，在行政区内部组织方面，针对行政边界内部的保护区设置针对海洋保护区的管理机构。具体的，设立由政府领导、相关涉海部门领导以及海洋领域专家学者、涉海企业、社会团体及公民组成的海洋保护区管理办公室，以跨界海洋保护区管理委员会的倡议、协定、规划、法律为指导，制定本行政区内部海洋治理的规划、规则，负责海洋污染防治和生态维护。另外，协调部门之间的冲突，实现各涉海部门海洋治理监测指标的透明甚至统一化，便于监督，促进海洋保护区治理工作的有序开展。同时在海洋保护区管理部门协调下，要统一海洋执法队伍，转变执法力量分散的局面，在明确各行业监测指标的前提下，统一执法，再分部门处理。

二是完善运行模式。协调机制的构建必须在跨行政区域整体利益的考量基础上，确保各政府主体的意愿得以充分表达，并尽力予以实现或补偿，通过完善的运行模式为跨界海洋保护区治理提供充足的动力。首先，要有明确的行政首长联席会议制度。具体的，由跨行政区域内各政府领导组成，定期举行会议，研究决定跨界海洋保护区管理重大事宜，协调推进区域合作。在跨行政区域海洋保护管理委员会制定的总体合作规划指导下，有针对性地研究区域各地方在跨界海洋保护区治理合作方面的年度计划；研究跨界海洋保护区需要协调的重大问题和分歧；讨论并制定区域合作的制度性文件；定期举办跨界海洋保护区治理论坛，邀请政府、企业、非政府组织等参与，对跨界海洋保护区的治理成果进行经验分享与交流。其次，要有跨界委员会和秘书处协调落实制度、计划等。主要职责是负责落实跨界海洋保护区中需要政府协调的具体合作事宜；负责指导各自地方政府各涉海部门落实合作的具体项目及其他有关的工作，并对其工作的内容、执行进行检查督促；组织实施参与跨界海洋保护区治理工作的战略、规划；协调区域合作中的有关事宜；不定期召开跨界海洋保护区治理工作对口部门衔接协调会议，落实有关合作事宜。

三是构建智慧治理信息平台。以区域电子政务为平台，建立各地方、各部门跨界海洋保护区治理信息共享的数据资料库。保证资料库的开放性，区域内各地方政府及部门都可以跨界、跨部门查询到相关信息，实现政府间的信息共享与交流，增强各级政府及部门的合作意识，提高政务协作能力。

四是制定约束各主体的契约。在跨界海洋保护区治理过程中，要实现政府间的协调治理难免涉及行政区边界的职权、责任等问题，没有明确的法律规范进行限定必然导致跨界合作难以维持。跨界海洋保护区应通过法律、协议、计划、规划、宣言等依法明确各级区域海洋治理管理组织的法律地位、职责、权限等内容，健全政府间关系仲裁体系，依法惩处某些政府在横向关系中故意不作为的违法行为，依法保障相关纵横向协议或协定的正常执行。通过法律强制约束力保证区域海洋治理管理机构解决区域内海洋治理负外部性问题及处理各政府主体间纠纷的地位和权利。同时，应建立配套的法律法规，明确相关的信息制度，更好地促进各行政区间的相互配合。

第七章

海洋生态环境跨界治理机制创新：海洋命运共同体视角

当前，“生态文明建设”成为国家可持续发展的重要战略安排，国家管辖海域海洋生态环境总体呈现出良好的发展态势，2021 年我国海洋生态环境状况稳中趋好，海水环境质量整体持续向好。[①]但也存在不同海区间的生态环境质量不平衡，跨陆域流域、跨行政区的海洋生态环境治理机制还有待于进一步完善。在国家管辖外海域，全球海洋治理主体之间的合作与竞争日益激烈，治理问题十分突出，海洋环境污染、海洋生态失衡、海上安全问题、国际海洋争端屡见不鲜。海洋治理资金、人力资源短缺等原因带来的治理能力不足，机制、制度和治理工具欠缺等原因带来的治理困境层出不穷，国际海洋秩序面临挑战，亟需新的理念助力海洋跨界治理。面对百年未有之大变局，海洋命运共同体理念的提出有效解答了新时代海洋治理的复杂命题，为海洋生态环境跨界治理机制创新指出了发展的道路与方向，为完善全球和国家海洋生态环境治理体系提供了重要指导。

第一节　海洋命运共同体视域下海洋生态环境跨界治理需要遵循的基本原则

海洋命运共同体的指导原则与人类命运共同体一脉相承，海洋命运共同

① 据 2021 年《中国海洋生态环境状况公报》。

体视野下的海洋生态环境跨界治理机制建设是国家治理能力和治理体系建设在海洋领域的重要体现，要在遵循海洋生态环境共治、彰显环境民生、开展包容性海洋治理和实施环境系统治理等方面体现贯彻海洋命运共同体理念的基本原则。

一、贯彻命运共同体理念，遵循海洋生态环境共治原则

习近平总书记指出，应该“像对待生命一样爱护海洋”“高度重视海洋生态文明建设，为子孙后代留下一片碧海蓝天”。[①]贯彻海洋命运共同体理念，彰显生态环境共治原则，对海洋生态文明建设的意义重大。共治原则指的是在跨界海洋生态环境治理过程中，需要相关国家和国际组织的共同努力和配合。构建人类命运共同体与维护全人类共同利益之间存在一致性，其不仅消解了各主体的利益纠葛和矛盾，更提供了促进世界性普遍交往和维护人类共同利益的“建构性方案”。[②]各个国家应摒弃政治意识形态差异和社会制度差异，积极参与全球和区域海洋生态环境治理。相关治理主体应该广泛合作，共同治理和改善区域内的海洋生态环境。

首先，海洋生态环境跨界治理既要坚持预防性原则，提前防止对海洋过度开发，以免对海洋造成不可逆转的损害，也要坚持可持续发展原则，既要维护现代人对海洋的权益，也要不损害后代人的利益，保持代际平衡。其次，坚持治理主体之间的“利益共同体”原则。尽管国家之间实力差距较大、实力不均衡，海洋治理中大国也起着主导作用，但是也不能忽视小国家和发展中国家的海洋利益关切，发达国家要倾听小国家和发展中国家的需求。再次，由于国际社会在不断地发展进步，非国家行为体在海洋治理过程中也扮演着重要的角色。因此，应及时调整现有的海洋治理格局，使海洋治理机制跟上时代发展的需求、与时俱进。最后，坚持各治理主体间“责任共同体”的原则。海洋资源的收益是共享的，这也意味着，保护和治理海洋生态环境的责

① 《习近平谈治国理政（第三卷）》，外文出版社，2020 年版，第 244、464 页 .

② 刘同舫:《构建人类命运共同体：人类共同利益的生成逻辑与实践指向》,《南京社会科学》，2022 年第 10 期，第 1–8 页。

任是共同承担的。各个治理主体在享有海洋红利的同时，不能不承担海洋污染治理的相关责任。由于各个国家海洋治理的能力和实力有限，应当根据各国实际能承担的责任进行具体划分。大国在享有较多收益时，也应当承担更大的责任。

二、彰显环境公平正义，遵循海洋环境民生原则

海洋生态文明是习近平生态文明思想的重要内容，只有建立公平公正的环境制度，才能合理协调人与人之间在生态资源占有、使用和分配上的矛盾利益关系，实现环境正义。[①]构建海洋命运共同体就是要海洋治理的多元主体实现海洋和谐共生，促进人类构建社会公平正义的环境秩序，而关注海洋和谐共生必须考虑民众的生存和社会发展的可持续性[②]，其中就包含海洋生态文明建设的民生需求。实践中，对海域各种开发过程需要进行统筹兼顾、综合平衡，对海洋资源利用需要以不破坏生态和环境为重要的评判标准，使各种资源的有关价值都能得到充分利用[③]，促进海洋事业发展，遵循环境民生的基本原则。

从全球而言，跨界海洋生态环境治理系统较为复杂，治理需求较多。例如，对于海水污染治理，由于海水的流动性，如若一个国家将有污染的水体排入海中，会对其他国家的水体造成污染。这就需要事前对其是否能排放进行评估和商议、事中进行排污监督、事后利用相应机制对其进行协调。在治理中是否有效取决于治理机制的科学性，不论用何种方式对其进行治理，都需要秉持公平、公正的原则开展，按照海洋命运共同体理念要求，坚定维护海洋资源共有属性，坚决抵制和摒弃海上霸权，通过平等协商确定规则，体现海洋治理的公平性。

---

① 王雨辰：《习近平生态文明思想中的环境正义论与环境民生论及其价值》，《探索》，2019年第4期，第42–49页。

② 全永波、盛慧娟：《海洋命运共同体视野下海洋生态环境法治体系的构建》，《环境与可持续发展》，2020年第2期，第31–34页。

③ 于宜法：《海岸带资源的综合利用分析》，《中国海洋大学学报（社会科学版）》，2004年第3期，第23–25页。

三、推进海洋可持续发展，遵循包容性海洋治理原则

中国作为一个快速发展中的海洋利用大国，同时又是海洋地理相对不利国，科学的海洋治理模式对中国未来的可持续发展意义重大。2018年5月18日，习近平总书记在全国生态环境保护大会上的讲话中指出，“生态环境没有替代品，用之不觉，失之难存”。生态环境的破坏在许多领域是悄无声息的，海洋环境存在海陆跨界、行政区和国家管理的跨界，在生态环境跨界影响上复杂多因，治理难度很大。海洋命运共同体理念启示我们，全世界海洋发展存在国家之间、区域之间、海陆之间的天然关联性。因此，要推进海洋可持续发展，应遵循包容性海洋治理原则，在包括构建海洋生态环境跨界治理机制过程中，合理、公平地开展海洋资源分配[①]，充分兼顾海洋发展中的各种因素，合理包容治理的多元主体，按照命运共同体理念协调开展环境行动。

包容性海洋治理还需要法治和科技的双重支撑。海洋命运共同体理念的提出对完善我国海洋生态环境法律理论基础、优化海洋生态环境法治体系提供了重要的指导，全球跨界海洋生态环境治理应以维护可持续发展的海洋生态环境为目标，在法治框架下实现海洋发展中的利益最大化。随着世界各国的联系越来越紧密，我国应做大、做强、做优海洋科技的基础性驱动作用，注重打造引领性的技术高地，为海洋生态环境治理提供有效可靠的技术支撑[②]，以科学的海洋治理模式推进海洋的可持续发展。

四、推动“人类共同继承遗产”保护，遵循环境系统治理原则

面对全球海洋大变局的形势与挑战，跨界海洋治理也应充分关注对公海和国际海底区域资源作为“人类共同继承遗产”的开发和保护，为全球在海洋

---

① 郑志华：《中国崛起与海洋秩序的建构——包容性海洋秩序论纲》，《上海行政学院学报》，2015年第3期，第96–105页。

② 傅梦孜、王力：《海洋命运共同体：理念、实践与未来》，《当代中国与世界》，2022年第2期，第37–47页。

可持续发展方向上形成系统治理的目标。一是基于系统理论与协同理论，达到重构海洋文明意识和行为，进而实现人海和谐发展。海洋孕育哺育着人类，人类就应尊重海洋价值，优化提升对海洋资源的保护，人类要反哺而非伤害海洋。《联合国海洋法公约》提出“各海洋区域的种种问题都是彼此密切相关的，有必要作为一个整体来加以考虑”。公海和国际海底区域资源是人类共同的财产，保护和利用好深海资源是人类义不容辞的责任，系统性构建海洋资源保护政策，是对海洋命运共同体理念下海洋生态文明建设的进一步阐释和传承。二是基于全球治理理论，推动“人类共同继承遗产”的保护，为全球海洋可持续发展展现中国方案，做出中国表率。中国开展深海调查的历史可以追溯到20世纪70年代，20世纪80年代中国开始在国际海底开展系统的多金属结核资源勘查活动，正式加入了深海资源的开发队伍。对中国而言，公海和国际海底区域资源开发法律问题研究对于完善中国深海资源勘探开发政策体系，弥补深海规则的国际话语权有现实的紧迫性。目前，BBNJ协定仍然是一个框架性的内容，需要在未来的国际海底区域开发规章完善、海洋保护区制度落实、资源开采和环境保护的协同问题上开展机制上的商讨。公海和国际海底区域资源勘探开发将秉承深海资源作为“人类共同继承遗产”原则，中国需要与全球组织、国家一起加强国际合作，完善国际深海开发规则和制度，构建系统性治理机制，为全球海洋可持续发展做出中国贡献。

第二节　海洋命运共同体视域下海洋生态环境跨界治理机制建构

第二次世界大战以后，联合国、全球区域组织和主权国家等逐渐构建了跨界海洋治理机制，但在一系列的国际实践和海洋发展的新形势下，现有机制存在诸多不足，在海洋命运共同体的大背景下，完善全球和区域性跨界治理机制显然十分必要。海洋命运共同体视域下的海洋生态环境跨界治理机制的创新应以“点面结合”的方式推进，“面上”在现有的“全球—区域—国家”三个治理框架基础上开展创新点的思考，并推进全球海洋生态环境跨界治理的政府间合作支持机制、区域海洋生态环境跨界治理的功能性合作机制、中国深度参与海洋生态环境跨界治理机制建设，“点上”关注大海洋生态系统的海洋生态环境跨界损害预防机制、跨界司法协作机制、跨界海洋保护区网络协作机制等。

一、完善全球海洋生态环境跨界治理的政府间合作支持机制

海洋生态环境跨界治理具备了国际法上的依据。《联合国海洋法公约》明确了海洋活动不能给其他国家及其环境造成污染及跨界性损害，但属于宏观层面的设定，BBNJ 协定充分兼顾环境影响的跨界性问题，但仍需要在实施中要求全球海洋组织、政府间构建相应的合作支持机制。

（一）明确跨界治理责任的损害分担机制

从海洋生态环境跨界治理的责任主体分析，既有经营者的责任（如油轮碰撞），也有国家责任或国内地方政府责任（如监管缺失或主动污染），多数的海洋跨界污染存在经营者污染促使损害的发生，故赔偿主体为经营者。但因经营者的赔偿力量有限，需要进一步关注国家在监管、救助和指导过程中的尽责，由国家对相关跨界损害承担补充责任，或兜底责任。如个别国家或地方政府在跨界海洋生态环境损害中采取直接放任或许可行为，其中包括一些高度危险的海洋活动，如相邻国家为避免危害本国的海洋环境直接将污染物排放入海并损害相邻的跨界海域（如日本政府允许排放福岛核污染水的行为），则国家（政府）的赔偿责任具有优位性。

（二）完善国际公约、政府间协议的执行机制

海洋生态环境治理的国际合作属于全球国际合作的一部分，各国按照自

身的需要开展海洋生态环境治理也是其对国际社会应尽的义务和责任。多年来，诸多跨界海洋国家在落实《联合国海洋法公约》《伦敦倾废公约》及其1996年议定书，推进《保护海洋环境免受陆上活动影响全球行动纲领》等国际性公约方面执行不力①，才会有如日本不顾周边国家反对排放核污染水的举动。因此，在联合国框架下的西北太平洋海洋和沿岸地区环境保护、管理和开发的行动计划以及东亚海环境管理伙伴关系计划中，沿海国应加强合作，主动推进行动计划的落实，如在公海区域存在个别国家破坏渔业资源的违法行为，国际社会应协同予以警告和制止。

（三）促进海洋生态环境跨界治理的非正式国家合作机制

多年来，非正式国家合作机制构建一直作为全球海洋生态环境治理的重要内容，在未来仍将继续完善。如联合国区域海项目，相关国家必须与其他国际机构，如国际海事组织、国际海底管理局、国际粮农组织以及区域性渔业机构等进行合作，这种合作一般是临时的而非正式的。如近年来，东盟召开第五届国际"我们的海洋大会"，发布《关于消减海洋塑料垃圾的声明》；在日本举行的第21届东盟–中日韩领导人峰会上发表《海洋垃圾行动倡议》等。②另外，海洋生态环境跨界国家之间也可以通过谈判促进国家间跨界司法、执法协作。上述做法可作为推进跨界环境国家责任机制构建的路径导向。跨界协作治理作为应对由于国家划界产生的权责不明等问题的有效手段，将单一责任转变为共同责任，极大地提高了治理成效。近年来，随着全球海洋科技的不断提升，海洋生态环境的大数据共享，合作开展海洋生态环境监测和评估，为突发性海难提供技术救援等均在海洋跨界治理中逐渐体现，相应的正式和非正式合作机制构建也日渐成形。

---

① 全永波：《全球海洋生态环境治理的区域化演进与对策》，《太平洋学报》，2020年第5期，第81–91页。

② 李道季、朱礼鑫、常思远：《中国—东盟合作防治海洋塑料垃圾污染的策略建议》，《环境保护》，2020年第23期，第62–67页。

二、提升区域海洋生态环境跨界治理的功能性合作机制

区域性海洋治理作为国家治理与全球治理之间的中间带，相对克服了全球协调的困难，又适应了海洋跨越国家边界的特点，汇聚了当前海洋治理各种最先进的做法，更可以通过设置功能性合作机制促进海洋生态环境跨界治理的有效性。

（一）功能性合作机制的基本做法

功能性合作是合作相关方基于某一特定功能的需要在具体领域中开展相应的紧密合作，以期解决双方共同需要的治理目标。在区域海洋跨界治理中，功能性合作往往成为诸多跨界治理主体选择的事由，在形成相应机制后对促使跨界环境问题的解决有积极意义。如地中海跨界治理机制中制定了“地中海行动计划”，该计划除了制定统一的《巴塞罗那公约》外，还有多个议定书明确了相关污染治理领域的功能界定，并辅之以权利保留条款，如《防止船舶和飞机倾废污染地中海协议书》仅针对船舶和飞机的倾废，却能有效实现对船舶和飞机两类污染源的排放控制。同样，我国所在的东亚海也是国际上公认的航行密集区域，且东亚海区域还存在一定的海域划界争议，如开展防止船舶倾废污染等功能性专项污染治理合作，可使相关划界争议因功能性合作的需要得到缓解。

在功能性合作构建过程中，建设国际化的海洋生态环境风险防控体系十分必要。近些年来，一些典型的海上溢油事故、海啸、赤潮等经常发生，这些灾害多数是跨界的，但都对海洋环境造成巨大破坏。海洋生态灾害的国际合作主要体现在灾害预警和应急两方面。除了与周边国家的相关机构定期举办会议、实施联合搜救训练、参加国际组织的国际海事活动等之外，在针对不同类型的海洋灾害做好专门的机构检测和管理的同时，可尝试与其他周边国家合作在区域甚至全球范围内建立海洋观测系统，建立先进的信息化灾害预警体系。

（二）区域性海洋生态环境跨界治理的功能性合作协议和规则制定

1982 年《联合国海洋法公约》在多处提到了区域性法规、区域性规划、区域性合作等，目前国际上的区域性海域包括基于闭海和半闭海所构成的海湾、海盆或海域，如地中海、波罗的海、红海、波斯湾等，也包括处于共同海岸线的区域性海域。从多年的实践来看，区域内国家也更倾向于通过功能性的区域协议来调整海洋生态环境治理。①

通过功能性合作机制实施区域性海洋生态环境治理符合区域海洋的基本特征和沿海国家的实际需求。例如，在太平洋公海区域，存在个别国家滥捕金枪鱼和鲸的违法行为，中国要基于国际条约规定联合国际社会予以警告和制止。通过联合相关国家和国际组织开展调查，通过功能性合作机制参与全球海洋生态环境的规则制定。在联合国环境规划署下的西北太平洋行动计划（NOWPAP）、东亚海行动计划（PEMSEA）中，我国作为参加国，应积极主动推进行动计划的落实，并针对行动计划实施过程暴露的不足，开展有针对性的推动工作，体现“海洋命运共同体”的中国担当。

BBNJ 协定也经常受到区域生态环境治理中的实践案例影响，比如，东亚海域是全球珊瑚礁、红树林和海草床密度最高的区域，但其生态系统正面临栖息地丧失、污染等风险。东亚海协作体于 2008 年通过、2019 年修订了《海洋废弃物东亚海域协调中心行动计划》，充分体现了区域合作的实际功能，由此可见功能性合作可以发挥相关的作用。在部分海域推进生物多样性保护过程中遇见了现实障碍，如研究发现部分物种如企鹅可能会季节性地或在整个生命周期阶段进行壮观的跨界迁徙，可见海洋保护区的物种丰富度因海洋区域而异，也因季节而异。基于功能性治理考虑，在更充分保护海洋生物多样性的谈判中可增加创新保护工具（如移动海洋保护区）。②

---

① 全永波、史宸昊、于霄：《海洋生态环境跨界治理合作机制：对东亚海的启示》，《浙江海洋大学学报（人文科学版）》，2020 年第 6 期，第 24–29 页。

② Thiebot J B，Dreyfus M. Protecting marine biodiversity beyond national jurisdiction：A penguins' perspective. Marine Policy，2021，131（10）：104640.

（三）开展海洋生态环境跨界诊断和战略行动计划

功能性合作因为牵涉到具体事项的实际解决，对相关信息的获得必须精准，并在合作主体间得到一定程度的共享，开展海洋生态环境跨界诊断和战略行动计划必不可少。当前，不少区域海项目是全球环境基金（GEF）运作的项目，以东亚海为例，主要海域包括黄海、南海、苏禄－苏拉威西海、帝汶海等。全球环境基金的运作策略是区域海内相关国家通过联合行动来解决跨界治理问题，其中最核心的做法即为跨界诊断分析和战略行动计划。按照国际水域项目的要求，海洋生态环境跨界诊断分析可以通过以下四个步骤实施：一是甄别和量化跨界环境问题，通过分析寻找相关影响因素，并进行优先排序；二是开展跨界环境问题成因分析，为问题解决和计划制订提供参考；三是开展跨界问题环境影响和社会经济影响分析，为下一步制订战略行动计划提供多元化参考；四是开展机构、法律、政策和投资分析，为实施区域海项目和计划进行风险评估。在这基础上，准备和发起战略行动计划，着手制定区域海域生态环境治理行动计划等。①

环境跨界诊断分析同样需要数字化技术支撑，因此海洋区域信息库建设十分必要，通过加强区域内环境信息数据的收集和分析工作，建立环境数据信息平台，为海洋环境预警提供数据支持。同时，建立区域海洋信息共享机制，相互分享治理经验，从而提高治理效率。②

三、构建基于大海洋生态系统的海洋生态环境跨界损害预防机制

基于大海洋生态系统是海洋生态环境跨界治理的突破口，目的是构建全球或区域海洋生态环境跨界治理的预防机制。大海洋生态系统从地理上看跨

---

① 南金阳：《南海环境合作项目效力的法理分析及其启示》，陕西师范大学博士学位论文，2014 年，第 22–25 页。

② 全永波、史宸昊、于霄：《海洋生态环境跨界治理合作机制：对东亚海的启示》，《浙江海洋大学学报（人文科学版）》，2020 年第 6 期，第 24–29 页。

越了国界或行政区，也有可能均在国家管辖外海域（公海），因独立生态系统的科学优势能为各方提供合作的基础，进而明晰跨界治理的关键影响因素。

海洋活动的多样化和加剧会造成对海洋空间的竞争，并可能产生一定的环境压力，来自大海洋生态系统的内部或外部的海洋生态环境跨界损害始终存在。因此，海洋生态环境跨界治理应根据基于生态系统的海洋空间规划（Ecosystem-Based Marine Spatial Planing，EB-MSP），考虑海洋环境的所有动态。[①]如孟加拉湾大型海洋生态系统是全球最大、最重要的生态系统之一。近年来，孟加拉国、印度、马尔代夫、缅甸、斯里兰卡等国家在全球环境基金国际水域，以及挪威、瑞典和国际粮农组织的支持下，就战略行动方案达成了共识。其中，通过跨界诊断分析过程确定了一些关键问题，包括海洋生物资源的过度开发、关键栖息地的退化以及污染和水质；通过跨界诊断分析流程确定了导致这些问题的几个关键驱动因素，这些因素包括社会经济驱动因素、制度驱动因素、法律驱动因素和行政驱动因素以及气候变化；通过商定的战略行动方案确定了关键目标，包括渔业和其他海洋生物资源得到可持续恢复和管理，退化、脆弱和关键的海洋栖息地得到恢复与保护。[②]以上的系列行动均需要国家、国际组织相互协作，承担必要的国际义务，为预防环境风险、扩大国家责任承担提供良好的机制支撑。

近年来，联合国区域海项目通过区域海计划盘活资源，回应了大海洋生态系统治理的科学性和持续性问题。同时，区域性渔业机构和国内渔业部门加入了大海洋生态系统项目的设计和执行，使渔业生态保护和渔业发展超越国家范畴，实施跨界国家间的资源共享，可以很好地减轻主权国家负担多重义务的压力，更有动力投入到跨界海洋治理中去。通过共同实行大海洋生态系统项目，国家之间、不同行为体之间的合作，不同部门管理之间、不同治理机制之间的协调都能得到磨合，既有的治理机制和规范并不会被打破，而是在过程中调整优化、得到加强。

---

① Pnarba K，Galparsoro I，Alloncle N，et al. Key issues for a transboundary and ecosystem-based maritime spatial planning in the Bay of Biscay. Marine Policy，2020，120：104131.

② Elayaperumal V，Hermes R，Brown D. An Ecosystem Based Approach to the assessment and governance of the Bay of Bengal Large Marine Ecosystem. Deep-Sea Research，2019，163：87–95.

四、探索构建海洋生态环境治理的跨界司法协作机制

跨界司法协作是国家间、司法管辖区之间提升司法效率、维护司法公平的重要途径。《联合国海洋法公约》第二三五条规定，各国有责任履行其关于保护和保全海洋环境的国际义务。海洋生态环境治理的司法协作是司法机关履行国际国内环境义务的体现，跨界司法协作一般从全球海洋生态环境跨界合作和国家管辖海域司法协作两个层面展开。

（一）开展全球海洋生态环境跨界司法协作

全球海洋生态环境的司法协作源于系列国际公约的规定，并在其制度演化过程中体现环境正义的价值理念。在司法救济领域，各国在签订国际条约时就意味着互相妥协，接收折中方案，以早期的《1969年国际油污损害民事责任公约》及《1971年设立国际油污损害赔偿基金国际公约》为例，在赔偿主体上建立的双层责任和赔偿机制是把船舶所有人的责任和石油公司的责任相结合，《〈1969年国际油污损害民事责任公约〉1992年议定书》设立了一个全球油污责任赔偿机制，并提供了足够的基金支持。[①]在区域环境合作上，《北欧环境保护公约》（1974）第三条所确立的管辖原则，是由污染来源国法院对跨国危害环境行为行使专属管辖权。因缔约国都是北欧国家，受害人并不会因为由污染来源国法院行使管辖权而遭受任何重大的不利。[②]但随着海运业不断发展，船舶航行污染海洋的行为不断发生，关于船舶造成海洋污染的国际法与区域或海洋国家就加强这一领域处罚的指令是否相容的问题一直存在相应的讨论。[③]因此，全球海洋生态环境的司法协同需要关注相应国家或区域的环境司法体制或制度。在美国环境治理架构下，针对违反环境利益的违法行

---

① 李群：《论国际公约中海上污染损害的协同救济》，《齐齐哈尔大学学报（哲学社会科学版）》，2016年第6期，第90–92页。

② 向在胜：《论跨国环境侵权救济中的司法管辖权》，《华东政法大学学报》，2012年第5期，第36–44页。

③ Macrory R. Marine pollution case referred to European Court for clarification. Ends Report，2006（379）：56.

为，美国法律提供了不同的救济途径和方式，环境公民诉讼制度的设计体现出行政优先与私人执法二者的平衡。[①]日本的《海洋污染防止法》明确界定了船舶所有者、海洋设施设置者等私主体与海上保安厅、指定海上防灾机关等公权力机关各自的权责范围，形成了多元共治体系。[②]在上述的发展模式中，环境正义理念被越来越多地关注，并被视为环境司法协作的基本价值。[③]

（二）构建中国国家管辖海域司法衔接机制

整体性治理是海洋环境跨区域治理基于生态系统特征的治理目标和手段，从“合作”到“协同”更多地体现为治理目标和行动上的一致性。对我国国家管辖海域的环境司法协作已经在近几年做了尝试，但本研究第三章已经分析指出，涉及海洋生态环境的司法协同由于实践探索不足、司法制度和机制滞后等因素，相关协作治理效能体现不足。因此，需要在“民行”“检行”“法检”等衔接、合作上促使机制完善。

其一，跨区域环境“民行”衔接机制。将民事诉讼分别和刑事诉讼、行政诉讼有机结合，修改《中华人民共和国行政诉讼法》规定，与《中华人民共和国海洋环境保护法》中规定的“海洋环境保护区域合作组织”作为诉讼主体进行立法衔接，使其作为原告或其他诉讼参与人参与海洋环境保护主管部门的诉讼活动。

其二，跨区域环境“检行”衔接机制。为了防止在执法过程中存在有罪不究、以罚代罪等问题，检察机关通过与公安等执法机关相互协作，将执法过程中涉嫌犯罪的案件移交司法机关，能够保证案件审理的及时性。

其三，跨区域环境“法检”衔接机制。人民法院和人民检察院通过共同合作，支持起诉、公益诉讼、服判息诉等方面的制度完善，为维护社会公正提

---

① 冯静茹：《美国环境法下的海洋环境公民诉讼问题研究》，《浙江海洋大学学报（人文科学版）》，2019年第6期，第49–53页。

② 刘明全：《论日本海洋环境污染治理的法律对策》，《浙江海洋大学学报（人文科学版）》，2020年第6期，第36–41页。

③ Banzhaf S，Ma L，Timmins C. Environmental Justice：The Economics of Race，Place，and Pollution. The journal of economic perspectives，2019，33（1）：185–208.

供司法保障，将网络辅助手段融入法检监督管理当中，构建形成法检网络监督管理机制。同时，为了激发公益诉讼的积极性，通过完善公益诉讼举报奖惩制度，建立第三方多元监督等措施，加强环境司法的治理力度。

其四，实行环境治理公私合作。司法协作需要行政机关和海洋公益组织、社会公众在信息沟通、人员等方面的紧密合作。司法诉讼中也存在公益诉讼和私益诉讼的协调，需要形成诉讼的顺位审理，而不是简单合并，如要规定公益诉讼案件优先审理、确定不同的赔偿标准等。

五、构建海洋保护区跨界网络治理机制

海洋保护区跨界网络治理中的参与者是国家、保护区、地区、社区、企业、居民与非政府组织。如瓦登海国家公园的网络治理中丹麦、荷兰和德国是主体国家，组成跨界海洋保护区的网络节点是瓦登海国家公园内的河口海洋公园、国家公园、保护区等，瓦登海三方沿岸的利益相关者包括社区、居民和企业。这些主体需要建立决策平衡、利益分配、组织间相互信任、资源共享和共同监督的机制，如瓦登海建立了三方相互信任的理事会和管理委员会协商机制，共同维护区域的海洋生物多样化、海洋污染防治等一系列的保护机制，也形成了三个网络——技术网络、社会网络和组织网络，即：一般包括建立海洋禁捕区和渔业管理系统等在内的技术网络，包括企业、居民、非政府组织在内的社会网络，以及国家之间、保护区之间、行政区之间的组织网络（图 7–1）。

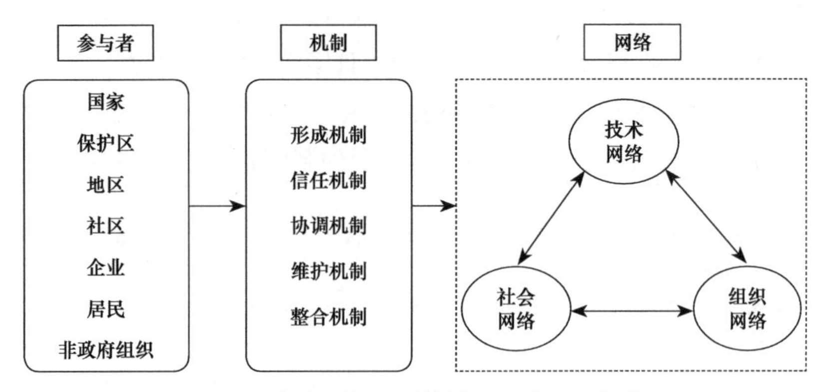

图 7–1　海洋保护区跨界网络治理的理论架构

海洋保护区跨界网络治理模式的形成与有效运转的条件是：相互依存的网络治理主体通过集体行为的互动，形成一套有效的治理机制，进而实现共同合作目标。[①]这一套有效的治理机制包括：形成机制、信任机制、协调机制、维护机制和整合机制。

（一）构建海洋保护区跨界网络治理的维护机制

海洋生态环境跨界网络治理模式不具有类似于科层式治理模式中的权威机制来保证治理者的权益，网络治理更多地依赖社会关系的嵌入结构来发挥维护的效力。[②]因此，海洋保护区跨界网络治理中的各治理主体，尤其是国家与国家之间或保护区之间在相互协作中采取联合行动，需要形成两方或多方的保护区协议，它对于网络组织的有效运行和维护必不可少。在第六章已经分析过，为应对海洋保护区因跨国界导致的合作困境，各海洋保护区多在成立之初达成了建立跨界海洋保护区的协议，以达到多方认同及合作治理的目的。海洋保护区具有独立的海洋生态系统，生态系统内功能和空间具有高度的连通性特征，因此在上述跨界海洋保护区协议基础上建立海洋保护区网络被逐渐提上议事日程，认为网络的建立更能维护海洋保护区的生态效益。从措施上分析，可以通过进一步完善国际规则，签订国际和区域协议形成海洋保护区网络体系，以顾及更广泛的海洋保护空间要求。[③]因此，各跨界海洋保护区会成立管理委员会或技术秘书处来处理技术网络、社会网络和组织网络中的问题。同时，也需要协调保护区内地方政府、企业、居民以及非政府组织的问题，在必要的情况下还需要在跨界保护区各国内部制定相应的法规政策，行使法律机制、监督机制和环境问责机制，例如制定海洋生态补偿等内容，以维护网络正常运作和实现共同治理跨界海洋污染的目标，减少跨界海洋污染网络治理中的“公地悲剧”和机会主义。

① 易志斌：《跨界水污染的网络治理模式研究》，《生态经济》，2012年第12期，第165–168页。

② 同①。

③ Foster N L，Rees S，Langmead O，et al. Assessing the ecological coherence of a marine protected area network in the Celtic Seas. Ecosphere，2017，8（2）：e01688.

（二）构建海洋保护区跨界网络治理的信任机制

联盟的政治与安全关系是稳定还是动荡，一个重要的因素就是联盟各部的信任能否建立。信任程度决定着国家间的合作程度，信任程度高，国家间的合作程度就高[①]，联盟内部的关系就越稳定，反之亦然。由此可见，网络治理行为主体之间存在相互信任，可以推动各行为主体在跨界海洋保护区治理网络中的合作，有效解决彼此间的分歧，减少集体行动的障碍，为实现共同目标通力合作。[②]构建海洋保护区跨界网络信任机制主要通过以下路径展开。

第一，树立超国家责任。在环境治理中一个基本责任是公共环境责任。实现跨界环境责任的基础是超越本国的国家责任，即不简单地从本国利益出发，而是基于跨界区域的公共环境责任。在海洋保护区跨界网络治理的进程中，需要各当事国就海洋保护中的利益进行协商，在博弈中达成一致，各国应维护《联合国宪章》的精神，树立起超国家责任。超国家责任需要各国具有大型海洋生态系统思维，建立“海洋命运共同体”理念，利益相关者将各自的利益博弈超越国家，进入集体理性轨道，建立起基于国家责任的信任互动机制。

第二，建立伙伴关系。海洋保护区跨界网络治理的各个主体主动寻求建立合作型的国与国的、国家与区域或者全球的伙伴关系，建立多主体共同接受的公共政策和执行框架，形成共同承担环境责任的机制，构建利益协调一致关系，结成跨界海洋保护区治理的公共行动网络。1932 年，加拿大和美国达成沃特顿冰川国际和平公园协议，该协议促成了合作研究、生态旅游和更多的合作伙伴关系。中美洲的堡礁系统（Mesoamerican Barrier Reef System，MBRS）的合作伙伴，既有伯利兹、危地马拉、墨西哥和洪都拉斯四个参与国伙伴关系，也包括中美洲环境与发展委员会（Comisión Centroamericana de Ambiente y Desarrollo，CCAD）、中美洲和多米尼共和国一体化系统（Sistema de la Integración Centroamericana，SICA）、全球环境基金（Global Environment Facility，GEF）、联合国开发计划署（The United Nations Development Programme，UNDP）和世界银行在内的区域乃至全球伙伴关系。2018 年，瓦登海国家公

① 朱立群：《信任与国家间的合作问题》，《世界经济与政治》，2003 年第 1 期，第 16–20 页。

② 易志斌：《跨界水污染的网络治理模式研究》，《生态经济》，2012 年第 12 期，第 165–168 页。

园也出台了支持联合国瓦登海世界遗产的三边（丹麦、荷兰和德国）伙伴关系。在跨界海洋保护区内部，要消除政府环境保护行政主管部门与利益相关者之间的敌对关系，努力将居民、企业、非政府组织与地方政府的关系构建为信任的伙伴关系，共同承担区域内的海洋保护责任。

第三，形成公共精神。公共精神应是海洋保护区跨界网络治理的共同价值理念，跨界网络治理的基本职责是维护公共利益，保护海洋生物资源多样化和海洋环境的清洁。人类对海洋生物多样性的保护是为了人类未来可持续发展的目标而开展的行动。有研究以长须鲸为例，认为高度流动的物种跨越多个管辖边界，这些区域可以成为海洋保护区的理想候选区域，研究通过可靠的空间预测，确定夏末长须鲸的重要聚集区，就此建议建立一个跨界潜在海洋保护区，以帮助保护相关珍稀物种。①在跨界海洋保护区的网络结构中，为了协调网络组织中多方主体的利益，保持网络内部的稳定，需要从组织的基本和公共利益出发，为跨界海洋保护区的有效治理和资源整合打下坚实的基础。

（三）构建海洋保护区跨界网络治理的整合机制

多元主体参与治理构建了海洋保护区跨界治理的网络，在治理网络运行过程中，信息不对等、组织“碎片化”等问题往往威胁治理网络的稳定，因此需要对运行网络中的信息及组织进行整合，保障治理网络的支撑与稳固。跨界海洋保护区网络治理的整合机制主要包括两个方面。

第一，信息整合机制。信息整合是将散落的资源通过合理的渠道整合在一起，形成共享的信息。跨界网络治理的有效进行离不开各种有形的或无形的资源作为保障，跨界网络治理中的整合机制的建立是以各种信息资源支持系统的建立为基础的。②决策的科学性需要较全面的信息支撑，跨界海洋保护区信息

---

① García-Barón I，Authier M，Caballero A，et al. Modelling the spatial abundance of a migratory predator：A call for transboundary marine protected areas. Diversity and Distributions，2019，25（3）：346–360.

② 唐兵：《公共资源网络治理中的整合机制研究》，《中共福建省委党校学报》，2013 年第 8 期，第 13–17 页。

平台建设及信息的发布，有助于保护区的各国或其他主体获取和共享有价值的信息，最大化利用信息资源开展海洋生态保护，形成“透明跨界海洋保护区”。“透明跨界海洋保护区”的构建需要利用先进信息技术实现信息和知识的共享，提高网络参与者行为的透明度，通过信息互通的形式达成跨界海洋保护区治理共识，从个体理性向集体理性过渡，发挥资源整合的整体效应。

第二，组织整合机制。组织整合又叫组织化，是指通过组元之间的安排和组织结构的设计以实现各部分之间较为稳定的关联过程与状态。[①]从整合状态来看，就是将“碎片化”的部分通过整合形成完整与和谐的统一体，实现“1+1>2”的效果。跨界海洋保护区一般由两个及两个以上的国家或保护区单体组成，这就需要有机整合多个国家的保护区组织，同时整合多国的力量，建立一个统一的管理委员会或秘书处，形成密切的组织单元。

六、构建中国深度参与全球和区域海洋生态环境跨界治理机制

党的二十大报告深刻指出“中国积极参与全球治理体系改革和建设”，《国民经济和社会发展第十四个五年规划和2035年远景目标纲要》提出“积极发展蓝色伙伴关系，深度参与国际海洋治理机制和相关规则制定与实施，推动建设公正合理的国际海洋秩序，推动构建海洋命运共同体”。中国深度参与全球和区域海洋生态环境治理是推动构建海洋命运共同体的重要内容。

（一）深度参与全球–区域海洋治理，形成基础性机制

国际合作是当前全球海洋生态环境治理的主要机制。参与式合作的方式也是多元性的，一般是通过国际合作组织或国际上有影响的国家邀请相关管理机构和国际组织参加，通过行动计划、组织建立或参与等达到多方合作治理海洋环境的目的。近年来，随着全球海洋生态环境日益恶化，海洋合作的

① 唐兵：《公共资源网络治理中的整合机制研究》，《中共福建省委党校学报》，2013年第8期，第13–17页。

重要性被多数国家逐渐意识到，并开始有序推动和参与全球海洋生态环境治理机制的建设。参与式合作可以通过三个角度展开。

其一，组织成立海洋生态环境管理团队和组织，推动参与式合作。按照整体性治理的基本要求，治理主体应是多元化的，既包括国家，也包括企业、社会组织和公民等。中国应该利用好国际非政府组织的作用，培育、参加一些国际性的社会组织，引导环境利益的平衡，以积极姿态多方位参与全球海洋生态环境治理。中国参与全球海洋生态环境治理重点在以联合国体系为基础的框架下进行。2017 年 6 月，在联合国总部举办了支持落实有关海洋的第 14 项可持续发展目标的重要会议，被誉为“海洋治理历史性大会”，中国积极参加大会并表达自己的观点。[①]近年来，中国参与国家管辖范围以外区域海洋生物多样性养护和可持续利用协定（BBNJ 协定）谈判，成立“海洋垃圾和微塑料研究中心”，为深度开展全球海洋垃圾和微塑料治理提供技术支持和公益性服务[②]，这些参与式合作有力地提升了中国参与全球海洋治理的能力，拓展了全球海洋治理的范畴，为下一步形成“海洋生态环境治理”的中国方案提供了较好的实践积累。

其二，开展国家间对话与协商，进行“共益性”海洋合作。2012 年以来，我国在多个国际场合提出“海洋合作”的倡议，国际性的海洋合作呈现出区域外部大国共同参与的特征。[③]中国提出期待以开放包容、合作共赢理念为引领，推动构建更加公正、合理和均衡的全球海洋治理体系。[④]在海洋合作过程中主要体现为多层面立体化的对话、协商与合作。如 2015 年 1 月中国和日本第三次海洋事务高级别的协商后，双方同意依照有关国际法加强在环境、搜救及

① 联合国首次海洋大会开幕 推动落实有关海洋可持续发展目标，国际在线，https：//news.china.com/news100/11038989/20170606/30657822_all.html，2017 年 6 月 7 日，访问日期：2022 年 2 月 27 日。

② 国家海洋局海洋战略研究所课题组：《中国海洋发展报告（2018）》，海洋出版社，2018 年版，第 3–5 页。

③ 全永波：《海洋环境跨区域治理的逻辑基础与制度供给》，《中国行政管理》，2017 年第 1 期，第 19–23 页。

④ 曹文振、杨文萱：《我国海洋强国战略体系构建研究》，《山东行政学院学报》，2019 年第 4 期，第 1–7 页。

科技等领域的海洋合作。[①] 2017年中国与欧盟开展“中国－欧盟蓝色年”，促进中欧蓝色交流与合作，推动海洋领域政策沟通、投融资服务、技术交流和项目对接等系列合作。[②] 中国在2017年举办中国－小岛屿国家海洋部长圆桌会议，促进中国与全球“小岛屿”国家间在海洋生态环境治理等方面的“共益性”合作。[③] 这些对话与协商的治理模式选择以特定类型国家的海洋合作为目标，将成为中国参与全球海洋生态环境治理的重要支持。

其三，在参与区域性海洋生态环境治理中发挥积极的主导性作用。在中国的邻近海域以及西太平洋、印度洋和北冰洋治理体系构建中和具体行动中，中国应起到关键性作用。在南海和东海地区，作为引领者角色，以环境治理为突破口邀请沿海国家形成“宣言”“倡议”“行动计划”等。已有的国际条约也证明了区域内国际规制建立的针对性，在全球重要“区域海”中个性立法占据了相当的数量，根据联合国环境规划署的“区域海洋行动项目”，已经有地中海、波斯湾等多个遭受严重污染的区域海制定了区域性公约。[④] 中国近年来在参与南北极治理方面不断深入，于2017—2018年先后发布了南北极国家政策。因此，在关键国际区域的治理合作将是中国参与全球海洋生态环境治理的重要突破口，也是中国参与其他全球事务的关键。

（二）开展制度性合作构建全球海洋生态环境治理的约束性机制

制度性合作主要表现为签订国家间协定或国际条约，开展有关制度化合作。国际上把体现自然规律要求的大量的技术规范、操作规程、环境标准等

① 高兰：《日本“灰色地带事态”与中日安全困境》，《日本学刊》，2016年第2期，第12–28页。

② 国家海洋局海洋战略研究所课题组：《中国海洋发展报告（2018）》，海洋出版社，2018年版，第262页。

③ 《中国—小岛屿国家海洋部长圆桌会议在平潭召开》，中国日报网，http：//cn.chinadaily.com.cn/2017–09/21/content_32300477.htm，访问日期：2023年1月27日。

④ United Nations Environment Programme. UNEP Training Manual on International Environmental Law，Narobi，2006.

吸收到国际环境立法之中[①]，这样就使国际环境法成为国际法中一个技术性极强的领域。[②]在参与全球海洋生态环境治理的过程中，中国参与《联合国海洋法公约》制定，并积累了较多的国际参与的经验。中国与周边国家间的制度化协定最为多见，如涉及渔业资源管理的《中日渔业协定》《中韩渔业协定》，部分内容涵盖了海洋领域的环境合作。[③]中国在参与全球海洋生态环境治理方面的协定签署较少，在未来可以进一步深入。参与未来的国际规则制定应当成为中国扮演全球海洋生态环境治理重要角色的机会。

制度性合作还需要完善国内环境立法对接国际规范。2018 年 3 月全国人大常委会审议决定成立自然资源部和生态环境部，整合海洋环境执法机构，对跨国家区域的海洋生态环境治理，提出通过外交途径，建立有效的协商合作机制，达到有效的海洋治理。[④]《中华人民共和国海洋环境保护法》在最近几年多次修改，但仍未完全和国际接轨，随着我国海洋环境管理体制的变化，相应的修改需要进一步加强。作为综合管理的海岸带管理法、海洋基本法需要逐步形成立法框架，对应国家参与全球海洋治理的需要。

海洋命运共同体理念给海洋合作治理指明了方向，中国在海洋生态环境跨界治理机制创新方面做了努力探索。一是自 2017 年以来，中国积极参加联合国国家管辖范围以外区域海洋生物多样性（BBNJ）养护和可持续利用协定政府间谈判，深度参与以 BBNJ 机制为代表的全球海洋生态环境治理体系和机制。中国作为负责任的海上活动大国，在历次谈判中秉承人类命运共同体理念，为谈判的推进发挥了重大作用。在谈判过程中，中国代表团就海洋遗传资源惠益分享、划区管理工具、能力建设和海洋技术转让等议题递交提案并陈述相关理据，得到了参会各方的支持和认同。BBNJ 协定虽已开

---

① 全永波、叶芳：《“区域海”机制和中国参与全球海洋环境治理》，《中国高校社会科学》，2019 年第 5 期，第 78–84 页。

② 秦天宝：《国际环境法的特点初探》，《中国地质大学学报（社会科学版）》，2008 年第 3 期，第 16–19 页。

③ 同①。

④ 向友权、胡仙芝、王敏：《论公共政策工具在海洋环境保护中的有限性及其补救》，《海洋开发与管理》，2014 年第 3 期，第 83–86 页。

放签署，但包括中国在内的各国需全面重视海洋生态环境跨界影响，在落实BBNJ协定过程中完善跨界损害预防机制。二是努力推进构建东亚海生态环境治理的柔性化机制。东亚海具有相对独立的海洋生态系统，联合国将东亚海作为区域海项目，回应了大海洋生态系统治理的科学性和持续性问题。中国作为东亚海治理的主要参与国家需要进一步与周边国家合作推进对东亚海跨界治理项目，通过海洋生态环境治理的跨界诊断，着手制定南海、东海"生态环境治理行动计划"，构建跨界海洋生态环境治理府际协作治理机制、区域组织参与互动机制、动态环境治理监督机制等。三是完善相关国内立法，特别在修订《中华人民共和国海洋环境保护法》过程中，在完善海洋生态环境保护的相关国内机制的基础上，还需要进一步拓展该法的适用范围、完善海洋环境主体责任等，从立法层面建立大海洋生态系统框架下中国参与跨界海洋生态环境治理的制度机制。

第三节　海洋命运共同体视域下海洋生态环境跨界治理机制创新的实施路径

本研究全面分析了国家管辖海域、国家管辖范围外海域和跨界海洋保护区三个领域的海洋生态环境跨界治理的现状和机制构建，不可否认，在构建海洋命运共同体的过程中，全球、区域和世界各国要真正达成海洋利益的共识，需要在共同发展中寻求各方海洋综合利益的最大公约数。[①] 在海洋生态环境跨界治理机制的完善过程中，全球化的迅速推进伴随着多层级治理主体的利益变化，必然促使海洋治理规则的重新调整，而促使这种调整的是一个国家或国家集团的实力展现。海洋命运共同体理念的提出对反思过往环境跨界治理机制的不足，推进完善全球、区域、国家层面的跨界海洋生态环境治

① 孙超、马明飞：《海洋命运共同体思想的内涵和实践路径》，《河北法学》，2020年第1期，第183–191页。

理机制创新有积极的指导意义。

一、推进全球海洋生态环境治理体系的重构

全球化的扩展与全球海洋问题的频发等现实因素推动了全球治理的嬗变，全球范围内的海洋生态环境治理体系也因海洋问题的不断变化而变化，对于新出现的跨界性生态环境问题，如核污染水排放、塑料污染、生物多样性等无法在原有的治理框架下获得解决。由此，重构全球海洋生态环境跨界治理体系，建立相应支持机制成为必然路径。

（一）明确全球海洋生态环境治理体系的结构要素

全球海洋生态环境治理体系是在以主权国家为基础单位的行为体之间发生交往和互动的基础上形成的，以海洋生态环境保护为目的的国际体系。[①]重构全球海洋生态环境跨界治理体系，首先要设计全球海洋生态环境治理体系的要素，按照利益衡量理论的要求充分考虑各主体的话语权诉求、利益分配诉求以及观念诉求，进而明晰治理体系中的要素，构造出稳定的体系结构，以实现海洋命运共同体目标。[②]

全球海洋生态环境治理体系的结构要素的获得需要遵循一定的逻辑，最终成为构建体系的基本单元。海洋生态环境治理体系重构的关键在于对现有体系的统筹、对协定的落实和规划以及针对海洋生态环境保护缺漏的补足。环境法治是全球海洋生态环境治理体系重构的重要平台，没有环境法治，全球海洋生态环境治理体系构建就无法真正实现，可持续发展也就无从谈起。当前环境法治在国际层面，海洋生态环境保护公约在不断增多，如《国际防

① 刘鸣、吴雪明：《国际体系转型与利益共同体构建：理论、路径与政策》，社会科学文献出版社，2017年版，第9页。

② 张卫彬、朱永倩：《海洋命运共同体视域下全球海洋生态环境治理体系建构》，《太平洋学报》，2020年第5期，第92–104页。

止海上油污公约》《联合国海洋法公约》等。[①]同时，国际环境保护组织倡议、各国签订的主要环境协定以及包括《生物多样性公约》在内的公约也在更大的层面涵盖了海洋生态环境的法治化。然而，目前世界范围内海洋生态环境保护相关组织规约的共同点在于：由发达国家主导，多倾向于维护发达国家的海洋利益。

基于此，构建海洋生态环境治理体系应重点从以下三方面着手。一是关注治理体系的话语权平衡。治理体系重构既要考虑现有秩序由发达国家主导的现实，又需要兼顾地理不利国、海洋治理能力弱小国家的海洋利益。应当积极引导发展中国家参与国际体系的构建，积极参与全球海洋生态环境治理公共产品的供给，以联合国体系为基础进一步拓展形成有力的海洋治理话语平台。[②]二是关注环境利益分配的兼顾。在全球海洋生态环境保护治理体系的重构过程中，需要按照利益衡量理论在体现全球环境公益基础上，通过环境权益的位阶排序，充分考虑海洋治理能力弱小国家的生存和发展利益，在环境利益和环境国家责任承担上体现公平性。三是推动落实海洋命运共同体理念。海洋命运共同体遵循包容性海洋治理原则，倡导合理、公平地开展海洋资源分配，全球海洋生态环境治理体系构建需要充分兼顾全世界海洋发展存在国家之间、区域之间、海陆之间的关联性，融合海洋发展中的各种因素，推进海洋可持续发展。

（二）构建联合国为中心的多层级跨界治理体系

基于全球治理的深入推进以及治理体系构建的内生要求，全球海洋生态环境治理体系应以海洋命运共同体理念为导向，努力促进海洋生态环境的可持续发展、保护海洋生态链的均衡发展，以有效实现全球海洋治理的目标。

近年来，全球海洋生态环境治理体系在重构过程中逐渐显示出联合国为中心的良好局面。2017 年 6 月 5—9 日，在联合国总部举行了第一届海洋大

---

① 张卫彬、朱永倩：《海洋命运共同体视域下全球海洋生态环境治理体系建构》，《太平洋学报》，2020 年第 5 期，第 92–104 页。

② 同①。

会[①]，大会关注“海洋可持续发展”这一主题，这是在海洋治理领域重塑联合国中心治理体系的标志。2022 年 6 月，第二次联合国海洋大会在葡萄牙里斯本举行，这次大会就如何应对海水污染、酸化、非法捕捞和生物多样性丧失等一系列挑战展开讨论。2023 年，BBNJ 协定的开放签署使支离破碎的海洋环境治理体系得以修复，未来各国需要协同推进 BBNJ 协定的落实，以确保实现改善全球海洋生态环境治理框架。[②]

多年来，海洋治理的重点多发生在区域性海洋范围内，一系列可能存在的隐患以及已经爆发的海洋权益冲突、环境跨区域影响均在区域性的国际海域邻近国家之间发生，典型的如 2010 年美国墨西哥湾漏油事件、2011 年日本福岛核泄漏事件等，均对区域海洋生态环境治理的制度建设有借鉴价值，制度体系层面的优化是区域性海洋生态环境治理体系重构的主要方面。

区域海洋治理过程中逐渐形成了以“区域公约”为主要模式的海洋合作治理的制度框架。如北海 – 东北大西洋区域国家制定了应对海洋倾倒废弃物的《奥斯陆倾倒公约》、旨在防止陆基污染源污染海洋的《巴黎公约》《应对北海石油以及其他有害物质污染合作协议》以及保护东北大西洋海洋生态环境的综合性公约——《奥斯陆 – 巴黎公约》，该区域的海洋生态环境治理的制度体系在上述公约和协定制定后基本得以完善。区域海洋公约的订立和执行需要沿海国有共同的海洋利益、制度背景和执行能力，否则可能公约订立有一定难度，就算制定了制度而执行却又困难。如波罗的海六个沿岸国家缔结了《赫尔辛基公约》，合作治理波罗的海区域海洋生态环境污染问题。此公约设立一个实施公约的机构——波罗的海委员会，通过机构设置统筹开展区域海洋环境治理，从整体性保护出发，旨在减少、防止和消除各种形式的污染。对海洋生态环境保护所涉及的具体问题，波罗的海委员会另行通过公约附件的形式规制各参与主体的行为。[③]

① 全永波：《全球海洋生态环境多层级治理：现实困境与未来走向》，《政法论丛》，2019 年第 3 期，第 148–160 页。

② Hammond A，Jones P J. Protecting the ‘blue heart of the planet’：Strengthening the governance framework for marine protected areas beyond national jurisdiction. Marine Policy，2020，(43)：104260.

③ 同①。

区域性海洋治理体系的基础除了制定区域海洋公约外，双边条约以及柔性的合作机制建设也成为海洋治理体系的重要构成。近年来，以日本福岛核泄漏事件为教训，东北亚区域国家也清晰地看到跨区域合作的重要性，通过领导人会晤、政府间磋商等方式加强合作，在重大海洋突发污染事件、海洋垃圾防治等领域加强政府间协作。[①]虽然受到政治关系等因素影响，但现实中各方对海洋生态环境治理的共同需求背景下，东北亚区域的核心国家中国、日本、韩国将把合作关系“机制化”，同时，对西北太平洋行动计划的实施将重点体现在海洋生态环境合作领域，并拓展到权益等领域。

（三）构建整体性治理为导向的跨界治理国家责任承担模式

国家责任从内容构成看分为对内责任和对外责任，对内而言，国家责任是国家对本国社会和公民所承担的义务；对外而言，国家责任是针对国际不法行为或损害行为所应承担的国际法律责任。对国家责任的强调有助于在世界竞争中既保持本国的优势，又体现对国际事务处理的负责任国家的形象和能力，以全球体系的共同规则来处理国际公共事务，最终目的是达成命运共同体和谐发展的愿景。[②]

海洋环境的跨界污染从源头上存在多种可能，既有基于商事主体的私权利损害和责任承担，也有诸如国家管理上的责任，需要国家和涉事企业等主体作为共同责任承担者，但国家基于其公共责任主体的性质和责任承担能力，理应成为海洋污染治理的“兜底者”。国家作为管理主体，既要监控海洋污染的发生并在防止跨界影响方面具有技术上、财力上和管理能力上的责任，也要防范国家在跨界污染产生后把赔偿责任单方面交给企业等商事主体，同时有可能本身就是污染物排放的主体，其在海洋生态环境跨界污染治理上的角色扮演是任何其他主体所不能替代的。

在整体性治理框架下的环境跨界治理的国家责任承担要解决的核心问题

---

① 全永波：《全球海洋生态环境多层级治理：现实困境与未来走向》，《政法论丛》，2019年第3期，第148–160页。

② 顾爱华、吴子靖：《现代治理视域下的国家责任探讨》，《上海行政学院学报》，2018年第1期，第24–31页。

是公共事务跨界性与既有行政区域界限之间的矛盾[①]，并因此需要形成利益协同和责任体系建构。

其一，形成超国家利益模式，构建海洋生态环境跨界治理的利益协同。区域海洋生态环境跨界治理的参与需要明确区域环境治理和国家内部治理的关系，并明确以怎样的方式构建治理机制。超国家模式需要各国具有全球海洋治理思维，建立“海洋命运共同体”理念，促使利益相关者进入集体理性轨道，实现各层级组织的整合互动。在参与跨界海洋治理的进程中，需要各当事国就海洋生态环境治理中的利益进行协商，在利益协同框架下明确海洋生态环境跨界治理的国家责任目标。整体性治理框架下的国家责任承担模式的主要方向是确定治理目标的整体性，跨界治理的参与国家需要基于跨界海洋的共同生态系统明确整体性的目标、标准、政策和行动，共同应对生态环境问题。[②]

其二，促进整体性治理框架下的国际规范的达成、国际条约的履行。以波罗的海治理为例，沿海各国超越国家利益建立了责任共同体、利益共同体、命运共同体。波罗的海区域除签订了《保护波罗的海区域海洋环境公约》这一重要的环境保护协议以外，还签订了石油污染、船舶漏油、海洋生物多样化等专门领域的环境协议。为了有效履行这些协议，成立了由9个波罗的海沿海国和欧盟组成的赫尔辛基委员会。赫尔辛基委员会下设代表团团长，定期或不定期召开各国领导人和代表团团长会议。为使协议的履行更加有力，委员会下成立了若干小组，如海事技术组、海洋空间规划工作组、基于生态系统的渔业可持续小组等8个小组，同时成立了专家组。波罗的海的治理模式充分体现了整体性治理框架下的国家责任承担，该区域的海洋生态环境治理成为区域跨界环境治理的典范。

（四）构建系统性跨域海洋生态环境治理机构

海洋生态环境治理内容庞杂，包括船舶航行与作业、各类陆源污染物排

---

① 王学栋、张定安：《我国区域协同治理的现实困局与实现途径》，《中国行政管理》，2019年第6期，第12–15页。

② 王喆、周凌一：《京津冀生态环境协同治理研究——基于体制机制视角探讨》，《经济与管理研究》，2015年第7期，第68–75页。

放海洋、海域养殖、涉海工程建设等一系列海洋综合治理系统，海洋的价值不仅仅限于航行和捕鱼，更多在于海洋能源的开发、海洋空间和资源利用方面，从而促使海洋具有了新的战略价值。可见，系统性治理机制的构建必然促使若干综合性机构的建立。多年来，非正式国家合作机制构建一直作为全球海洋生态环境治理的重要内容，并将在未来持续完善，机构的支撑是系统性治理有效性的基础。如联合国区域海项目治理实际是典型的跨域治理模式，相关国家必须与其他国际机构，如国际海事组织、国际海底管理局、国际粮农组织以及区域性渔业机构等进行合作。1992 年，波罗的海沿岸国家新缔结了《赫尔辛基公约》，共同致力于波罗的海区域海洋生态环境污染治理，并设立了公约的实施机构——波罗的海国家委员会。该机构从整体性保护出发，旨在减少、防止和消除各种形式的污染。[①]另外，在跨域海洋保护区机制中，相应的治理机构也纷纷建立，如 1982 年丹麦、荷兰和德国三方就建立瓦登海国家公园达成协议，各国在同一片海域开展海洋生物保护、海洋水环境治理、国际船污治理等系列生态系统服务问题上达成一致，并组建了瓦登海管理委员会和秘书处。随着 BBNJ 协定在 2023 年 6 月通过并于 9 月 20 日开始开放签署，海洋生态环境跨界治理能力建设得到进一步推动，国家管辖范围外区域海洋生物多样性缔约方大会作为体制安排定期举行，协商 BBNJ 协定的执行，通过设立科学和技术机构、秘书处，建立信息交换机制等实现全球海洋资源的合作保护。

二、构建中国国家管辖海域海洋生态环境法治体系

改革开放以来，我国海洋生态环境治理经历了光辉发展历程，从起步发展到不断完善，再到今天的海洋生态文明建设战略，发展脉络尤为清晰，发展成果也颇为丰富。[②]海洋生态环境治理机制的基础是构建科学的法治体系，

① 全永波：《全球海洋生态环境多层级治理：现实困境与未来走向》，《政法论丛》，2019 年第 3 期，第 148–160 页。

② 李龙飞：《中国海洋环境法治四十年：发展历程、实践困境与法律完善》，《浙江海洋大学学报（人文科学版）》，2019 年第 3 期，第 20–28 页。

在海洋命运共同体理念引领下，应重点从立法、执法、司法和守法四个方面推进海洋生态环境法治体系的构建。

（一）按照海洋功能主义原则构建立法体系

海洋功能主义的立法进路（ocean functional approach）是依照海洋对于人类有哪些功能，再根据这些功能进行分门别类，一般意义上看，我国在海洋事业发展过程中，根据地方经济社会发展的不同需要，结合海洋自身的生态环境系统的特殊性，设置了不同类型的海洋功能区[①]，具体包括港口航运功能区、渔业资源利用和养护功能区、矿产资源功能区、旅游功能区、海水资源利用功能区、海洋能利用功能区、工程用海功能区、海洋保护功能区、特殊利用区和保留区[②]，并根据这些不同的功能分别立法，如《中华人民共和国港口法》《中华人民共和国海上交通安全法》《中华人民共和国渔业法》等[③]，诸如此类。在海洋立法过程中，应当对海陆空间布局进行全面优化调整，打破行政界线对海陆产业协调发展的制约。人类开发利用海域，应当建立在海域固有的自然属性的基础上，也即是建立在各个海域的客观功能基础之上。这些海域在区位和自然环境上的差异性，决定了人类对海洋不同区域开发内容的适宜性选择问题。[④]古往今来，人类通过大量的海洋开发实践活动，逐步积累和建立了各类海洋资源与空间利用的社会标准和自然选择标准。[⑤]因此，管理部门应根据海域的区位条件、自然环境、自然资源、开发保护现状和经济社会发展的需要，按照海洋功能标准，以及不同使用类型和不同环境质量要求设立功能区，立法部门按照功能区设置进行海洋生态环境立法，形成基于

---

① 全永波：《海洋环境跨区域治理研究》，中国社会科学出版社，2019年版，第53页。

② 王印红、刘旭：《我国海洋治理范式转变：特征及动因》，《中国海洋大学学报（社会科学版）》，2017年第6期，第17–24页。

③ 范金林、郑志华：《重塑我国海洋法律体系的理论反思》，《上海行政学院学报》，2017年第3期，第105–111页。

④ 全永波、盛慧娟：《海洋命运共同体视野下海洋生态环境法治体系的构建》，《环境与可持续发展》，2020年第2期，第31–34页。

⑤ 吕彩霞：《海域使用制度与海洋综合管理》，《海洋开发与管理》，2000年第1期，第14–18页。

海洋功能的立法体系，有助于保护和改善海洋生态环境，促进海域的合理开发和海洋经济的可持续发展。[①]

海洋生态环境立法过程中需要完善相应的环境制度。环境正义原则要求完善海洋自然资源的产权制度，明晰海洋相关领域的所有权、用益物权等权利归属，进而明确责、权、利关系，实现自然资源分配和使用的环境正义。[②]同时，应进一步完善海洋生态环境的利益补偿机制，这种机制基于环境民事公平性原则设定，在实施范围上包括跨海陆、跨流域和跨海域之间的补偿，由污染排放实施者作为补偿实施主体。[③]

（二）按照陆海统筹、内外联动原则构建执法体系

党的十九大报告提出“坚持陆海统筹，加快建设海洋强国”的战略布局，因此，基于海洋命运共同体的视角，海洋生态环境的执法体系应当将陆海统筹理念纳入其中。多项案例证明，单一的海上防护措施无法解决我国海洋生态环境的根本性问题，要解决海洋生态与环境问题就必须要尊重海洋生态系统的整体性，对传统的海洋环境与生态保护法治体系进行改革创新。在执法过程中，只有体现陆海联动机制，在已有的生态环保统一执法机构和队伍的基础上，施行统筹规划、多层次、多边的综合治理，把陆域生态环境保护与海洋生态环境保护问题协同起来，才能有效解决海洋生态破坏和环境污染等环境问题。要强化对流域环境与近岸海域污染的综合治理力度，建立“海域—陆域—流域”的联动协调机制，不断加强对入海排污口的监管，提升海洋环境执法工作的效率。只有坚持陆海统筹的发展理念，才能不断推进我国海洋生态环境法治体系的建设，找到符合国情的统筹方式，我国海洋生态环

① 全永波、盛慧娟：《海洋命运共同体视野下海洋生态环境法治体系的构建》，《环境与可持续发展》，2020年第2期，第31–34页。

② 王雨辰：《习近平生态文明思想中的环境正义论与环境民生论及其价值》，《探索》，2019年第4期，第42–49页。

③ 同①。

境面临的现实困境才能得到有效解决。[①]

（三）构建与海洋生态环境跨界治理相对应的司法协同与救济体系

海洋命运共同体理念要求实行包容性用海机制，司法协同与救济体系的完善就需要以维护绿色、安全、可持续发展的海洋生态环境为目标。

一是完善诉前、诉中和诉后执行的多主体协作体系。构建多主体信息共享机制，如长三角、京津冀、珠三角可以率先实行构建海洋生态环境法律监督信息平台，实行跨区域信息共享。对案件审理前证据采集、报告书出具等事项，实现跨区域多部门共同参与，利用数字化转型加快司法协同，并探索建立数字化司法救助支撑体系。进一步明确《中华人民共和国海洋环境保护法》第八条"毗邻重点海域的有关沿海省、自治区、直辖市人民政府及行使海洋环境监督管理权的部门，可以建立海洋环境保护区域合作组织"中"区域合作组织"的内涵，并以此构建政府、企业等多主体联动协同的机制。

二是利用检察机关司法监督职责，构建司法救济的监督体系。检察机关按照法律规定的监督职能，在检察过程中对出现破坏生态环境类的情况，可以直接向海洋环境监督管理部门、相关的公益组织告知有关案件线索，督促海洋环境监督管理部门、相关公益组织提起公益诉讼，或委托有权开展调解活动的有关部门开展调解工作。

三是推进跨区域海洋环境的司法审理集中管辖。海域和海岛属于国家的自然资源，通过跨区域海洋环境的司法协同和救济可以探索建立跨市级与跨省级相结合的生态环境案件集中管辖机制。在跨市级层面上，案件处理由该省的高级人民法院来管辖，不同省份不做强制规定；在跨省级层面上，则统一由最高人民法院来管辖，这样可以有效避免由于权责不清而导致的各类问题的出现。同时，建立跨区域案件管辖移送机制，针对案件的级别特点与地域

---

① 全永波、盛慧娟：《海洋命运共同体视野下海洋生态环境法治体系的构建》，《环境与可持续发展》，2020年第2期，第31–34页。

问题，做到受理案件的有效管辖，减少由于案件管辖权情况而造成多次审理的问题。

（四）按照治理主体联动、公众参与的原则构建守法体系

“海洋命运共同体”应该首先是“海洋环境安全共同体”，公众参与是海洋生态环境保护法律实施的一大推动力量。一方面，公众作为海洋生态环境保护的维护者和监督者，可以及时发现海洋污染的行为，更加清晰地了解到海洋环境的污染状况和污染程度，直接参与到海洋环境污染的治理和防护过程中。另一方面，公众的个人行为也可能成为海洋环境污染的主体之一。[①]因此，完善海洋生态环境的守法体系，要充分调动公众的积极性，使其不断参与到海洋生态环境保护中来，不断加大信息宣传，让公众能在第一时间掌握环境污染信息，参与的内容除了污染治理决策制定之外，还应体现在对海洋生态环境保护的监督工作中，让公众能知法、守法。除此以外，守法体系的构建还要不断明确各个负责海洋环境保护事项主管部门的权力，建立明确的责任承担制度，确保在海洋生态环境受到破坏时能直接找到责任主体，将责任承担具体化，以增强法律的威慑力。[②]

三、推进中国深度参与多层级海洋生态环境治理体系建设

根据本章第二节“海洋生态环境跨界治理的基本理论”分析，“多层级治理体系是一种囊括了全球层级、区域层级、国家层级、地方层级和社会层级的系统”，从全球海洋生态环境跨界治理的视角，多层级海洋生态环境跨界治理主要包括联合国框架下全球层级治理、区域治理（包含多边、双边）、国家管辖海域内海洋生态环境跨界治理等几个方面。中国参与多层级海洋生态环境治理体系建设一般按照联合国、区域、双边等层级有序展开。

---

① 全永波、盛慧娟：《海洋命运共同体视野下海洋生态环境法治体系的构建》，《环境与可持续发展》，2020 年第 2 期，第 31–34 页。

② 同①。

（一）联合国框架下全球海洋生态环境跨界治理的参与

中国深度参与全球海洋生态环境治理需要全面厘清并准确把握中国参与全球海洋治理的支撑动力、重点领域、基本原则以及全球海洋治理与国家内部海洋治理的关系等问题。[①]本研究在前述部分阐述了联合国等有关国际组织在解决海洋问题中发挥着关键的作用，参与海洋治理的国家行动者和非国家行动者都是围绕着联合国等国际组织进行的。[②]近年来，联合国“海洋十年”的推进，BBNJ协定等联合国框架下全球海洋生态环境治理机制的优化，使中国参与全球海洋生态环境跨界治理的政策环境得到明显好转，也起到了很好的现实支持作用。

影响海洋生态环境跨界治理的因素很多（如陆源污染、船源污染、海洋资源勘探开发、海上倾废、大气污染等），需要深入研究联合国体系下全球海洋生态环境跨界治理的相关因素、法律框架和组织架构，以及各国参与全球海洋生态环境跨界治理的立法与实践，以便进一步探索国家参与全球海洋生态环境跨界治理的困境与路径。

多层级视角下的海洋生态环境跨界治理机制为中国参与全球海洋生态环境治理体系提供了支持。中国是全球海洋治理的重要参与者，是联合国可持续发展目标中的重要国家，海洋生态环境保护既是我国的国际责任，也是全球各国促进海洋可持续发展的共同使命。国际海事组织（IMO）在全球海洋生态环境治理中发挥着重要作用，为成员国提供了监管监督的论坛。近年来，中国充分参与各种航运和海上贸易活动，在国际海事组织中的作用不再仅仅是一个跟随者，中国的努力对国际海事组织的海洋环境规则治理产生了积极影响。中国当前正从海洋大国向海洋强国迈进，如何以生态环境这个低敏感区为切入点深度参与全球多边治理，积极推动海洋新秩序的建立，如何影响和推动改进全球多边海洋生态环境治理体系，都将直接影响到海洋强国建设

① 崔野、王琪：《关于中国参与全球海洋治理若干问题的思考》，《中国海洋大学学报（社会科学版）》，2018年第1期，第12–17页。

② 庞中英：《在全球层次治理海洋问题：关于全球海洋治理的理论与实践》，《社会科学》，2018年第9期，第3–11页。

目标的实现和建设海洋命运共同体的进程。[①]

（二）区域治理框架下海洋生态环境跨界治理的参与

海洋生态环境跨界治理看似是一个区域性环境问题，但实际上是一个国家和地区的经济甚至主权问题，这在已有的环境治理实践中得到了验证。近年来，气候变暖导致极地海冰、积雪、冰川与多年冻土层面积减少，南北极脆弱的生态环境面临威胁，南北极治理受到国际社会的普遍关注。以北极为例，北极治理具有多层次、多纬度性的特征，在区域治理机制中，北极理事会作为重要的政府间论坛，在北极环境治理中的作用日益凸显，但北极理事会同时具备开放性和排他性。中国也积极利用其开放性机制，积极参与北极治理，自从2004年中国北极黄河站建立以来，中国在北极的常态化科研活动从来没有中断过，持续开展的北极科学考察对我国北极业务化考察体系建设、北极环境评价和资源利用、北极前沿科学研究做出了积极贡献。2017年11月，中国、美国、俄罗斯、加拿大、丹麦、挪威、冰岛、日本、韩国以及欧盟就《预防中北冰洋不管制公海渔业协定》文本达成一致[②]，2018年签署该协定。2018年发布《中国的北极政策白皮书》，提出建设"冰上丝绸之路"倡议。[③]虽然中国在区域海洋合作中取得了一定的成效，但存在的短板也是显而易见的。中国与部分国家海洋信息沟通不畅，协商机制有待构建，主要表现为：中国与日本、越南等邻国存在岛礁的主权争端，制约了海洋国际影响力的发挥；中国构建全球海洋秩序的经验较少，资源整合能力弱，与传统海洋强国及国际组织在技术、人力、物力等方面的优势相比还有一定距离。[④]

根据以上分析，中国参与区域性海洋生态环境跨界治理，从现实性和有

---

① 全永波：《全球海洋生态环境治理的区域化演进与对策》，《太平洋学报》，2020年第5期，第81–91页。

② 潘敏、徐理灵：《南极罗斯海海洋保护区的建立——兼论全球公域治理中的集体行动困境及其克服》，《中华海洋法学评论》，2020年第1期，第1–40页。

③ 自然资源部海洋发展战略研究所课题组：《中国海洋发展报告（2021）》，2021年版，第248–265页。

④ 张丛林、焦佩锋：《中国参与全球海洋生态环境治理的优化路径》，《人民论坛》，2021年第19期，第85–87页。

效性来看，需要进一步探求区域性海洋生态环境跨界治理的框架、基本原则及区域合作方式，探寻中国在区域性海洋生态环境跨界治理中的共治原则、形成合作治理的基本规则。在海洋命运共同体理念提出后，中国参与区域海洋生态环境跨界治理可以联合国“东亚海”区域海项目、南北极治理机制为基础，分析我国在参与该区域性海洋跨界治理中应注意的问题以及应采取的策略，同时可以区域性海洋治理实例如“地中海行动计划”为蓝本，研究提出可借鉴之处。

（三）双边框架下海洋生态环境跨界治理的参与

国家间的海洋合作治理是一些国家双边合作关系中的重要议题。海洋具有流动性、关联性的特点，海洋污染与破坏带来的影响会蔓延至整片海域，以南海地区而言，任何的生物及非生物资源开采活动的累积，都将对南海地区海洋生态环境造成影响。因此，对海洋生态环境的维护与治理需要国家间的跨界合作。当前，对于具体海区的双边海洋生态环境跨界问题的合作与解决，成为许多国家参与双边框架下环境跨界治理的重要基础。如 2015 年 11 月 18 日，美国国家海洋和大气管理局、美国国家公园管理局与古巴科技环境部签署了首个海洋环境保护谅解备忘录。[①] 又如 2018 年 7 月 16 日，欧盟首次与中国签署了海洋伙伴关系协议，世界上最大的两个海洋经济体将共同努力，改善海洋各方面的国际治理能力，包括打击非法捕鱼和促进可持续蓝色经济。[②] 在中国参与双边海洋生态环境跨界治理中，可进一步拓展海洋生态环境治理领域，而不仅仅限于海洋垃圾治理合作等个别项目，可重点以我国与黄海、东海周边国家的海洋生态环境治理合作为开端，通过跨界环境司法管辖权谈判、执法协作等方式，在搁置我国与周边邻国关于岛礁和海域的争议前提下，形成海洋生态环境跨界治理合作机制，着手制定南海、东海“生态环

① 《美国与古巴签署首个海洋环境保护协议》，海洋财富网，http：//www.hycfw.com/Article/190394，访问日期：2023 年 1 月 17 日。

② 《欧盟首次与中国签署海洋伙伴关系协议》，中国科学院文献情报系统——海洋科技情报网，2018 年 8 月 9 日。

境治理行动计划”等，主张从安全与发展的大局出发，创造性地将管控、解决海洋争端与参与区域海洋生态环境跨界治理相统一。

四、发展新质生产力，促进海洋治理能力提升

2023年9月，习近平总书记在哈尔滨主持召开新时代推动东北全面振兴座谈会上首次提到“新质生产力”概念，强调新质生产力对科技水平提升、高质量发展和实现中国式现代化目标具有重要意义。[①]新质生产力发展在海洋治理领域可以通过推进海洋科技创新、培育海洋创新人才、发展海洋新兴产业、创新海洋管理模式，提高海洋发展中全要素生产率，塑造发展新动能新优势，通过新质生产力促进海洋治理能力实现新的跃升。

（一）推进海洋科技创新，提升海洋治理技术水平

推进科技创新，培育形成海洋领域新质生产力，实现海洋环境治理的总体效能提升。确保海洋领域的新质生产力增长是一项综合性、全面性的任务，涵盖从海洋科研创新机构到各级参与主体，以及包括基础设施和支持性产业链在内的广泛领域，形成紧密协作、融通发展的产业创新生态。基于海洋生态环境治理的发展要求，立足海洋新质生产力的理念内涵，通过海洋科技发展和新兴技术应用来塑造海洋环境治理的新动力。

海洋治理技术依赖于具有高度创新性和知识密集特性的科学技术发展，推进海洋科学技术创新，发展以科技创新为驱动力的新质生产力，是提升海洋治理技术水平的必然要求。因此，要坚持以“科技兴海”为导向，瞄准海洋科技创新发展方向，加快攻破海洋科学技术水平提升存在的障碍，深化海洋科技研发体制改革，提升科研创新投入的产出效率。

第一，优化海洋科技研发模式，促进科技创新与海洋治理的深度融合。海洋高科技领域代表性企业以及国家海洋实验室，需对海洋治理技术需求和

① 杨叶平:《加快形成新质生产力 积极构建未来竞争优势》,《光明日报》，2023年12月13日第6版。

已有科技基础进行摸底，厘清当前我国海洋治理存在的潜在风险和堵点，如在卫星遥感、海洋观测、污染治理和生态修复等方面开展具有前瞻性、引领性、颠覆性的技术规划和部署。

第二，突破海洋科技重点领域的瓶颈制约。加强国家实验室、顶尖研究机构和海洋科技研究型大学等科研平台的建设投入，通过原创性、引领性科技攻关来推动产出突破性成果，解决在全球深海勘探开发、海洋精准预测和治理等领域的技术发展障碍，加大科研资源投入，优化创新链，提高从研发、转化到应用的工作效率，加快形成具有新原理、新机理的新质生产力。一方面，聚焦海洋人工智能、深海研究与技术开发、海洋卫星观测和监测等海洋未来产业的前沿领域，强化海洋技术原始创新，提升海洋未来产业科技供给能力；另一方面，通过数字化转型、数字化赋能等手段，推动传统海洋产业加快转型升级，成为具备数字化、智能化、绿色化特征的“高精尖”劳动资料。在海洋生态环境治理领域，开发海洋探测监测技术、海洋通信技术和海洋新型基础设计技术，通过对海洋生态环境的全面监测，收集海洋生态环境的多维度数据，依托数字化、智能化技术精确把握海洋环境问题。

第三，提高海洋科技成果转化效率。以海洋环境治理实际需求为导向，加快科技成果向信息化、绿色化生产力转化，实现新质劳动工具在海洋资源开发和海洋生态环境保护中的快速应用。促进海洋科技转化与应用，转变以往技术研发相对独立，研发成果无法相互配合的状况，探索多种科技成果转化方式，实现海洋创新技术成果落地转化，如企业和高校等科研机构间普遍采用以成果共享为条件的委托或合作方式，将成果应用到实践领域。

（二）培育海洋创新人才，提升海洋治理主体能力

在海洋新质生产力赋能海洋环境治理发展的当下，为确保海洋生态环境治理及海洋强国建设的有效实现，促进海洋科技人才队伍建设具有重要的战略意义。以数字化、智能化、绿色化为特征的“高精尖”劳动资料离不开与之相匹配的“高素质”海洋科技创新人才，需要大力培养具有原创精神、具备交叉学科素养、掌握前沿科技的海洋科技创新人才，为海洋新质生产力赋能海

洋环境治理进程注入人才动能。

人才培育对于发展形成新质生产力发挥着基础性作用，是将科技发展、创新涌现和人才资源结合的重要路径。人才是提升海洋治理能力的关键，只有提升人认识、探索和开发海洋的技能和思维，才能激发社会参与海洋治理的潜能。政府作为参与海洋活动和管理的重要主体，在海洋人才培育过程中起到引领作用。第一，加快形成知识和智力密集优势。政府应发挥自身职能，制定实施积极有效的人才政策。以“产学研”高度融合为目标，探索“高等院校 - 科研院所 - 地方企业 - 应用场景”新型海洋人才培养方式，建设海洋创新技术示范基地，开展专业海洋人才培养和实训，构建“科教产用”融合的海洋科技人才培养体系。第二，围绕海洋产业与海洋环境治理的具体需求，重点支持海洋生态发展、区域治理等相关方向的学科建设，提高学科专业设置的科学性、实用性和前瞻性，培养一批适应于海洋领域新质生产力需求的复合型人才。第三，落实好育才、招才引智的创新人才政策。依托重大海洋技术攻关项目、海洋科技重大平台，在全国沿海地区合理布局人才教育和学科平台，吸引集聚全球海洋领域高端人才，最大限度调动科研人员的积极性，提高创新能力和实践能力，提升科技产出效率。第四，引进海洋重点产业优秀人才，健全人才配套政策。通过顾问指导、项目合作、兼职引进等柔性方式引进海洋高端人才参与海洋新质生产力与海洋生态环境治理的发展；建立更开放的全球海洋人才引进和管理制度，加大一流顶尖人才和高水平创新团队的引进力度，促进人才引进。

（三）发展海洋新兴产业，构筑海洋治理动力引擎

海洋治理能力提升需要通过产业融合和支撑，并服务于产业发展。海洋产业作为开发、利用和保护海洋等一系列经济活动的集合，对海洋经济持续稳定增长起到支撑作用。新质生产力发展是为满足产业转型迫切需要而催生出的先进生产力，对新兴产业和未来产业的形成起到引领作用。

首先，调整和优化海洋产业结构，加快构建现代海洋新兴产业。聚焦现代海洋经济核心层，做大做强海洋船舶、海洋新能源、海洋工程装备等现代

海洋产业，提档升级海洋渔业、国际海洋交通运输等传统海洋产业，培育壮大海洋生物医药、现代海洋服务等新兴产业，形成产业结构合理、创新能力突出的现代海洋产业集群。[①]其次，利用海洋资源区域优势，推动企业成为海洋科技水平创新主体。发挥沿海区域位置优势，鼓励企业探索新产业和融合发展新业态，如海洋风电养殖融合，加大建设海上风电场，提升深海养殖装备水平，建设现代化海洋牧场。针对深海养殖和海洋灾害防御，引导支持企业开展海洋监测、海洋预警减灾等领域的海洋装备的研发。再次，优化营商环境，吸引资金持续投入。吸引优秀海洋企业入驻，打造海洋优势产业聚集区，规划建设新兴海洋产业集群，持续壮大海洋经济的规模。通过改革创新形成全要素服务链，优化新兴海洋产业发展的服务支撑，构筑海洋治理的动力引擎。

（四）创新海洋管理模式，提升海洋治理效率活力

在培育海洋领域新质生产力的背景下，创新海洋管理模式需要注重社会、经济、生态三者效益的协调，要坚持“改革活海”，改革创新传统海洋管理模式。2022 年 6 月举行的联合国海洋大会，就曾呼吁协议国积极应对海水污染、酸化、非法捕捞和生物多样性丧失等海洋问题所带来的一系列挑战，更加注重保护人类赖以生存的海洋资源。创新海洋管理模式就需要加强制度创新，打通科技和经济社会发展之间的通道，完善相关法律法规，优化政策环境，聚焦海洋治理中的重难点问题，在体制机制上深入探索、创新突破。

首先，落实海洋产业企业环保责任，强化环保制度保障。将海洋环境保护指标纳入企业生态环保责任书，严格考评约束企业行为。涉海相关部门建立风险清单，使企业明确自身行为规范，划出履责警示线。颁布实施海域环境保护条例等地方性法规及一系列制度规范，为规范产业绿色发展、保护海洋环境夯实制度基础。其次，打通海洋数据信息壁垒，实现涉海资源整合。全方位共享涉海数据，将智慧海洋系统、海事航保数据平台等多个信息系统

① 国家市场监督管理总局，国家标准化管理委员会：《海洋及相关产业分类》（GB/T 20794—2021），中国标准出版社，2021 年版。

接入新建数据共享平台，实现数据同屏展示。再次，加强海上综合执法力度，提升海洋治理效力。将开展海上监督巡查、联合执法作为加强海上综合力量建设的重要举措。制定完善应急救援、防台防风、溢油处置、污染物清理等应急体系，快速响应，保障海上安全。

参考文献

安敏，王琲，何伟军，等，2023. 可持续发展视角下水环境规制研究进展及其关键问题［J］. 环境工程技术学报，13（02）：839–848.

曹树青，2013. 区域环境治理理念下的环境法制度变迁［J］. 安徽大学学报（哲学社会科学版），37（06）：119–125.

曹艳春，马钱丽，2020. 英国海洋环境保护法律制度及其启示——以《海洋与海岸带准入法》为例［J］. 浙江海洋大学学报（人文科学版），37（06）：48–51.

長谷，知治，2013. A Comparison of Compensation for Transboundary Marine Pollution Damage Caused by Nuclear Power Plants and Compensation for Pollution Damage Caused by Oil Spills from Offshore Oil Operations and Oil Tankers［J］. 日本海洋政策学会誌，3：36–51.

陈丽君，童雪明，2021. 科层制、整体性治理与地方政府治理模式变革［J］. 政治学研究，（01）：90–103+157–158.

陈莉莉，詹益鑫，曾梓杰，等，2020. 跨区域协同治理：长三角区域一体化视角下“湾长制”的创新［J］. 海洋开发与管理，37（04）：12–16.

陈莉莉，王怀汉，2017. 美国超级基金制度对我国海洋环境污染治理的启示［J］. 中国海洋大学学报（社会科学版），（01）：30–35.

陈曙光，2017. 超国家政治共同体：何谓与何为［J］. 政治学研究，（05）：68–78+126–127.

陈振明，2003. 公共管理学——一种不同于传统行政学的研究途径［M］. 北京：中国人民大学出版社：86.

程遥，李渊文，赵民，2019. 陆海统筹视角下的海洋空间规划：欧盟的经验与启示［J］. 城市规划学刊，(05)：59–67.

褚添有，马寅辉，2012. 区域政府协调合作机制：一个概念性框架［J］. 中州学刊，(05)：17–20.

崔野，2019. 海洋环境跨域治理中的府际协调研究——以浒苔问题为例［J］. 华北电力大学学报（社会科学版），(05)：9–17.

崔野，王琪，2018. 关于中国参与全球海洋治理若干问题的思考［J］. 中国海洋大学学报（社会科学版），(01)：12–17.

戴瑛，2014. 论跨区域海洋环境治理的协作与合作［J］. 经济研究导刊，(07)：109–110.

丁娟，朱贤姬，王泉斌，等，2015. 中韩海洋资源开发利用政策比较及启示研究［J］. 海洋开发与管理，32（06)：26–29.

丁黎黎，朱琳，何广顺，2015. 中国海洋经济绿色全要素生产率测度及影响因素［J］. 中国科技论坛，(02)：72–78.

董文婉，王彦昌，吴军涛，2020. 墨西哥湾溢油事件生态影响分析［J］. 油气田环境保护，30（06)：47–50+69.

钭晓东，2011. 区域海洋环境的法律治理问题研究［J］. 太平洋学报，19（01)：43–53.

杜辉，2013. 论制度逻辑框架下环境治理模式之转换［J］. 法商研究，30（01)：69–76.

段克，余静，2021. "海洋命运共同体"理念助推中国参与全球海洋治理［J］. 中国海洋大学学报（社会科学版），(06)：15–23.

范恒山，2019. 积极推动构建海洋命运共同体［N］. 人民日报，2019–12–24（09）

范金林，郑志华，2017. 重塑我国海洋法律体系的理论反思［J］. 上海行政学院学报，18（03)：105–111.

范永茂，殷玉敏，2016. 跨界环境问题的合作治理模式选择——理论讨论和三个案例［J］. 公共管理学报，13（02)：63–75+155–156.

冯静茹，2019. 美国环境法下的海洋环境公民诉讼问题研究［J］. 浙江海洋大学学报（人文科学版），36（06)：49–53.

傅梦孜，王力，2022. 海洋命运共同体：理念、实践与未来［J］. 当代中国与世界，(02)：37–47+126–127.

高峰，2010. 墨西哥湾石油污染，谁是最大受害者［J］. 中国石化，(09)：30–32.

高锋，2007. 我国东海区域的公共问题治理研究［D］. 上海：同济大学.

高鸿业，2011. 西方经济学（微观部分）［M］. 北京：中国人民大学出版社.

高明，郭施宏，2015. 环境治理模式研究综述［J］. 北京工业大学学报（社会科学版），15（06）：50–56.

高苇，成金华，张均，2018. 异质性环境规制对矿业绿色发展的影响［J］. 中国人口 · 资源与环境，28（11）：150–161.

戈华清，蓝楠，2014. 我国海洋陆源污染的产生原因与防治模式［J］. 中国软科学，（02）：22–31.

戈华清，宋晓丹，史军，2016. 东亚海陆源污染防治区域合作机制探讨及启示［J］. 中国软科学，（08）：62–74.

耿建扩，陈元秋，周迎久，2021. 河北省渤海综合治理攻坚战成效显著［N］. 光明日报，2021–08–12（008）.

龚虹波，2018. 海洋环境治理研究综述［J］. 浙江社会科学，（01）：102–111.

贡杨，董亮，2015. 东北亚环境治理：区域间比较与机制分析［J］. 当代韩国，（01）：30–41.

古祖雪，2018. 国际法：作为法律的存在和发展［M］. 厦门：厦门大学出版社.

顾爱华，吴子靖，2018. 现代治理视域下的国家责任探讨［J］. 上海行政学院学报，19（01）：24–31.

顾湘，2014. 海洋环境污染治理府际协调研究：困境、逻辑、出路［J］. 上海行政学院学报，15（02）：105–111.

顾湘，李志强，2021. 海洋命运共同体视域下东亚海域污染合作治理策略优化研究［J］. 东北亚论坛，30（02）：60–73+127–128.

顾湘，李志强，2021. 中国海洋环境污染跨域治理利益协调的困境及路径［J］. 国土资源情报，（02）：39–46.

关涛，2004. 海域使用权问题研究［J］. 河南省政法管理干部学院学报，（03）：31–34.

管英杰，刘俊国，崔文惠，等，2022. 基于文献计量的中国生态修复研究进展［J］. 生态学报，42（12）：5125–5135.

桂静，范晓婷，公衍芬，等，2013. 国际现有公海保护区及其管理机制概览［J］. 环境与可持续发展，38（05）：41–45.

郭雨晨，练梓菁，2022. 波罗的海治理实践对跨界海洋空间规划的启示［J］. 中国海洋大学学报（社会科学版），（03）：58–67.

国家海洋局海洋发展战略研究所课题组，2018. 中国海洋发展报告（2018）［M］. 北京：海

洋出版社 .

国家市场监督管理总局，国家标准化管理委员会，2021. 海洋及相关产业分类：GB/T 20794—2021［S］. 北京：中国标准出版社。

何志鹏，王艺曌，2021. BBNJ 国际立法的困境与中国定位［J］. 哈尔滨工业大学学报（社会科学版），23（01）：10–16.

和平合作 开放包容 互学互鉴 互利共赢——推进“一带一路”建设工作领导小组办公室负责人就“一带一路”建设有关问题答记者问［N］. 人民日报，2015–3–30.

侯昂好，2017.“海洋强国”与“海洋立国”：21 世纪中日海权思想比较［J］. 亚太安全与海洋研究，（03）：42–52+125–126.

黄海燕，杨璐，许艳，等，2018. 加拿大海洋环境监测状况及对我国的启示［J］. 海洋开发与管理，35（03）：76–80.

黄硕琳，邵化斌，2018. 全球海洋渔业治理的发展趋势与特点［J］. 太平洋学报，26（04）：65–78.

黄秀蓉，2015. 海洋生态补偿的制度建构及机制设计研究［D］. 西安：西北大学 .

黄秀蓉，2016. 美、日海洋生态补偿的典型实证及经验分析［J］. 宏观经济研究，（08）：149–159.

黄瑶，徐琬晴，2023. 全球海洋法治视角下“海洋命运共同体”理念的落实［J］. 太平洋学报，31（10）：82–96.

加藤一郎，1995. 民法的解释与利益衡量［M］. 梁慧星，译 // 梁慧星 . 民商法论丛：第 2 卷 . 北京：法律出版社 .

江珂，卢现祥，2011. 环境规制变量的度量方法研究［J］. 统计与决策，（22）：19–22.

姜雅，2010. 日本的海洋管理体制及其发展趋势［J］. 国土资源情报，（02）：7–10.

蒋成竹，张涛，吴林强，等，2023. 欧盟海洋探测和观测体系构建现状与发展趋势［J］. 自然资源情报，（06）：29–34.

蒋俊杰，2015. 跨界治理视角下社会冲突的形成机理与对策研究［J］. 政治学研究，（03）：80–90.

开夏，1996. 美国历史上最严重的漏油事件［J］. 航海科技动态，（05）：7–12.

孔祥生，朱金善，薛满福，2018.“桑吉”轮与“长峰水晶”轮碰撞事故原因与责任分析［J］. 世界海运，41（06）：1–8.

邝杨，1998. 欧盟的环境合作政策［J］. 欧洲，（04）：74–84.

雷海，2011. 回顾：墨西哥湾溢油的教训和启示［J］. 中国海事，(09)：11–12.

李春雨，刁榴，2009. 日本的环境治理及其借鉴与启示［J］. 学习与实践，(08)：164–168.

李道季，朱礼鑫，常思远，2020. 中国—东盟合作防治海洋塑料垃圾污染的策略建议［J］. 环境保护，48(23)：62–67.

李光辉，2021. 英国特色海洋法制与实践及其对中国的启示［J］. 武大国际法评论，5(03)：40–61.

李洁，2021. BBNJ全球治理下区域性海洋机制的功用与动向［J］. 中国海商法研究，32(04)：80–87.

李静，周青，孙培艳，等，2015. 欧洲北海溢油应急合作机制初探［J］. 海洋开发与管理，32(06)：81–84+113.

李林杰，2016. 南海问题化解与生态命运共同体建设［J］. 求索，(10)：22–27.

李倩，2020. 跨界环境治理目标责任制的运行逻辑与治理绩效——以京津冀大气治理为例［J］. 北京行政学院学报，(04)：17–27.

李强华，王祎，2022. 沪苏浙地区海洋环境治理中的府际合作研究——基于政策文本的量化分析［J］. 海洋湖沼通报，44(04)：166–175.

李荣娟，2014. 当代中国跨省区域联合与公共治理研究［M］. 北京：中国社会科学出版社.

李双建，陈韶阳，2015. 深海资源：新一轮国际争夺的目标［J］. 领导之友，(02)：55–56.

李彦平，刘大海，罗添，2021. 国土空间规划中陆海统筹的内在逻辑和深化方向——基于复合系统论视角［J］. 地理研究，40(07)：1902–1916.

李挚萍，2021. 陆海统筹视域下我国生态环境保护法律体系重构［J］. 中州学刊，(06)：46–53.

李智超，于翔，2021. 中国跨界环境保护政策变迁研究——基于相关政策文本（1982–2020）的计量分析［J］. 上海行政学院学报，22(06)：15–26.

梁上上，2002. 利益的层次结构与利益衡量的展开——兼评加藤一郎的利益衡量论［J］. 法学研究，(01)：52–65.

林宗浩，2011. 韩国的海洋环境影响评价制度及启示［J］. 河北法学，29(02)：173–179.

刘大海，丁德文，邢文秀，等，2014. 关于国家海洋治理体系建设的探讨［J］. 海洋开发与管理，31(12)：1–4.

刘峰，刘予，宋成兵，等，2021. 中国深海大洋事业跨越发展的三十年［J］. 中国有色金属学报，31(10)：2613–2623.

刘海江，2018. 中国参与国家管辖外生物多样性国际谈判的机遇、挑战与应对［J］. 山东社会科学，(02)：148–153.

刘惠荣，齐雪薇，2021. 全球海洋环境治理国际条约演变下构建海洋命运共同体的法治路径启示［J］. 环境保护，49（15）：72–78.

刘金立，陈新军，2021. 海洋生物多样性研究进展及其热点分析［J］. 渔业科学进展，42（01）：201–213.

刘堃，刘容子，2015. 欧盟“蓝色经济”创新计划及对我国的启示［J］. 海洋开发与管理，32（01）：64–68.

刘梦奇，2017. 跨界网络及其治理分析［J］. 传媒经济与管理研究，(00)：171–183.

刘明全，2020. 论日本海洋环境污染治理的法律对策［J］. 浙江海洋大学学报（人文科学版），37（06）：36–41.

刘明周，蓝翊嘉，2018. 现实建构主义视角下的海洋保护区建设［J］. 太平洋学报，26（07）：79–87.

刘鸣，吴雪明，2017. 国际体系转型与利益共同体构建：理论、路径与政策［M］. 北京：社会科学文献出版社.

刘乃忠，高莹莹，2018. 国家管辖范围外海洋生物多样性养护与可持续利用国际协定重点问题评析与中国应对策略［J］. 海洋开发与管理，35（07）：10–15.

刘霜，张继民，刘娜娜，等，2012. 芬兰湾海洋环境保护与管理及其对我国的启示［J］. 海洋开发与管理，29（03）：79–86.

刘同舫，2022. 构建人类命运共同体：人类共同利益的生成逻辑与实践指向［J］. 南京社会科学，(10)：1–8.

刘巍，2021. 海洋命运共同体：新时代全球海洋治理的中国方案［J］. 亚太安全与海洋研究，(04)：32–45+2–3.

刘哲，2020. 加勒比海行动计划及《卡塔赫纳公约》简介［J］. 世界环境，(04)：41–44.

刘智勇，贾先文，潘梦启，2022. 省际跨域生态环境协同治理实践及路径研究［J］. 东岳论丛，43（11）：184–190.

娄成武，于东山，2011. 西方国家跨界治理的内在动力、典型模式与实现路径［J］. 行政论坛，18（01）：88–91.

吕彩霞，2000. 海域使用制度与海洋综合管理［J］. 海洋开发与管理，(01)：14–18.

吕建华，高娜，2012. 整体性治理对我国海洋环境管理体制改革的启示［J］. 中国行政管理，(05)：19–22.

吕建中，田洪亮，李万平，2011. 墨西哥湾海上泄漏事故历史分析及启示［J］. 国际石油经济，19 (08)：27–32.

马彩华，游奎，高金田，2008. 濑户内海环境治理对中国的启迪［J］. 中国海洋大学学报（社会科学版），(04)：12–14.

马呈元，2012. 国际法（第三版）［M］. 北京：中国人民大学出版社.

马进，2015. 特别敏感海域制度研究——兼论全球海洋环境治理问题［J］. 清华法治论衡，(01)：368–381.

马俊宇，陶金，2023. 现代日本海洋战略发展过程考析［J］. 水上安全，(05)：4–6.

马明辉，兰冬东，2017. 渤海海洋生态环境状况及对策建议［N］. 中国海洋报，2017–8–16.

M · 阿库斯特，1981. 现代国际法概论［M］. 汪暄，译. 北京：中国社会科学出版社.

墨西哥湾漏油已过一年：多种动物死亡远超往年［J］. 科技传播，2011，(09)：26–28.

南金阳，2014. 南海环境合作项目效力的法理分析及其启示［D］. 西安：陕西师范大学.

欧立名，1994. 埃克森漏油事件后果严重［J］. 福建环境，(03)：22.

欧阳帆，2014. 中国环境跨域治理研究［M］. 北京：首都师范大学出版社.

潘静云，章柳立，李挚萍，等，2022. 陆海统筹背景下我国海洋生态修复制度构建对策研究［J］. 海洋湖沼通报，44 (01)：152–159.

庞中英，2018. 在全球层次治理海洋问题——关于全球海洋治理的理论与实践［J］. 社会科学，(09)：3–11.

秦天宝，2008. 国际环境法的特点初探［J］. 中国地质大学学报（社会科学版），(03)：16–19.

曲艳敏，杨翼，陶以军，等，2018. 基于脱钩理论的环渤海地区经济与海洋环境关系研究［J］. 生态经济，34 (06)：174–179+204.

全永波，2009. 公共政策的利益层次考量——以利益衡量为视角［J］. 中国行政管理，(10)：67–69.

全永波，2016. 海洋法［M］. 北京：海洋出版社.

全永波，2017. 海洋环境跨区域治理的逻辑基础与制度供给［J］. 中国行政管理，(01)：19–23.

全永波，2019. 海洋环境跨区域治理研究［M］. 北京：中国社会科学出版社.

全永波，2019. 全球海洋生态环境多层级治理：现实困境与未来走向［J］. 政法论丛，

（03）：148–160.
全永波，2020. 海洋环境跨区域治理研究（修订版）[M]. 北京：中国社会科学出版社.
全永波，2020. 全球海洋生态环境治理的区域化演进与对策[J]. 太平洋学报，28（05）：81–91.
全永波，2022. 海洋环境跨界治理的国家责任[J]. 中国高校社会科学，（04）：133–141+160.
全永波，2022. 海洋环境跨区域治理的司法协同与救济[J]. 中国社会科学院大学学报，42（04）：102–116+139–140.
全永波，顾军正，2018. “滩长制”与海洋环境“小微单元”治理探究[J]. 中国行政管理，（11）：148–150.
全永波，史宸昊，于霄，2020. 海洋生态环境跨界治理合作机制：对东亚海的启示[J]. 浙江海洋大学学报（人文科学版），37（06）：24–29.
全永波，叶芳，2019. “区域海”机制和中国参与全球海洋环境治理[J]. 中国高校社会科学，（05）：78–84+158.
冉丹，郭红欣，李无梦，2020. 国家核损害补偿责任浅议[J]. 中国能源，42（05）：31–35.
茹媛媛，2013. 渤海、长三角及泛珠三角三大区域海洋环境污染合作治理现状与比较分析[G]. 2013 年环北部湾高校研究生海洋论坛论文集：716–722.
申剑敏，2013. 跨域治理视角下的长三角地方政府合作研究[D]. 上海：复旦大学.
沈碧溪，2018. 司法中环境利益与经济利益的利益衡量路径[J]. 中国环境管理干部学院学报，28（06）：12–15+42.
沈满洪，2018. 海洋环境保护的公共治理创新[J]. 中国地质大学学报（社会科学版），18（02）：84–91.
沈满洪，毛狄，2020. 习近平海洋生态文明建设重要论述及实践研究[J]. 社会科学辑刊，（02）：109–115+2.
施余兵，2022. 国家管辖外区域海洋生物多样性谈判的挑战与中国方案——以海洋命运共同体为研究视角[J]. 亚太安全与海洋研究，（01）：35–50+3.
石春雷，2017. 海洋环境公益诉讼三题——基于《海洋环境保护法》第 90 条第 2 款的解释论展开[J]. 南海学刊，3（02）：18–24.
石羚，2015. 建设海洋强国，用好高质量发展战略要地[N]. 人民日报，2022–09–30（005）.
石龙宇，李杜，陈蕾，等，2012. 跨界自然保护区——实现生物多样性保护的新手段[J].

生态学报，32（21）：6892–6900.

史宸昊，全永波，2020. 海洋生态环境“微治理”机制：功能、模式与路径［J］. 海洋开发与管理，37（09）：69–75.

宋利明，陈明锐，2020.“丢弃渔具”研究进展［J］. 水产学报，44（10）：1762–1772.

宋马林，王舒鸿，2013. 环境规制、技术进步与经济增长［J］. 经济研究，48（03）：122–134.

宋南奇，王权明，黄杰，等，2019. 东北亚主要沿海国家海洋环境管理比较研究［J］. 中国环境管理，11（06）：16–22.

孙才志，王甲君，2019. 中国海洋经济政策对海洋经济发展的影响机理——基于 PLS-SEM 模型的实证分析［J］. 资源开发与市场，35（10）：1236–1243.

孙超，马明飞，2020. 海洋命运共同体思想的内涵和实践路径［J］. 河北法学，38（01）：183–191.

孙凯，2019. 海洋命运共同体理念内涵及其实现途径［N］. 中国社会科学报，2019–6–13.

孙康，付敏，刘峻峰，2018. 环境规制视角下中国海洋产业转型研究［J］. 资源开发与市场，34（09）：1290–1295.

孙悦民，2015. 海洋治理概念内涵的演化研究［J］. 广东海洋大学学报，35（02）：1–5.

汤国维，1989. 美国超级油轮“瓦尔迪兹”号漏油事件［J］. 国际展望，（08）：8–9+18.

唐兵，2013. 公共资源网络治理中的整合机制研究［J］. 中共福建省委党校学报，（08）：13–17.

唐任伍，李澄，2014. 元治理视阈下中国环境治理的策略选择［J］. 中国人口 · 资源与环境，24（02）：18–22.

唐议，王仪，2023. 评 BBNJ 协定下建立划区管理工具的国际合作与协调［J］. 武大国际法评论，7（05）：1–20.

陶希东，2011. 跨界治理：中国社会公共治理的战略选择［J］. 学术月刊，43（08）：22–29.

万骁乐，邱鲁连，袁斌，等，2021. 中国海洋生态补偿政策体系的变迁逻辑与改进路径［J］. 中国人口 · 资源与环境，31（12）：163–176.

汪洋，2014. 波罗的海环境问题治理及其对南海环境治理的启示［J］. 牡丹江大学学报，23（08）：140–142.

王芳，2020. 我国海洋人才队伍发展现状和建议［EB/OL］.（2020–05–07）［2024–05–06］. https：//www.mnr.gov.cn/dt/hy/202005/t20200507_2511293.html.

王刚，宋锴业，2017. 中国海洋环境管理体制：变迁、困境及其改革［J］. 中国海洋大学学报（社会科学版），(02)：22–31.

王宏，2022. 努力推动海洋强国建设取得新进展［N］. 学习时报，2022–06–03（001）.

王江涛，李双建，2012. 韩国海洋机构与战略变化及对我国影响浅析［J］. 海洋信息，(01)：61–64.

王琪，何广顺，2004. 海洋生态环境治理的政策选择［J］. 海洋通报，23（3）：73–80.

王琪，2007. 海洋管理：从理念到制度［M］. 北京：海洋出版社 .

王琦，桂静，公衍芬，等，2013. 法国公海保护的管理和实践及其对我国的借鉴意义［J］. 环境科学导刊，32（02）：7–13.

王强，2019. 大型无人潜航器的发展与军事用途［J］. 数字海洋与水下攻防，2（04）：33–39.

王茹俊，王丹，2022. 海洋命运共同体理念：生成逻辑、思想意涵与理论品格［J］. 大连海事大学学报（社会科学版），21（01）：11–19.

王诗宗，2008. 治理理论的内在矛盾及其出路［J］. 哲学研究，(02)：83–89.

王书斌，徐盈之，2015. 环境规制与雾霾脱钩效应——基于企业投资偏好的视角［J］. 中国工业经济，(04)：18—30.

王伟，田瑜，常明，等，2014. 跨界保护区网络构建研究进展［J］. 生态学报，34（06）：1391–1400.

王曦，2005. 国际海洋法［M］. 北京：法律出版社 .

王献溥，郭柯，2004. 跨界保护区与和平公园的基本含义及其应用［J］. 广西植物，(03)：220–223.

王晓静，朱鹏飞，王国亮，等，2017. 美国水下战发展新思路［J］. 现代军事，(Z1)：215–218.

王晓莉，许艳，刘倡，等，2022. 大型海洋保护区建设国际实践及启示［J］. 中国国土资源经济，35（06）：4–9.

王欣，2022. 携手“海洋十年”，合作共赢未来——2022 东亚海洋合作平台青岛论坛侧记［J］. 走向世界，(27)：14–17.

王学栋，张定安，2019. 我国区域协同治理的现实困局与实现途径［J］. 中国行政管理，(06)：12–15.

王阳，2019. 全球海洋治理：历史演进、理论基础与中国的应对［J］. 河北法学，37（07）：164–176.

王艺筱，罗贤宇，2022. 城市社区生态环境“微治理”的运行机制与展开路径研究［J］. 陕西行政学院学报，36（03）：79–83.

王印红，刘旭，2017. 我国海洋治理范式转变：特征及动因［J］. 中国海洋大学学报（社会科学版），（06）：11–18.

王勇，孟令浩，2019. 论 BBNJ 协定中公海保护区宜采取全球管理模式［J］. 太平洋学报，27（05）：1–15.

王雨辰，2019. 习近平生态文明思想中的环境正义论与环境民生论及其价值［J］. 探索，（04）：42–49+2.

王云，李延喜，马壮，等，2017. 媒体关注、环境规制与企业环保投资［J］. 南开管理评论，20（06）：83–94.

王泽宇，卢雪凤，韩增林，等，2017. 中国海洋经济增长与资源消耗的脱钩分析及回弹效应研究［J］. 资源科学，39（09）：1658–1669.

王喆，周凌一，2015. 京津冀生态环境协同治理研究——基于体制机制视角探讨［J］. 经济与管理研究，36（07）：68–75.

我国东海区开展海洋环境春季体检［N］. 科技日报，2016–5–6.

吴立新，荆钊，陈显尧，等，2022. 我国海洋科学发展现状与未来展望［J］. 地学前缘，29（05）：1–12.

吴士存，2020. 全球海洋治理的未来及中国的选择［J］. 亚太安全与海洋研究，（05）：1–22+133.

吴士存，2021. 南海：可成海洋命运共同体的“试验田”［N］. 环球时报，2021–9–14.

吴士存，2022. 构建海洋命运共同体是划时代的抉择［N］. 光明日报，2022–7–12.

向友权，胡仙芝，王敏，2014. 论公共政策工具在海洋环境保护中的有限性及其补救［J］. 海洋开发与管理，31（03）：83–86.

向在胜，2012. 论跨国环境侵权救济中的司法管辖权［J］. 华东政法大学学报，（05）：36–44.

肖春艳，胡情情，陈晓舒，等，2023. 基于文献计量的大气氮沉降研究进展［J］. 生态学报，43（03）：1294–1307.

谢慧明，沈满洪，2016. PACE2016 中国环境治理国际研讨会综述［J］. 中国环境管理，8（06）：104–106.

谢伶，王金伟，吕杰华，2019. 国际黑色旅游研究的知识图谱——基于 CiteSpace 的计量分析［J］. 资源科学，41（03）：454–466.
谢学敏，2009. 黑海国家通过一系列保护黑海环境文件［N］. 光明日报，2009–4–19.
徐帮学，袁飞，2011. 生命之水在哪里［M］. 北京：北京燕山出版社.
徐静，张莉娜，2010. 墨西哥湾石油泄漏警示录［J］. 国际公关，（05）：22–24.
薛桂芳，2021. “海洋命运共同体”理念：从共识性话语到制度性安排——以 BBNJ 协定的磋商为契机［J］. 法学杂志，42（09）：53–66.
闫枫，2015. 国外海洋环境保护战略对我国的启示［J］. 海洋开发与管理，32（07）：98–102.
杨建国，盖琳琳，2018. 食品安全监管的“碎片化”及其防治策略——基于整体性治理视角［J］. 地方治理研究，（04）：15–25+77–78.
杨洁，黄硕琳，2012. 日本海洋立法新发展及其对我国的影响［J］. 上海海洋大学学报，21（02）：265–271.
杨叶平，2013. 加快形成新质生产力　积极构建未来竞争优势［N］. 光明日报，2023–12–13（006）.
杨振姣，闫海楠，王斌，2017. 中国海洋生态环境治理现代化的国际经验与启示［J］. 太平洋学报，25（04）：81–93.
杨志云，2022. 流域水环境治理体系整合机制创新及其限度——从“碎片化权威”到“整体性治理”［J］. 北京行政学院学报，（02）：63–72.
姚瑞华，张晓丽，严冬，等，2021. 基于陆海统筹的海洋生态环境管理体系研究［J］. 中国环境管理，13（05）：79–84.
姚瑞华，赵越，张晓丽，严冬，2021. 坚持陆海统筹，加强流域海域系统治理［N］. 中国环境报，2021–1–19.
姚莹，2019. “海洋命运共同体”的国际法意涵：理念创新与制度构建［J］. 当代法学，33（05）：138–147.
叶泉，2020. 论全球海洋治理体系变革的中国角色与实现路径［J］. 国际观察，（05）：74–106.
易行，白彩全，梁龙武，等，2020. 国土生态修复研究的演进脉络与前沿进展［J］. 自然资源学报，35（01）：37–52.
易志斌，2012. 跨界水污染的网络治理模式研究［J］. 生态经济，（12）：165–168+173.
于春艳，朱容娟，隋伟娜，等，2021. 渤海与主要国际海湾水环境污染治理成效比较研究［J］. 海洋环境科学，40（06）：843–850+866.

于霄，全永波，2022. 区域性海洋治理机制：现状、反思与重构［J］. 中国海商法研究，33（02）：82–92.

于宜法，2004. 海岸带资源的综合利用分析［J］. 中国海洋大学学报（社会科学版），（03）：27–29.

袁沙，2020. 全球海洋治理体系演变与中国战略选择［J］. 前线，（11）：21–24.

原毅军，谢荣辉，2014. 环境规制的产业结构调整效应研究——基于中国省际面板数据的实证检验［J］. 中国工业经济，（08）：57–69.

张程程，2021. 向海洋强国进发［N］. 瞭望，2021–7–26（30）.

张景全，2019. “海洋命运共同体” 视域下的海洋政治研究［J］. 人民论坛，（S1）：110–113.

张琳，王国庆，2021. 法典化时代司法利益衡量的方法研究［J］. 法律适用，（04）：166–176.

张胜男，2017. “令人不安” 的核技术——基于日本福岛核事故的生态反思［J］. 环渤海经济瞭望，（08）：192–193.

张仕荣，李鑫，2021. 日本核泄漏引发全球治理再思考［J］. 中国应急管理，（06）：80–83.

张希栋，周冯琦，2021. 国际海洋保护区研究新进展及对中国的启示［J］. 国外社会科学前沿，（07）：88–99.

张相君，2007. 区域海洋污染应急合作制度的利益层次化分析［D］. 厦门：厦门大学.

张晏瑲，2013. 论海洋善治的国际法律义务［J］. 比较法研究，（06）：70–85.

张晏瑲，初亚男，2020. 地中海区域海洋生态环境治理模式及对我国的启示［J］. 浙江海洋大学学报（人文科学版），37（06）：30–35.

张晏瑲，石彩阳，2019. 中国参与全球海洋生态环境治理的路径——以系统论为视角［J］. 南海学刊，5（03）：63–72.

张志锋，贺蓉，吴大千，等，2022. 我国海洋生态文明建设和生态环境保护进展、形势与思考［J］. 环境与可持续发展，47（03）：3–6.

章恒全，陈卓然，张陈俊，2019. 长江经济带工业水环境压力与经济增长脱钩努力研究［J］. 地域研究与开发，38（02）：13–18+30.

赵红梅，李梦莹，2018. 中国环境治理研究述评及前景展望［J］. 管理研究，（01）：77–86.

赵隆，2012. 海洋治理中的制度设计：反向建构的过程［J］. 国际关系学院学报，（03）：36–42.

赵千硕，初建松，朱玉贵，2020. 海洋保护区概念、选划和管理准则及其应用研究［J］. 中国软科学，(S1)：10–15.

赵英民，2019. 加快推进生态环境治理体系和治理能力现代化［J］. 中国人大，(24)：21.

赵玉杰，2019. 环境规制对海洋科技创新引致效应研究［J］. 生态经济，35(10)：143–153.

郑凡，2016. 地中海的环境保护区域合作：发展与经验［J］. 中国地质大学学报（社会科学版），16(01)：81–90.

郑海琦，胡波，2018. 科技变革对全球海洋治理的影响［J］. 太平洋学报，26(04)：37–47.

郑苗壮，刘岩，裘婉飞，2017. 国家管辖范围以外区域海洋生物多样性焦点问题研究［J］. 中国海洋大学学报（社会科学版），(01)：62–69.

郑苗壮，刘岩，裘婉飞，2017. 论我国海洋生态环境治理体系现代化［J］. 环境与可持续发展，42(01)：37–40.

郑志华，2015. 中国崛起与海洋秩序的建构——包容性海洋秩序论纲［J］. 上海行政学院学报，16(03)：96–105.

中国海洋网，2015. 海洋高新技术发展的五个重点前沿领域［EB/OL］.(2015–05–21)［2024–05–05］. http://www.hycfw.com/Article/17604.

中央宣传部（国务院新闻办公室），中央党史和文献研究院，中国外文局，2020. 习近平谈治国理政：第三卷［M］. 北京：外文出版社.

钟太洋，黄贤金，韩立，等，2010. 资源环境领域脱钩分析研究进展［J］. 自然资源学报，25(08)：1400–1412.

周超，2016. 三大优先领域应对海洋挑战：欧委会发布首个全球海洋治理联合声明［N］. 中国海洋报，2016–11–16.

周海荣，1991. 国际侵权行为法［M］. 广州：广东高等教育出版社.

周隽如，姚焱中，蒋含明，等，2022. 海洋生态系统服务价值研究热点及主题演化——基于文献计量研究［J］. 生态学报，42(09)：3878–3887.

朱锋，2021. 从“人类命运共同体”到“海洋命运共同体”——推进全球海洋治理与合作的理念和路径［J］. 亚太安全与海洋研究，(04)：1–19+133.

朱立群，2003. 信任与国家间的合作问题——兼论当前的中美关系［J］. 世界经济与政治，(01)：16–20+77.

竺乾威，2008. 从新公共管理到整体性治理［J］. 中国行政管理，(10)：52–58.

竺效，2021. 把握四个维度，推进生态环境治理现代化［J］. 中国环境监察，(11)：60–62.

自然资源部海洋发展战略研究所课题组，2021. 中国海洋发展报告（2021）［M］. 北京：海

洋出版社 .

自然资源部海洋发展战略研究所课题组，2023. 中国海洋发展报告（2023）[M] . 北京：海洋出版社：9.

宗华，2015. 古美将共同保护和研究海洋生物 [N] . 中国科学报，2015–11–24.

ADAM V，VON WYL A，NOWACK B，2021. Probabilistic environmental risk assessment of microplastics in marine habitats [J] . Aquatic Toxicology，230：105689.

AGRAWAL A，2000. Adaptive management in transboundary protected areas：The Bialowieza National Park and Biosphere Reserve as a case study [J] . Environmental Conservation，27（4）.

AJIBADE F O ，ADELODUN B ，LASISI K H ，et al.，2020. Environmental pollution and their socioeconomic impacts [J] . Microbe Mediated Remediation of Environmental Contaminants.

ALAM J ，2018. Problems and Prospects of Tourism Industry in Bangladesh：A Case of Cox's bazar Tourist Spots [J] . International Journal of Science and Business，2（4）.

AMEROM M V，2002. National sovereignty & transboundary protected areas in Southern Africa [J] . GeoJournal，58（4）.

ANDERAS DUIT，VICTOR GALAZ，2008. Governance and Complexity–Emerging Issues for Governance Theory [J] . Governance，21（3）.

ANDERSEN L B，GREFSRUD E S，SVÅSAND T，et al.，2022. Risk understanding and risk acknowledgement：a new approach to environmental risk assessment in marine aquaculture [J] . ICES Journal of Marine Science，79（4）：987–996.

ARNDT S，JØRGENSEN B B，LAROWE D E，et al.，2013. Quantifying the degradation of organic matter in marine sediments：a review and synthesis [J] . Earth-Science Reviews，123：53–86.

ASHEIM G B ，FROYN C B ，HOVI J ，et al.，2006. Regional versus global cooperation for climate control [J] . Journal of Environmental Economics & Management，51（1）：93–109.

ASTLES K L，2015. Linking risk factors to risk treatment in ecological risk assessment of marine biodiversity [J] . ICES Journal of Marine Science，72（3）：1116–1132.

AVIO C G，GORBI S，REGOLI F，2017. Plastics and microplastics in the oceans：from emerging pollutants to emerged threat [J] . Marine Environmental Research，128：2–11.

BALSIGER J ，PRYS M，2016. Regional agreements in international environmental politics [J] . International Environmental Agreements Politics Law & Economics，16（2）：239–260.

BANZHAF S，MA L，TIMMINS C，2019. Environmental Justice：The Economics of Race, Place，and Pollution [J] . The Journal of Economic Perspectives，33（1）.

BAYRAKTAROV E，SAUNDERS M I，ABDULLAH S，et al.，2016. The cost and feasibility of marine coastal restoration [J] . Ecological Applications，26（4）：1055–1074.

BERNSTEIN S，2002. International Institutions and the Framing of Domestic Policies.The Kyoto Protocol and Canada's Response to Climate Change [J] . Policy Sciences，35（2）.

BIRNIE P，BOYLE A，1992. International Law and the Environment [M] . NewYork：Oxford University Press.

BLOCK B A，JONSEN I D，JORGENSEN S J，et al.，2011. Tracking apex marine predator movements in a dynamic ocean [J] . Nature，475（7354）：86–90.

BORJA A，FRANCO J，PÉREZ V，2000. A Marine Biotic Index to Establish the Ecological Quality of Soft-Bottom Benthos Within European Estuarine and Coastal Environments [J]. Marine Pollution Bulletin，40（12）：1100–1114.

BRUNNÉE J，2003. The Stockholm Declaration and the Structure and Processes of International Environmental Law [J] // Myron H Nordquist，et al. The Stockholm Declaration and Law of the Marine Environment. Martinus Nijhoff Publishers.

BULLERI F，CHAPMAN M G，2010. The introduction of coastal infrastructure as a driver of change in marine environments [J] . Journal of Applied Ecology，47（1）：26–35.

CAMPBELL L M，GRAY N J，2018. Area expansion versus effective and equitable management in international marine protected areas goals and targets [J] . Marine Policy, 100（2）.

CARPENTER A ，2019. Oil Pollution in the North Sea：The impact of governance measures on oil pollution over several decades [J] . Hydrobiologia，845：109–127.

CASTRO-PARDO M D，PÉREZ-RODRÍGUEZ F，MARTÍN-MARTÍN J，et al.，2019. Modelling stakeholders' preferences to pinpoint conflicts in the planning of transboundary protected areas [J] . Land Use Policy，89.

CHAHOURI A，ELOUAHMANI N，OUCHENE H，2022. Recent progress in marine noise pollution: a thorough review [J] . Chemosphere, 291: 132983.

CHAKOUR C , CHAKER A , 2014. Contribution of Marine Protected Areas in Fisheries Governance in South Mediterranean [J] . Issues in Social and Environmental Accounting, 8 (3) .

CHEN J D, WANG Y, SONG M L, et al., 2017. Analyzing the decoupling relationship between marine economic growth and marine pollution in China [J] . Ocean Engineering, 137 (7): 1–12.

CHIRCOP A, 2005. Particularly sensitive sea areas and international navigation rights: trends, controversies and emerging issues [M] //Davies I. Issues in International Commercial Law. Aldershot: Ashgate Publishing, 2005: 217–243.

CHIRCOP A , FRANCIS J , ELST R V D , et al., 2010. Governance of Marine Protected Areas in East Africa: A Comparative Study of Mozambique, South Africa, and Tanzania [J] . Ocean Development & International Law, 41 (1): 1–33.

CHUNG S Y , 2010. Strengthening regional governance to protect the marine environment in Northeast Asia: From a fragmented to an integrated approach [J] . Marine Policy, 34 (3) .

CICIN-SAIN B, BELRIORE S, 2005. Linking marine protected areas to integrated coastal and ocean management: A review of theory and practice [J] . Ocean & Coastal Management, 48 (11): 847–868.

COPPOCK R L, COLE M, LINDEQUE P K, et al., 2017. A small-scale, portable method for extracting microplastics from marine sediments [J] . Environmental Pollution, 230: 829–837.

COSTELLO C , MOLINA R, 2021. Transboundary Marine Protected Areas [J] . Resource and Energy Economics, 65 (2) .

COWEN R K, SPONAUGLE S, 2009. Larval dispersal and marine population connectivity [J] . Annual Review of Marine Science, 1 (1): 443–466.

CROWDER L, NORSE E, 2008. Essential ecological insights for marine ecosystem-based management and marine spatial planning [J] . Marine Policy, 32 (5): 772–778.

DAVID VANDER ZWAAG, ANN POWERS, 2008. The Protection of the Marine Environment from Land-Based Pollution and Activities: Gauging the Tides of Global and Regional Governance [J] . The International Journal of Marine and Coastal Law, 23 (3) .

DE ARAUJO L G，DE CASTRO F ，FREITAS R D ，et al.，2017. Struggles for inclusive development in small-scale fisheries in Paraty，Southeastern Coast of Brazil［J］. Ocean & Coastal Management，150（12）：24–34.

DE GRUNT L S，NG K ，CALADO H ，2018. Towards sustainable implementation of maritime spatial planning in Europe：A peek into the potential of the Regional Sea Conventions playing a stronger role［J］. Marine Policy，95（Sep.）：102–110.

DEMIREL N ，ULMAN A ，YLDZ T ，et al.，2021. A moving target：Achieving good environmental status and social justice in the case of an alien species，Rapa whelk in the Black Sea［J］. Marine Policy，132（2）.

DI J H，RECK B K ，MIATTO A ，et al.，2021. United States plastics：Large flows，short lifetimes，and negligible recycling［J］. Resources Conservation and Recycling，167（10）.

DI LORENZO M，GUIDETTI P，DI FRANCO A，et al.，2020. Assessing spillover from marine protected areas and its drivers：a meta-analytical approach［J］. Fish and Fisheries，21（5）：906–915.

DONEY S C，BUSCH D S，COOLEY S R，et al.，2020. The impacts of ocean acidification on marine ecosystems and reliant human communities［J］. Annual Review of Environment and Resources，45（1）：83–112.

ELAYAPERUMAL V ，HERMES R ，BROWN D，2019. An Ecosystem Based Approach to the assessment and governance of the Bay of Bengal Large Marine Ecosystem［J］. Deep-Sea Research，163.

FOSTER N L ，REES S ，LANGMEAD O ，et al.，2017. Assessing the ecological coherence of a marine protected area network in the Celtic Seas［J］. Ecosphere，8（2）：e01688.

FOWLER C ，TREML E ，2001. Building a marine cadastral information system for the United States– a case study［J］. Computers，Environment and Urban Systems，25（4–5）：493–507.

FRANCIS J ，NILSSON A ，WARUINGE D ，2002. Marine Protected Areas in the Eastern African Region：How Successful Are They?［J］. AMBIO：A Journal of the Human Environment，31（7）.

FUDGE M ，ALEXANDER K ，OGIER E ，et al.，2021. A critique of the participation norm in marine governance：Bringing legitimacy into the frame［J］. Environmental science &

policy，126：31–38.

FULTON E A，SMITH A，JOHNSON C R，2003. Effect of complexity on marine ecosystem models［J］. Marine Ecology Progress Series，253（5）：6.

GARCÍA-BARÓN I，AUTHIER M，CABALLERO A，et al.，2019. Modelling the spatial abundance of a migratory predator：A call for transboundary marine protected areas［J］. Diversity and Distributions，25（3）.

GERHARDINGER L C，GODOY E A S，JONES P J S，et al.，2010. Marine Protected Dramas：The Flaws of the Brazilian National System of Marine Protected Areas［J］. Environmental Management，47（4）：630–643.

GILL D A，MASCIA M B，AHMADIA G N，et al.，2017. Capacity shortfalls hinder the performance of marine protected areas globally［J］. Nature，543（7647）：665–669.

GILMAN E，HUMBERSTONE J，WILSON J R，et al.，2022. Matching fishery-specific drivers of abandoned，lost and discarded fishing gear to relevant interventions［J］. Marine Policy，141：105097.

GISSI E，MANEA E，MAZARIS A D，et al.，2021. A review of the combined effects of climate change and other local human stressors on the marine environment［J］. Science of The Total Environment，755：142564.

GONZALES A T，KELLEY E，BERNAD S R Q，2019. A review of intergovernmental collaboration in ecosystem-based governance of the large marine ecosystems of East Asia［J］. Deep Sea Research Part Ⅱ. Topical Studies in Oceanography，163（5）：108–119.

GRAY J S，1997. Marine biodiversity：patterns，threats and conservation needs［J］. Biodiversity & Conservation，6（1）：153–175.

GRAY W B，SHADBEGIAN R J，1998. Environmental Regulation，Investment Timing，and Technology Choice［J］. Journal of Industrial Economics，46（02）：235–256.

GREEN A L，FERNANDES L，ALMANY G，et al.，2014. Designing marine reserves for fisheries management，biodiversity conservation，and climate change adaptation［J］. Coastal Management，42（2）：143–159.

GRILO C，CHIRCOP A，GUERREIRO J，2012. Prospects for Transboundary Marine Protected Areas in East Africa［J］. Ocean Development & International Law，43（3）：243–266.

GRÖNHOLM S，JETOO S，2019. The potential to foster governance learning in the Baltic Sea Region：Network governance of the European Union Strategy for the Baltic Sea Region [J] . Environmental Policy and Governance，29（6）.

GRORUD-COLVERT K，SULLIVAN-STACK J，ROBERTS C，et al.，2021. The MPA guide：a framework to achieve global goals for the ocean [J] . Science，373（6560）：1215.

GUERREIRO J，CHIRCOP A，DZIDZORNU D，et al.，2011. The role of international environmental instruments in enhancing transboundary marine protected areas：An approach in East Africa [J] . Marine Policy，35（2）：95–104.

GUERREIRO J，CHIRCOP A，GRILO C，et al.，2010. Establishing a transboundary network of marine protected areas：Diplomatic and management options for the east African context [J] . Marine Policy，34（5）.

GULLESTAD P，SVEIN S，SIGURD K O，2020. Management of transboundary and straddling fish stocks in the Northeast Atlantic in view of climate-induced shifts in spatial distribution [J] . Fish and Fisheries，21（5）.

GURNEY G G，MANGVBHAI S，FOX M，et al.，2021. Equity in environmental governance：perceived fairness of distributional justice principles in marine co-management [J] . Environmental Science & Policy，124：23–32.

HAMMITT J K，WIENER J B，SWEDLOW B，et al.，2005. Precautionary regulation in Europe and the United States：A quantitative comparison [J] . Risk Anal.，25：1215–1228.

HAMMOND A，JONES P J，2020. Protecting the 'blue heart of the planet'：Strengthening the governance framework for marine protected areas beyond national jurisdiction [J] . Marine Policy，127（May）.

HASSANALI K，MAHON R，2022. Encouraging proactive governance of marine biological diversity of areas beyond national jurisdiction through Strategic Environmental Assessment（SEA）[J] . Marine Policy，136.

HATZONIKOLAKIS Y，GIAKOUMI S，RAITSOS D，et al.，2022. Quantifying Transboundary Plastic Pollution in Marine Protected Areas Across the Mediterranean Sea [J] . Frontiers in Marine Science，8：762235.

HE Y X，SONG W M，YANG F，2021 . Key areas for integrated governance of marine resources and environment in the Changjiang River Delta–Results from the impact analysis of the value of marine ecosystem service [J] . Marine Sciences, 45 (6): 63–78.

HIND E J, HIPONIA M C, GRAY T S, 2010. Gray. From community-based to centralised national management–A wrong turning for the governance of the marine protected area in Apo Island, Philippines? [J] . Marine Policy, 34 (1): 54–62.

HOEGH-GULDBERG O, MUMBY P J, HOOTEN A J, et al., 2007. Coral reefs under rapid climate change and ocean acidification [J] . Science, 318 (5857): 1737–1742.

HOUGHTON K, 2014. Identifying new pathways for ocean governance: The role of legal principles in areas beyond national jurisdiction [J] . Marine Policy, 49 (11) .

HSIEH C, REISS C S, HUNTER J R, et al., 2006. Fishing elevates variability in the abundance of exploited species [J] . Nature, 443 (7113): 859–862.

HUSSEY N E, KESSEL S T, AARESTRUP K, et al., 2015. Aquatic animal telemetry: a panoramic window into the underwater world [J] . Science, 348 (6240): 1221.

International Union for the Conservation of Nature and Natural Resources website, 2015. World Commission of Protected Areas, Transboundary Conservation Specialist Group [EB/OL] . (2015–3–25) [2016–12–4] . http: //www.tbpa.net/page.php?ndx=83.

ITCAINA X, MANTEROLA J J, 2014. Towards Cross-Border Network Governance?: The Social and Solidarity Economy and the Construction of a Cross-Border Territory in the Basque Country [M] . Routledge: 23–29.

JANKOWSKA E , PELC R , ALVAREZ J , et al., 2022. Climate benefits from establishing marine protected areas targeted at blue carbon solutions [J] . Proceedings of the National Academy of Sciences of the United States of America, 119 (23): e2121705119.

JAYAKUMAR S , KOH T , BECKMAN R , et al., 2015. State responsibility and transboundary marine pollution [M/OL] . DOI: 10.4337/9781784715793.00015.

JEPSON P , 2005. Governance and accountability of environmental NGOs [J] . Environmental Science & Policy, 8 (5) .

JIANG M Z, FAURE M, 2022. The compensation system for marine ecological damage resulting from offshore drilling in China [J] . Marine Policy, 143.

JIE H , 2021. Research on Port Ship Pollution Prevention and Control System Based on the Background of Marine Environmental Protection [J] . IOP Conference Series: Earth and

Environmental Science，781（3）：032059（6pp）.

JORDAN A，1999. The construction of a multilevel environmental governance system［J］. Environment & Planning C Government & Policy，17（1）：1–17.

JOUANNEAU C ，RAAKJAER J ，2014.‘The Hare and the Tortoise’：Lessons from Baltic Sea and Mediterranean Sea governance［J］. Marine Policy，50（pt.B）.

KAMAL B ，KUTAY E ，2021. Assessment of causal mechanism of ship bunkering oil pollution［J］. Ocean & Coastal Management，215.

KANASHIRO P，2020. Can environmental governance lower toxic emissions? A panel study of U.S. high-polluting industries［J］. Business Strategy and the Environment，29（4）.

KEITH G，PROVAN H，2001. Brinton Milward. Do Networks Really Work? A Framework for Evaluating Public-Sector Organizational Networks［J］. Public Administration Review，61（4）.

KELLEHER，1999. Guidelines for Marine Protected Areas，IUCN Best Practice Protected Area Guidelines Series No. 3［R］. Gland，Switzerland and Cambridge，UK：IUCN/WCPA.

KICKERT W J M，KLIJN E H，KOPPENJAN J F M，1997. Managing Complex Networks：Strategies for the Public Sector［M］. London：Sage：1–13.

KILDOW J T ，MCILGORM A ，2010. The importance of estimating the contribution of the oceans to national economies［J］. Marine Policy，34（3）.

KIM M ，2021. A Critical Review on the Obligations to Cooperate for Marine Environmental Protection under UNCLOS：Implications for Japan's Contaminated Water Release［J］. The Justice，185.

KIRKMAN S P ，HOLNESS S ，HARRIS L R ，et al.，2019. Using Systematic Conservation Planning to support Marine Spatial Planning and achieve marine protection targets in the transboundary Benguela Ecosystem［J］. Ocean & Coastal Management，168（2）.

KOSTKA G ，2016. Command without control：The case of China's environmental target system［J］. Regulation & Governance，10（1）.

KURUKULASURIYA L，ROBINSON N A ，2006. UNEP Training Manual on International Environmental Law［Z］. Division of Policy Development and Law，United Nations Environment Programme.

LEE，KIBEOM，2016. The Consideration of Fisheries Issues in Establishing a Single Maritime Boundary［J］. Korean Journal of International Law，61（2）.

LEE H H，2008. Using the Chow Test to Analyze Regression Discontinuities [J] . Tutorials in Quantitative Methods for Psychology，4（2）：118.

LESTER S E，COSTELLO C，HALPERN B S，et al.，2013. Evaluating tradeoffs among ecosystem services to inform marine spatial planning [J] . Marine Policy，38：80–89.

LEWIN W C，ARLINGHAUS R，MEHNER T，2006. Documented and potential biological impacts of recreational fishing：insights for management and conservation [J] . Reviews in Fisheries Science，14（4）：305–367.

LEYSHON C ，2018. Finding the coast：environmental governance and the characterisation of land and sea [J] . Wiley，50（2）.

LI Y，DU Q，ZHANG J，et al.，2023. Visualizing the intellectual landscape and evolution of transportation system resilience：a bibliometric analysis in CiteSpace [J] . Developments in the Built Environment，14：100149.

LINDEGREN M ，MOELLMANN C ，NIELSEN A ，et al.，2009. Preventing the collapse of the Baltic cod stock through an ecosystem–based management approach [J] . Proceedings of the National Academy of Sciences of the United States of America，106（34）.

LOPES P ，SILVANO R ，NORA V，et al.，2013. Transboundary Socio-Ecological Effects of a Marine Protected Area in the Southwest Atlantic [J] . AMBIO：A Journal of the Human Environment，42（8）.

LUOVA O，2020. Local environmental governance and policy implementation：Variegated environmental education in three districts in Tianjin，China [J] . Urban Studies，57（3）：490–507.

M Abegón-Novella，2022. Negotiating an International Legal Instrument on Biodiversity Beyond National Jurisdiction：A Look Ahead [J] . Environmental Policy and Law，52（1）.

MACKELWORTH P，2012. Peace parks and transboundary initiatives：implications for marine conservation and spatial planning [J] . Conservation Letters，5（2）：90–98.

MACKELWORTH P，2015. Marine Transboundary Conservation and Protected Areas [M] . Routledge.

MACRORY R，2006. Marine pollution case referred to European Court for clarification [J] . Ends Report，（379）.

MAIER N ，Markus T，2013 . Dividing the common pond：Regionalizing EU ocean governance［J］. Marine Pollution Bulletin，67（1–2）.

MARE W，2005. Marine ecosystem-based management as a hierarchical control system［J］. Marine Policy，29（1）.

MARKS D，MILLER M A，VASSANADUMRONGDEE S，2020. The geopolitical economy of Thailand's marine plastic pollution crisis［J］. Asia Pacific Viewpoint，61（2）：266–282.

MAXWELL S L，CAZALIS V，DUDLEY N，et al.，2020. Area-based conservation in the twenty-first century［J］. Nature，586（7828）：217–227.

MALICK M J，RUTHERFORD M B，COX S P，2017. Confronting Challenges to Integrating Pacific Salmon into Ecosystem-based Management Policies［J］. Marine Policy，85（11）.

MPAS P，2008. Marine Protected Areas［J］. Encyclopedia of Marine Mammals，84（4）.

NASH H L，2013. Trinational governance to protect ecological connectivity：support for establishing an international Gulf of Mexico marine protected area network［D］. Dissertations & Theses–Gradworks.

NEWIG J，FRITSCH O，2010. Environmental governance：Participatory，multi-level-and effective?［J］. Environmental Policy and Governance，19（3）.

NIEVES M，2021. Ten Years After the Deepwater Horizon Accident：Regulatory Reforms and the Implementation of Safety and Environmental Management Systems in the United States［C］. SPE/IADC International Drilling Conference and Exhibition.

OLSEN J P，2005. Maybe It Is Time to Rediscover Bureaucracy［J］. Journal of Public Administration Research and Theory，16（1）：1–24.

OPERMANIS O，MACSHARRY B，AUNINS A，et al.，2012. Connectedness and connectivity of the Natura 2000 network of protected areas across country borders in the European Union［J］. Biological Conservation，153（none）.

OTTERSEN G，OLSEN E，MEEREN G，et al.，2011. The Norwegian plan for integrated ecosystem-based management of the marine environment in the Norwegian Sea［J］. Marine Policy，35（3）：389–398.

PARMENTIER R，2012. Role and Impact of International NGOs in Global Ocean Governance［J］. Ocean Yearbook，26（1）.

PAUNA V H，BUONOCORE E，RENZI M，et al.，2019. The issue of microplastics in marine ecosystems：a bibliometric network analysis［J］. Marine Pollution Bulletin，149：

110612.

PERRY A L，BLANCO J，GARCÍA S，et al.，2022. Extensive use of habitat-damaging fishing gears inside habitat-protecting marine protected areas [J]. Frontiers in Marine Science，9：811926.

PERUMAL K，MUTHURAMALINGAM S，2022. Global sources，abundance，size，and distribution of microplastics in marine sediments–a critical review [J]. Estuarine，Coastal and Shelf Science，264：107702.

PIMENTEL D，LACH L，ZUNIGA R，et al.，2000. Environmental and Economic Costs of Nonindigenous Species in the United States [J]. BioScience，50（1）：53.

PINSKY M L，SELDEN R L，KITCHEL Z J，2020. Climate-driven shifts in marine species ranges：scaling from organisms to communities [J]. Annual Review of Marine Science，12（1）：153–179.

PNARBA K ，GALPARSORO I ，ALLONCLE N ，et al.，2020. Key issues for a transboundary and ecosystem-based maritime spatial planning in the Bay of Biscay [J]. Marine Policy，120.

POLOCZANSKA E S，BROWN C J，SYDEMAN W J，et al.，2013. Global imprint of climate change on marine life [J]. Nature Climate Change，3（10）：919–925.

PORTER M E，LINDE C V D，1995. Green and Competitive：Ending the Stalemate [J]. Harvard Business Review，28（6）：128–129.

PYC D ，2016. Global Ocean Governance [J]. Transnav：International Journal on Marine Navigation & Safety of Sea Transportation，10（1）：159–162.

QIN Y ，WANG W ，2022. Research on Ecological Compensation Mechanism for Energy Economy Sustainable Based on Evolutionary Game Model [J]. Energies，15（8）.

RAAKJAER J ，LEEUWEN J V ，TATENHOVE J V ，et al.，2014. Ecosystem-based marine management in European regional seas calls for nested governance structures and coordination–A policy brief [J]. Marine Policy，50（pt.B）.

READ F L ，EVANS P G H，DOLMAN S J ，2017. Cetacean Bycatch Monitoring and Mitigation under EC Regulation 812/2004 in the Northeast Atlantic，North Sea and Baltic Sea from 2006 to 2014 [R].

REID D ，2006. Towards principled oceans governance ：Australian and Canadian approaches and challenges [J]. Proc Spie, 8 (1): 387–390.

REN W, NI J, CHEN Y, et al., 2022. Exploring the Marine Ecological Environment Management in China: Evolution [J]. Challenges and Prospects, 14 (2): 4.

REN W, JI J, 2021. How do environmental regulation and technological innovation affect the sustainable development of marine economy: new evidence from china's coastal provinces and cities [J]. Marine Policy, 128: 104468.

REN W H, WANG Q, JI J Y, 2018. Research on China's marine economic growth pattern: An empirical analysis of China's eleven coastal regions [J]. Marine Policy, 87 (01): 158–166.

RHODES R A W, 1997. Understanding governance: policy networks, governance, reflexivity and accountability [M]. Buckingham: Open University Press: 666.

ROCLE N, DACHARY-BERNARD J, REY-VALETTE H, 2021. Moving towards multi-level governance of coastal managed retreat: Insights and prospects from France [J]. Ocean & Coastal Management, 213.

ROSE G, 2009. Australia's Efforts to Achieve Integrated Marine Governance [J]. IUCN Environmental Policy & Law Paper, (70): 217–225.

ROUILLARD J, LAGO M, ABHOLD K, et al., 2017. Protecting and Restoring Biodiversity across the Freshwater, Coastal and Marine Realms: Is the existing EU policy framework fit for purpose? [J]. Environmental Policy & Governance: Incorporating European Environment, 28 (2): 114–128.

ROY P S, WILLIAMS R J, JONES A R, et al., 2001. Structure and function of south-east australian estuaries [J]. Estuarine, Coastal and Shelf Science, 53 (3): 351–384.

SACCHETTI S, CATTURANI I, 2021. Governance and different types of value: A framework for analysis [J]. Journal of Co-operative Organization and Management, 9 (1).

SAMUELSSON E, 2021. Towards sustainability of marine governance [J]. Acid News, (1): 20–21.

SANDWITH T, SHINE C, HAMILTON L, et al., 2001. Transboundary Protected Areas for Peace and Co-operation [J]. Best Practice Protected Area Guideline Series No.7. Gland: IUCN.

SANTINI L, SAURA S, RONDININI C, 2016. Connectivity of the global network of protected areas［J］. Diversity and Distributions，22（2）.

SHARMA S，SHARMA V，CHATTERJEE S，2021. Microplastics in the mediterranean sea：sources，pollution intensity，sea health，and regulatory policies［J］. Frontiers in Marine Science，8：634934.

SHERMAN K，2014. Adaptive Management Institutions at the Regional Level：The Case of Large Marine Ecosystems［J］. Ocean & Coastal Management，（90）.

SI L B，LI X T，2019.Assessing performance of cross-administrative environment governance based on PSR model：An empirical analysis of the Beijing–Tianjin–Hebei region［J］. Ecological Economy，12（4）：242–256.

SIMPSON R D，BRADFORD R L，1996. Taxing Variable Cost：Environmental Regulation as Industrial Policy［J］. Journal of Environmental Economics and Management，30（3）：282–300.

SONG S H，LEE H W，KIM J N，et al.，2021. Frist observation and effect of fishery of seabed litter on sea bed by trawl survey Korea waters［J］. Marine Pollution Bulletin，170（Sep.）.

STRAND K O，HUSERBRTEN M，DAGESTAD K F，et al.，2021. Potential sources of marine plastic from survey beaches in the Arctic and Northeast Atlantic［J］. Science of The Total Environment，790（4）.

STRONGIN K，LANCASTER A，POLIDORO B，et al.，2022. A Proposal Framework for a Tri-National Agreement on Biological Conservation in the Gulf of Mexico Large Marine Ecosystem［J］. Marine policy，139（5）.

TADAKI M，SINNER J，2014. Measure，model，optimise：Understanding reductionist concepts of value in freshwater governance［J］.Geoforum，51（Jan.）：140–151.

TAO X，2018. The Experience of Trans-national Governance on Water Pollution in Danube and the Black Sea Region in Europe–Take the Global Environment Facility as Example［J］. Innovation，12（3）.

TAPIO P，2005. Towards a theory of decoupling：degrees of decoupling in the EU and the case of road traffic in Finland between 1970 and 2001［J］. Transport Policy，（12）：137–151.

THIEBOT J B，DREYFUS M，2021. Protecting marine biodiversity beyond national jurisdiction：A penguins' perspective［J］. Marine Policy，131（10）.

TIETENBERG T，LEWIS L，2015. Environmental and Natural Resource Economics［M］. 10th ed. Pearson Education：London，UK，ISBN 978–0–133–47969–0.

TILLER R，DE SANTO E M ，MENDENHALL E，et al.，2019. The once and future treaty：Towards a new regime for biodiversity in areas beyond national jurisdiction［J］. Marine Policy，99（1）：239–242.

TÖPFER K，TUBIANA L，UNGER S，et al.，2014. Charting pragmatic courses for global ocean governance［J］. Marine Policy，（49）：85–86.

TRIEST L ，STOCKEN T，SIERENS T ，et al.，2021. Connectivity of Avicennia marina populations within a proposed marine transboundary conservation area between Kenya and Tanzania［J］. Biological Conservation，256（4）.

TUDA A O，KARK S，NEWTON A，2020. Polycentricity and adaptive governance of transboundary marine socio-ecological systems［J］. Ocean & Coastal Management，200（2）.

TYBERGHEIN L，VERBRUGGEN H，PAULY K，et al.，2012. Bio-oracle：a global environmental dataset for marine species distribution modelling［J］. Global Ecology and Biogeography，21（2）：272–281.

TYNICKYNEN N ，2017. The Baltic Sea environment and the European Union：Analysis of governance barriers［J］. Marine Policy，81（7）.

UNEP-WCMC，IUCN. Marine Protected Planet UNEP-WCMC and IUCN，Cambridge，UK（2023）［EB/OL］.（2017–5）［2024–7–18］.https：//www.protectedplanet.net/en/resources/calculating-protected-area-coverage.

VALENTINI A，TABERLET P，MIAUD C，et al.，2016. Next-generation monitoring of aquatic biodiversity using environmental DNA metabarcoding［J］. Molecular Ecology，25（4）：929–942.

VAN T ，HO T ，COTTRELL A ，et al.，2012. Perceived barriers to effective multilevel governance of human-natural systems：an analysis of Marine Protected Areas in Vietnam［J］. Journal of Political Ecology，19（1）.

VANDERZWAAG D L ，POWERS A，2008 .The Protection of the Marine Environment from Land-Based Pollution and Activities：Gauging the Tides of Global and Regional Governance［J］.The International Journal of Marine and Coastal Law，23（3）.

VIJAYARAGHAVAN V，2021 . Marine Protected Areas on the Uncertain Frontiers of Climate

Change [J] . The environmental law reporter，51（2）.

VIVEKANANDAN E ，HERMES R ，O' BRIEN C，2016. Climate change effects in the Bay of Bengal Large Marine Ecosystem [J] . Environmental Development，17（Pt.1）.

VOYER M，QUIRK G，MCILGORM A，et al.，2018. Shades of blue：what do competing interpretations of the blue economy mean for oceans governance? [J] . Journal of Environmental Policy & Planning，20（5）：595–616.

WALKER T R ，BERNIER M ，BLOTNICKY B ，et al.，2015. Harbour divestiture in Canada：Implications of changing governance [J] . Marine Policy，62：1–8.

WALKER T R，2022 . Governance Strategies for Mitigating Microplastic Pollution in the Marine Environment：A Review [J] . Microplastics，1（1）.

WANG S ，LIU C ，HOU Y ，et al.，2022. Incentive policies for transboundary marine spatial planning：an evolutionary game theory-based analysis [J] . Journal of Environmental Management，312.

WEISS K，HAMANN M，KINNEY M，et al.，2021. Knowledge Exchange and Policy Influence in a Marine Resource Governance Network [J] . Global Environmental Change，（1）.

WELLS S ，BURGESS N ，NGUSARU A ，2007. Towards the 2012 marine protected area targets in Eastern Africa [J] . Ocean & Coastal Management，50（1/2）：67–83.

WERNBERG T ，RUSSELL B D ，MOORE P J ，et al.，2011. Impacts of climate change in a global hotspot for temperate marine biodiversity and ocean warming [J] . Journal of Experimental Marine Biology and Ecology，400（1–2）.

WERNBERG T，SMALE D，TUYA F，et al.，2013. An extreme climatic event alters marine ecosystem structure in a global biodiversity hotspot [J] . Nature Climate Change，3（1）：78–82.

WESTING A H，1998. Establishment and management of transfrontier reserves for conflict prevention and confidence building [J] . Environmental Conservation，25（2）.

WORM B，BARBIER E B，BEAUMONT N，et al.，2006. Impacts of biodiversity loss on ocean ecosystem services [J] . Science，314（5800）：787–790.

WORM B，DAVIS B，KETTEMER L，et al.，2013. Global catches，exploitation rates，and rebuilding options for sharks [J] . Marine Policy，40：194–204.

WRIGHT G，GJERDE K，JOHNSON D W，et al.，2019. Marine spatial planning in areas beyond national jurisdiction［J］. Marine Policy，132（10）.

WU L H，MA T S，BIAN Y C，et al.，2020. Improvement of regional environmental quality：Government environmental governance and public participation［J］. Science of The Total Environment，717（5）.

YANG P，ZHAO G，TONG C，et al.，2021. Assessing nutrient budgets and environmental impacts of coastal land-based aquaculture system in southeastern China［J］. Agriculture，Ecosystems & Environment，322.

YI H T，SUO L M，SHEN R W，et al.，2018. Regional Governance and Institutional Collective Action for Environmental Sustainability［J］. Public Administration Review，78（4）：556–566.

YI M，FANG X M，WEN L，et al.，2019. The Heterogeneous Effects of Different Environmental Policy Instruments on Green Technology Innovation［J］. International Journal of Enviromental Research and Public Health，16（23）：4660.

YIN M，TECHERA E J，2020. A critical analysis of marine protected area legislation across state and territory jurisdictions in Australia［J］. Marine Policy，118.

ZHANG X，QU T，WANG Y，2022. Optimal strategies for stakeholders of Fukushima nuclear waste water discharge in Japan［J］. Marine Policy，135.

ZHAO Y，PIKITCH E K，XU X，et al.，2022. An evaluation of management effectiveness of China's marine protected areas and implications of the 2018 Reform［J］. Marine Policy，139.

ZHOU Q，WANG S，LIU J，et al.，2022. Geological evolution of offshore pollution and its long-term potential impacts on marine ecosystems［J］. Geoscience Frontiers，13（5）：101427.

ZITTIS G，ALMAZROUI M，ALPERT P，et al.，2022. Climate change and weather extremes in the eastern mediterranean and middle east［J］. Reviews of Geophysics，60（3）.